Google SEOのメディア論

検索エンジン・アルゴリズムの変容を追う

宇田川敦史
Atsushi Udagawa

青弓社

Google SEOのメディア論——検索エンジン・アルゴリズムの変容を追う

目次

第3章 検索エンジン・アルゴリズムの確立
——SEO前史(一九九三—二〇〇五年)

第6章 中心化するSEO——グーグルによる秩序化(二〇一二—一四年)

装丁——ナカグログラフ［黒瀬章夫］

はじめに

いつの時代にも、最新のメディア技術の出現は大きな注目を集めるものである。近年であれば、ChatGPTなどの生成AIや、メタバース、NFTなど、メディア技術の新しさを語るニュース自体が消費の対象になり、ある種のブームをつくりだす。それらのなかには、ブームが去るとそのまま存在自体が忘却されるものもあれば、社会に広く定着し浸透していくものもある。インターネットやWWW（ワールド・ワイド・ウェブ）、検索エンジンやSNS（ソーシャル・ネットワーキング・サービス）は、忘却されることなく定着したメディア技術の代表例だ。

いまや「ググる」という動詞が日常語になるまで普及した検索エンジン「グーグル」も、出現当初は新しいメディア技術として語られ、注目されたものの一つである。ちょうど二十世紀から二十一世紀への変わり目に出現したグーグルも、いまや古いメディアだといえるだろう。一方でその古いはずのグーグルは、世界中で最も多くのユーザーが利用するウェブサイトの地位をいまだに維持しつづけている。ここには注目されることと、実際に普及することとの大きなギャップがある。メディアは、それが道具として日常的に利用されるようになればなるほど、その介在は注目されず、まるで無色透明かのように扱われるためだ。グーグルは日常化したために、その動作のからくりは

る。「ブラックボックス」[1]として扱われ、利用者がその仕組みを意識することはほとんどなくなってい

本書は、検索エンジン、あるいはグーグルというメディアの技術がどのようにして日常化し、ブラックボックス化していったのかについて、その歴史的・社会的な過程を探究することで、新しいメディア技術が社会のなかでどのように扱われ、どのように普及するのか（あるいはどのように忘却されるのか）を問うものである。これは、グーグルという特定のメディアに限定された議論ではなく、次々と出現する新しいメディア技術に社会がどのように対応しうるのか、その可能性を模索するモデルを問うことでもある。

本書で対象とする「アルゴリズム」とは、何らかの問題を解決するための処理手順や計算手順のことを指す。グーグルの検索エンジンの場合、クエリー（質問）に対してどのウェブページをどのような順番で表示するかは「ランキング・アルゴリズム」と呼ばれるロジックによって計算される。グーグルのようなプラットフォームのアルゴリズムは、しばしばそれ自体がブラックボックスであると表象されるがゆえに、批判の対象にもされてきた。つまり、アルゴリズムの設計者である営利目的のプラットフォーム企業が恣意的な設定をすることで、秘密裏に利用者を欺くようなコントロールを実装しているのではないか、という批判だ。このような「プラットフォーム悪者説」ははたして妥当なのだろうか。

筆者がグーグルを初めて使ったのは一九九九年、大学生のころだった。当時のほかの検索エンジンは、画面がゴチャゴチャしていて見づらいうえに、検索結果の網羅性が低く、目的のウェブペー

ジを見つけるのに一定のスキルを要するものが多かった。そんなときに大学の研究室で口コミで話題になったのが、シンプルな画面で動作が速く、目的にかなうウェブページがきちんと上位に表示されるグーグルだった。まだグーグルという名称は浸透しておらず、当時有名だったgooという国産の検索エンジン（NTTレゾナントが提供）と間違えられることもしばしばだったことを覚えている。当時のグーグルは先端のベンチャー企業というイメージで、ビジネスモデルも確立しておらず、むしろお金儲けとはほど遠い純粋なテクノロジー企業と受け止められていた。

もう一つ、大学生だった筆者を魅了したのは、日本でのサービスを開始したばかりのアマゾンだった。当時は書籍だけをインターネットで販売するウェブサイトだったが、書店では手に入りにくい学術書や洋書も含めて、品ぞろえが充実していたために、やはり大学関係者を中心に口コミで人気になっていた。筆者が特に気に入っていたのは、いまでは当たり前のものになった「レコメンド（おすすめ）」機能だった。「この本を買った人はこの本も買っています」という決まり文句と、そこに表示される本の的確さを初めて体験したときは、感動すると同時に、このようなサービスがこれからの社会にとって必要なイノベーションだと純粋に信じることができた。

そのように感じたことには、大学生だった筆者が、単に若くて物を知らず、ナイーブだったということもあるかもしれない。だが、グーグルもアマゾンも、少なくともサービスを開始した当初は純粋なテクノロジー企業だと多くの人に理解されており、いずれの企業も短期的なお金儲けを度外視して社会にとって役に立つものを提供していると考えられていた。つまり、プラットフォームは最初から利用者を欺く悪者だったわけではないのだ。

そして若かりしころの筆者は、いつかアマゾンのような、テクノロジーの力で人の選択を手助けし、多くの人の役に立つ仕組みを開発したいと志し、ＩＢＭというＩＴサービス企業に入社してウェブのエンジニアになった。ＩＢＭでは、企業向けのさまざまなシステム開発やプロジェクト管理に従事したが、アマゾンのように一般ユーザー向けのサービスで仕事をするチャンスはなかなかなかった。そしてたどり着いたのが、日本発のＥコマース企業として当時急成長していた楽天という会社だった。

楽天では、エンジニアの経験を生かし、デジタル・マーケティングという、ユーザーのアクセス数を増やして繰り返し利用してもらう仕事を担当することになった。そこで知ったのが、検索エンジンのアルゴリズムを「攻略」して、自社のウェブページを上位に表示させる技法としてのＳＥＯ（検索エンジン最適化）だった。楽天に限らず当時のインターネット企業には、マーケティングの一環としてＳＥＯを専門に担当する人員や組織が配置されつつあった。ＳＥＯを担当することになった筆者は、どうしてもそのやり方が邪道のような気がして、うまく仕事になじむことができなかった。ユーザーにとって役に立つかどうかよりも、グーグルという場でいかに競合他社を出し抜いて上位のランキングを獲得するか、が仕事の中心だったからだ。しかし、何年か続けているうちにＳＥＯのあり方自体が変化していった。すなわち、グーグルのアルゴリズムの隙間をぬって攻略するようなこれまでのやり方が通用しなくなり、品質が高い（＝ユーザーにとって役に立つ）ウェブページを提供しないと上位に表示できなくなってきたのだ。それは、邪道にみえていたやり方が、グーグルによって一方的に規制されたという単純なものではなく、ＳＥＯを実施しているさまざまな企業のウェブ担当者たちが、自社の利益とユーザーの利益のはざまで議論しながら複雑に変化していった歴史的な過程だった。

筆者は、この変化をウェブの「送り手」の立場に身を置いて内在的に体験しながら、自分が当初覚えた違和感の正体を突き止めたいと考えるようになっていた。その考えは、プラットフォームという業態が持続可能な形でお金を稼ぐために、どこまでが許され、どこからが邪道なのか、さらには複数のプラットフォームがインターネット上で協業したり競争したりするそのダイナミズムをどう考えるべきなのか、という問いに接続されていった。筆者は仕事と並行しながら、一企業人の立場を離れて、大学院でこの問いに取り組むことにした。

本書は、筆者のこのささやかな取り組みの一つの成果である。外部からみたプラットフォームには、すでにさまざまな批判が集まり、そのあり方は社会問題にもなっている。そうした批判や問題意識の多くは妥当なものである一方、必ずしも現場での視点、内部からの視点が十分に考慮されているとはいえない。本来この問題に取り組むためには、外部からの冷徹かつ俯瞰的な観察の視角と、内部におけるアクターの相互作用を経験的に記述する視角を往復するような、多面的な分析が欠かせないはずだ。ところが管見のかぎり、プラットフォームのブラックボックスを批判する類書には、外部からのマクロな視角による政治的・経済的な問題に焦点を当てたものが多い。そのような議論は重要だが、本来は複雑なものであるサービス運営やアルゴリズム設計のプロセスを、単純化した図式で断罪してしまっている点は否めない。プラットフォーム悪者説はその象徴といえるだろう。ブラックボックスは、プラットフォーム企業が何かを隠蔽しようと企図するのではなく、ユーザーを含めた複数のアクターがそれをどのように扱うかという複雑な相互作用の結果として構築されるものだ。しかし、プラットフォームでのアルゴリズムのそのような構築過程をミクロな水準で具体的・経験的に掘り下げる論考はきわめて少ない。

本書は、グーグルのアルゴリズムが、ウェブの「送り手」の側からどのように語られ、それに対してグーグルがどのように反応したのか、SEOを中心とした「送り手」の活動における言説の歴史を追う。そのことによって、アルゴリズムがどのようなアクターの、どのような相互作用によって構築され、変容してきたのかを検証し、社会におけるアルゴリズムの権力構造を再考する。

本書で得られる知見は、グーグルという特定のサービスに限定されるものではなく、アルゴリズムあるいはAIと呼ばれる技術によって作動するあらゆるデジタル・メディアに対して、社会としてどう向き合うべきか、向き合うことが可能かを指し示すヒントになると信じている。現代社会におけるアルゴリズム／AIの浸透がどうあるべきかに関心があるすべての人にとって、プラットフォームというつかみどころがない存在について考える手がかりになれば幸いである。

注

(1) Bruno Latour, *Pandora's Hope: Essays on the Reality of Science Studies*, Harvard University Press, (Kindle Edition), 1999, p. 356.

第1章　検索エンジンの日常化を問う

1　なぜプラットフォーム研究か

インターネットが一般化して約三十年、WWW（ワールド・ワイド・ウェブ）を基盤とするメディアやサービスは社会のあらゆる領域に浸透し、社会にとって欠かせない「インフラ」になった。そのインフラの主要な部分を担うのがいわゆる「デジタル・プラットフォーム」（以下、プラットフォーム）である。プラットフォームは、インターネットという物理的な通信基盤上で、多様かつ多量なデータを選別し分配する役割を果たしている。たとえばアマゾンなどのEコマースサイトは、多様かつ多量な商品データを収集・蓄積し、顧客の好みに応じて選別・分配する。グーグルなどの検索エンジンは、多様かつ多量なウェブページを収集・蓄積し、検索者の要求に応じて選別・分配する。そしてX（旧ツイッター）などのSNSは、やはり多様かつ多量な投稿データを収集・蓄積し、参加者のつながりや関心に応じて選別・分配する。

これらのプラットフォームは、その機能的な理想としては、多数の「送り手」と多数の「受け手」を無駄なく適切に接続しうるような選別・分配のシステムであることが求められる。ほとんど無限といっていい接続の組み合わせ可能性に対して、プラットフォームは「最適」な接続を瞬時に提示しなければならない。その選別の最適化を担うのがプラットフォームのアルゴリズムである。たとえば、アマゾンは過去の購買履歴などの行動データから、顧客の購買確率が高い最適な商品をレコメンドするアルゴリズムを作動させている。グーグルは入力されたクエリー（検索キーワード）に対して、検索者がクリックする確率が高い最適なウェブページをランキング形式で提示するアルゴリズムを作動させている。

ここで注意しなければならないことは、現代のメディア環境において、私たちの日常生活のコミュニケーションの大部分がこれらのプラットフォームによって重層的に媒介されているということだ。すでに企業や大学で一般的になっている電子メールはもちろん、LINEやSlackなどのメッセンジャーサービスもプラットフォームを媒介したコミュニケーションである。XやインスタグラムなどのSNS、グーグル検索やYahoo!、スマートニュースなどのニュース配信、アマゾンや楽天などのEコマース、「乗換案内」や「グーグルマップ」によるナビゲーション、「食べログ」などの飲食店検索なども、すべてがそれぞれのプラットフォームに媒介されている。特に二〇二〇年以降の新型コロナウイルス感染拡大におけるオンライン・コミュニケーションの普及は、この環境を加速的に拡大させたといえるだろう。Zoom などのオンライン会議システムだけでなく、PayPay や Suica、クレジットカードを含むタッチレス決済や顔認証による出入国システムなどのプラットフォームも広く使われるようになった。

これらのコミュニケーションを媒介するアルゴリズムには、二〇一〇年代後半からいわゆる「AI」と称される機械学習の技術が導入され、プラットフォームの選別・分配の最適化を担ってきた。二〇二〇年代になってから、ChatGPT やグーグル Gemini に代表される生成AIの技術に注目が集まっているが、これらのAIが突然社会に出現したイノベーションであるかのように語られ、既存のプラットフォームの「生態系」(1)との歴史的な連続性が隠されてしまう傾向にあることには注意が必要だ。アプリケーションの観点からみれば、大量の自然言語を解析してそれをデータベース化し、ユーザーの質問に対してデータベースから最適な回答を選別して提示するというインタラクションの様式は、検索エンジンが以前から担ってきた仕組みそのものである。現在の ChatGPT のような対話型生成AIでは、その回答の正確性が担保されておらず、場合によっては偏った情報が出力されてしまうなどの問題点が指摘されている。これらは、生成AI固有の新しい問題ではなく、人間の行動を蓄積したデータベースをインプットとするアルゴリズムがもつ根本課題であり、これまでに検索エンジンやSNSなどの既存のプラットフォームに対して指摘されてきた問題と軌を一にするものといえるだろう。

また技術的な要素でも、近年のAIの基幹的な技術であるディープ・ラーニングは、よく知られるとおり、ニューラル・ネットワークという古い歴史をもつコンセプトの延長にあるものだ(2)。ディープ・ラーニングは、いわゆる生成AIだけでなく、グーグルの画像認識やネットフリックスの映像判別、Zoomのバーチャル背景、アップルのSiri、アマゾンのアレクサなど既存のプラットフォームに広く適用されている。たとえば、グーグルの「BERT」と呼ばれる自然言語処理技術は、ディープ・ラーニング技術をもとに（GPTと同様の）大規模言語モデルを採用したAIだが、二〇一九年からグーグルの検索エンジンのアルゴリズムの一部に組み込まれ、すでに稼働している。(3) これらのAIの精度は年々向上しているといわれるものの、人間がもつ意味の体系を理解するモデルではなく、あくまで確率論的な計算によってもっともらしい答えを出力する仕組みにすぎないことは広く指摘されるとおりである。それは同時に、インプットとなるデータベースでの分布（多くの場合、それは人間がインターネット上に発信したデータの分布を反映している）に偏りがあれば、アルゴリズムはそれを忠実に再生産してしまうという問題を引き起こす。たとえば、画像認識では白人男性の認識精度が高く、黒人や女性などのマイノリティにあたる画像で誤認識が増加するという事実は、その端的な例だろう。(4) つまりChatGPTなどの大規模言語モデルが不正確なのは、そのデータベースで確率的に高頻度で出現する言説自体に不正確なものが多く含まれることを意味しているのだ。

アルゴリズムの普及とAIの隆盛の過程は、人間による意味論的な判断が、機械による計算論的な判定に代替されていく（と表象される）歴史としても捉えることができる。特にインターネットおよびWWWの普及によって加速的に増大した情報のすべてを、人間が意味論的に選別・分配していくことは不可能であり、プラットフォームとそのアルゴリズムは、社会全体の認知的な負荷を機械によって縮減させる役割を担っている。一方その代替は、あるイノベーションを契機に急激にすべてが置換されるような（技術決定論的な）現象ではなく、人間と機械を含むさまざまなアクターの相互作用のありようが歴史的・社会的に複雑に変化することによって構築されるものである。本書は、インターネットの普及期から現代のＡＩの浸透に至るプラットフォームの歴史を探究することで、計算論的なアルゴリズムが（不正確で偏りがあると指摘されながらも）、どのようにして意味論的な判断を凌駕するに至ったのか、その過程をメディア論の視座から分析する試みである。ここで問われていることは、「管理＝制御（control）」と称される計算論的な権力（power）がどのように構築され、その権力に意味論的な疑念が生じたときにどのような抵抗が可能か、ということでもある。近年、ヨーロッパのＧＤＰＲ（一般データ保護規則）が代表するように、プラットフォームによるアルゴリズムに対して意味論的な（すなわち民主主義的な理性に基づく）規制を強めようとする議論も盛んになっている。本書では検索エンジンであるグーグルを中心に、意味論と計算論の歴史的・社会的なせめぎ合いを分析することでこの問題に取り組む。その議論の射程はプラットフォームの一事例としてのグーグルにとどまるものではなく、現代のアルゴリズム／ＡＩなる計算論的メディアの全域化という現象を広く捉えるものだ。

この計算論的メディアの全域化はすなわち、私たちの日常生活のコミュニケーションのほとんどすべてが、多かれ少なかれ何らかのアルゴリズム／ＡＩによって媒介されていることを含意する。生成ＡＩのような新しいインターフェイスに直面したときにはその媒介を意識しやすいが、検索エンジンやＳＮＳ、スマートフォンなどの日常化したプラットフォームにおいてそれらの媒介を意識しつづけることは難しい。私たちはスマートフォンを使って、通信ネットワークに接続し、グーグルで何かを調べたり、アマゾンで何かを探したり、Xで何かを眺めたりする。もちろん、そのスマートフォンのインターフェイスに表示されている何かは、プラットフォームのアルゴリズムやＡＩによって計算論的に選別・分配された結果である。しかしこれらの結果が、どのような過程によって選別・分配されたものなのか、意識されることは少ないといえるだろう。

スーザン・リー・スターとカレン・ルーレダーは、「インフラ（infrastructure）」という概念を、それが安定的に稼働しているときには透明（transparency）なものとして扱われるような事物の状態として定義づけた。この意味でのインフラは、関係論的な概念である。すなわち、ある対象がインフラと見なされるかどうかは、文化的・社会的な文脈に依存する。たとえば、料理人にとってキッチンの水道システムは作業の背景にあるインフラだが、配管工にとっては作業の対象物であって背景化可能なインフラではない[5]。そのような意味で、一般的な日常生活でその介在を意識することのない基盤としてのプラットフォームは、コミュニケーションの背景にあるインフラであり、無色透明化したメディアだということになる。逆にいえば、その介在が前景化している生成ＡＩなどは、まだインフラと呼べるほど安定したメディアになってはいない。むしろインフラになっていく社会的な過程にこそ着目すべきであり、すでにインフラとして扱われているプラットフォームの不可視性を問題化することが、ＡＩを含む計算論的なメディアの将来を考えるうえでも重要な視点といえる。

あるプラットフォームが社会におけるインフラとしての地位を確立することは、そのプラットフォームが社会的な影響力を増すことと直結している。プラットフォームを運営する企業には、それがインフラだと見なされるがゆえに、批判的な言説も集まってくる。すなわち、グーグル、アップル、フェイスブック、アマゾン、X、マイクロソフト、ネットフリックスなどのプラットフォーム企業は、無色透明な地位を利用して無知なユーザーを一方的に搾取し、そのプライバシーを収益化する「悪の帝国」だとする指摘である。このような状況認識ははたして妥当なのだろうか。インターネットの問題を、プラットフォーム企業やその背景にあるプラットフォーム資本主義の「悪」に還元しようとする言説は確かに現象の一面を捉えてはいるが、今日の複雑化したメディア環境をきわめて単純な図式で切断するものの一つというべきだろう。(6) このような見方は、あえていえばプラットフォーム陰謀論ともいうべき偏った理解に陥ってしまう危険性が否定できない。なぜなら、これらのプラットフォームのあり方は、運営企業の恣意的な意志だけで成立しているものではなく、重層化し多面化したプラットフォーム環境と、それを利用するアクター（「受け手」「送り手」を問わずプラットフォームに接続しうるあらゆる人やモノ）との複雑な相互作用が構築するものだからだ。本来は複雑な生態系というべきメディアの全体性を単純化し、巨大企業のような特定のアクターを擬人化して悪者扱いすることは、ある種の物語としては消費しやすい。もちろん複雑なメディアの生態系を全体として分析することは容易ではないが、一方で都合がいい物語に回収してしまうのでは陰謀論と同じ誤謬に陥ることになるだろう。したがって本書では、計算論的なアルゴリズム／AIの全域化に対する社会的な問題を構造的に対象化しながらも、その問題の主因を特定のプラットフォームの「悪」に還元するような立場はとらない。そもそも、一口にグーグルという企業体を単一の主語として語ること自体の困難を見過ごすことにもなりかねないからだ。

本書はこのような問題意識のもとで、インフラ化しているプラットフォームの歴史的・社会的な構築メカニズムをメディア論の視座から明らかにする試みである。それは、プラットフォームの権力を、資本主義企業による一方的独占という素朴な図式で理解するのではなく、複数のアクターの複雑な相互作用が構築する関係論的なダイナミズムとして捉え直す試みでもある。

2 なぜ検索エンジン研究か

重層化し、多面化しているプラットフォームの生態系の歴史的・社会的な構築メカニズムを理解するために、どのようなアプローチをとることが可能だろうか。一つは、特定のプラットフォームに焦点を当て、そのプラットフォームに関わるアクター同士の相互作用を観察し、生態系の構築過程を記述することだろう。本書では、インターネット上のプラットフォームのなかでも最も多く利用され、かつインフラ化しているメディアの一つである検索エンジン「グーグル」に焦点を当てる。ここでは、グーグルを単に一つの営利企業として捉えるのではなく、グーグルというサービス自体やほかの検索エンジン、また、グーグルを利用可能にするブラウザーやスマートフォンなどのほかのプラットフォームを含む生態系として捉える。そして、そこで生じるさまざまなアクターの相互作用を歴史的に分析することで、社会におけるグーグルのあり方、ひいては現代のメディア環境における計算論的なアルゴリズム／AIのあり方を明らかにすることを目指す。

ここではまず、インターネットの検索エンジンとグーグルの位置づけについて確認しておこう。グーグルは、検索エンジンとして、現代のインターネット環境で支配的ともいうべき地位を確立している。グーグルで検索することを意味する「ググる」という語はすでに一般動詞になり、現代のメディア環境で「グーグルを使ったことがない」という人は少数派といえるだろう。実際、全世界を対象とする「データリポータル」のまとめによれば、二〇二二年十一月時点で訪問者数が世界で最も多いウェブサイトはグーグルであり、月間八十一億ユーザーと圧倒的な一位になっている。二位は同じグーグルが運営する動画共有サービスのYouTube（五十九億ユーザー）で、フェイスブックが三位（二十五億ユーザー）、ツイッター（現X）は五位（二十一億ユーザー）である。[7]

この傾向は日本国内を対象とする調査でも同様である。ヴァリューズの調査によれば、二〇二二年の日本でのウェブサイト年間推計訪問者数[8]の一位はグーグルであり、その数は一億二千万ユーザーにものぼる。この数値は、四位のツイッター（現X：九千四百万ユーザー）、九位のフェイスブック（八千二百万ユーザー）をやはり上回っており、グーグルという検索エンジンがツイッターやフェイスブックなどのSNS以上に浸透し、頻繁に利用されていることを示している。[9]

グーグルの主要サービスである検索エンジンは、「クエリー」と呼ばれる質問（キーワードと呼ばれることも多い）をユーザーが入力すると、その内容に合致すると判定されたウェブページの一覧を、ランキング形式で表示する。このランキングは、クエリーとの関連性（relevance）を、検索エンジンのランキング・アルゴリズムが判定することによって構築される。[10]

検索結果がアルゴリズムによって構築されたランキングであるという事実は、次の三つの論点を含んでいる。第一は、検索結果ランキングが自己準拠的にウェブページの格差を拡大する装置として作動しているということ。第二は、検索結果ランキングが関連性に基づく計算論的な評価によるものであり、正確性に基づく意味論的な評価によるものではないということ。そして第三は、検索結果ランキングのアルゴリズムがブラックボックス化するとともに、そこにアルゴリズムが媒介しているということ自体が無色透明化してしまっているということ、である。[11]

第一の論点について確認しよう。グーグルのランキング・アルゴリズムにおいて、ウェブページのランキングを評価するための入力変数（パラメーター）は「ランキング・シグナル」と呼ばれる。グーグルはアルゴリズムの詳細を公開していないが、ウェブサイトの「送り手」であるウェブマスター[12]の間では多くの実験によってどのような変数がランキングに影響を及ぼすかが推定されており、現在ではおよそ二百以上もの変数がランキング・シグナルとして扱われているという。[13]

検索結果画面におけるCTR（クリック・スルー・レートの略。いわゆるクリック率のこと）はランキングの評価に関連する変数の一つである。[14]これは特定のクエリーに対して、CTRが高いウェブページほど、検索者の意図に合致している可能性が高いという仮定に基づいている。もちろん、検索者がそのウェブページを有用だと判断した結果、CTRが上昇することは十分に想定しうる。一方で、ランキングが上位であるがゆえに、あるいは、検索結果画面で上のほうに出現しているがゆえに、多くの検索者がクリックしCTRが上昇する、という現象があることもよく知られている。つまり、ランキングが上位であること自体がCTRを上げる効果をもっており、CTRによるランキングの変動は自己準拠的な構造になっているのだ。
シストリックスのデータによれば、検索結果ランキング一位の平均的なCTRは二八・五％であるのに対して、二位は約半分の一五・七％、三位一一・〇％と、ランキングが下がればCTRは大きく下落していき、二ページ目（十一位以下）まで見る検索者は一％にも満たないという[15]（図1・1）。

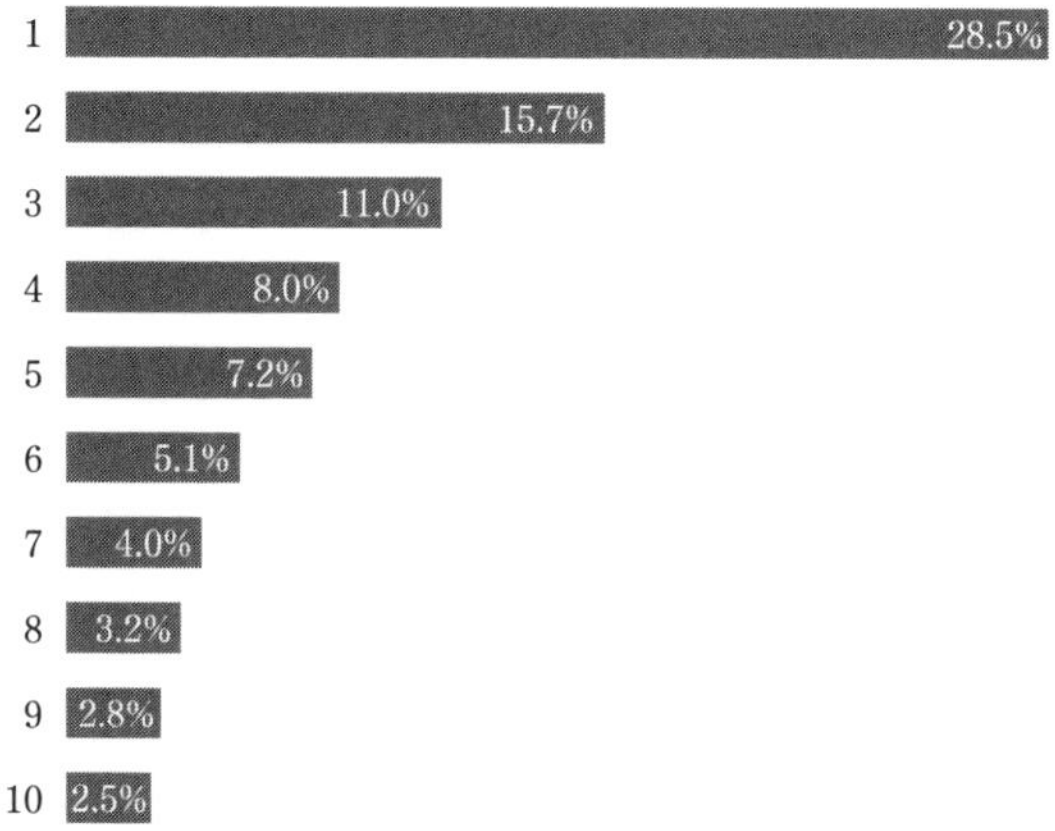

図1.1　検索ランキングごとの CTR
（出典：Johannes Beus, "Why (almost) everything you knew about Google CTR is no longer valid," *SISTRIX*, Jul. 14, 2020〔https://www.sistrix.com/blog/why-almost-everything-you-knew-about-google-ctr-is-no-longer-valid/〕［2022年9月4日アクセス］）

検索結果ランキングでひとたび上位になれば、それが上位であるがゆえにCTRが上昇し、CTRが上昇したがゆえにランキングがさらに上昇するという循環が生じる。逆にランキング下位のウェブページは、CTRが低いために検索者の意図に合致しないウェブページと見なされ、上位のウェブページとの格差が拡大していくことになる。もはや、ランキング上位に入らなければ存在しないものと同じといっても過言ではない。西垣通はこのことを、グーグルのランキングがもつ一元的な情報世界観の問題だと指摘する。すなわち、ランキング・アルゴリズムがもつ正のフィードバックによって、「強いものはますます強く」なり、「弱いものにはほとんどチャンスがない」状況が引き起こされ、「一部の強い言説だけが繰り返しスポットライトを浴びる」ことになるのだ。[16]

この自己準拠的な構造は、いわゆる学習モデルを採用する再帰的なアルゴリズムに共通するものである。たとえば、ＳＮＳの「いいね！」というユーザーの反応率が高い投稿を優先的に表示するアルゴリズムや、ＡＩでユーザーの評価（あるいは入力されたプロンプトそのもの）を学習のパラメーターとして出力をチューニングする場合にも同様の問題が生じうる。

第二の論点は、検索結果ランキングが関連性に基づく計算論的な評価によるものであり、正確性に基づく意味論的な評価によるものではないということである。すなわち、ランキングが上位であるということと、そのウェブページの意味論的な内容の正確性は、（直接的には）関係がないということだ。このことは、グーグル社員になったダニー・サリバン自身が「機械はコンテンツの正確性(accuracy)を判定できない」[17]と認めている。アルゴリズムが計算論的に判定できるのは、ウェブページの意味論的な内容ではなく、そのウェブページに対してほかのアクターがどのように行為したかという、観測可能な範囲での痕跡にすぎない。たとえば、ＣＴＲが高ければ有用な可能性が高いと判定し、ウェブページに対するリンクの数が多ければ信頼できる可能性が高いと判定するといった、間接的な手がかりを複数組み合わせることで、一定の精度を確率論的に確保することが、そもそものランキング・アルゴリズムの原理である。[18]そしてそうした変数は人気の推定には有効だが、人気があることは内容の信頼性を何ら保証するものではないと指摘[19]されている。

このアルゴリズムがもつ原理的な制約、すなわち内容の意味論的な解釈ではなく、観測可能な変数に基づく計算論的な判定に頼らざるをえないという制約は、その変数を操作することで検索結果をハックする余地を生む。つまり、必ずしも正確でなくても、ＣＴＲなどの人気を指し示す変数を上昇させることで、検索結果ランキングの上位に表示させることを企図することが可能になるのだ。このように、ランキング・アルゴリズムの計算論的な性質を利用して、ウェブサイトの検索結果ランキングを上昇させる試みが、ＳＥＯ（検索エンジン最適化）であり、現在では商用・非商用を問わず、ほとんどのウェブマスターが取り組む実践になっている。

正確性の欠落というこの問題は、アルゴリズムがデータベースに基づく計算論的な判定であるということのもつ原理的な限界である。これは、ディープ・ラーニング技術に基づいたＡＩでも同様であり、対話型の生成ＡＩにおいて最も重大な欠点として指摘される問題でもある。そして生成ＡＩの場合は、その入力となるプロンプトをハックし、望むとおりの出力を意図的に生成させる介入として「プロンプトエンジニアリング」と呼ばれる手法[20]が知られており、ＳＥＯと同様の実践が広まっていることは注意すべきだろう。

最後の第三の論点は、検索結果ランキングのアルゴリズムがブラックボックス化するとともに、そこにアルゴリズムが媒介していること自体が無色透明化してしまっているということ、である。前述したとおりグーグルは、多くの人がかなり頻繁に利用するサービスであるにもかかわらず（むしろそうであるがゆえに）、ほとんどの検索者はそのランキングがどのようなアルゴリズムによって出力されたものなのか、意識することはない。そのランキングの関連性が、自分の検索意図と本当に合致しているのか、十分に意識することなく、その結果を信頼しているかのように振る舞っている。前述したCTRの分布でも明らかなとおり、多くの検索者は検索結果ランキングを上位から順に確認し、二ページ目以降まで確認する人はごく少数である。これは、検索エンジンのランキング・アルゴリズムが、ブルーノ・ラトゥールがいう「ブラックボックス化（blackboxing）」していることを含意する。

ラトゥールによれば、ブラックボックス化とは「科学的および技術的な成果が、その成功自体によって不可視化されること」と定義され、「科学的な事実が確立している限り、もしくは機械が効率的に動作している限り、人々はそのインプットとアウトプットのみに注目することになり、内的な複雑さは無視されることになる」[21]という。検索エンジンという機械がまさしく効率的に動作していると信じられていることそのものによって、そのアルゴリズムの内的な複雑さは（少なくとも検索者にとって）無視していいものと認識されるのだ。

さらに注意すべきなのは、現代のメディア環境で、検索エンジン（≒グーグル）を利用するという行為があまりに当たり前になったことで、その検索という行為が検索エンジンというメディアに媒介されているという事実それ自体が忘却され、検索エンジンの存在がまるで無色透明であるかのように扱われつつあることだ。検索者は、検索結果が何らかのアルゴリズムによって出力された結果であること自体を意識せず、場合によっては「グーグルを利用した」という事実自体を忘却してしまう。このことを本書では「無色透明化」と呼び、ブラックボックス化とは異なる次元での不可視化として区別する。この無色透明化は、これまで論じてきたとおり、検索エンジンというメディアがスターとルーレダー[22]がいうインフラとして扱われているということでもある。メディアの「無色透明化」という語法は、スターらが提示したインフラの特性――それが安定的に稼働しているときには透明（transparency）なものとして扱われるという特性――と通底するものである。

このようなブラックボックス化と無色透明化の帰結として、検索者はアルゴリズムの媒介を十分に意識することなく、検索結果のランキングを上位から順に確認し、場合によっては前‐意識的ともいうべき情動的な反応によってクリックする対象を決めてしまう。伊藤守は、いわゆる「釣り見出し」「釣り広告」を例に挙げ、このような能動的とも受動的ともいえない曖昧な「前‐意識的な水準での行為」による選択は、「「自由な選択」という衣装を纏った「操作」と選択が対になった機械‐身体系のあらたな制御の機構」[23]だと指摘する。つまり、検索結果のランキングは、検索者の行為の順序、さらには情報の選択の優先順位を前‐意識的な水準で「管理＝制御」し誘導するアーキテクチャ[24]として作動しているのだ。

3　なぜSEO研究か

前節で述べた三つの論点は、いうまでもなく、相互に複雑に関連しあっている。本節ではこれらの問題についてより具体的に検討するため、ウェブマスターによるＳＥＯとランキング・アルゴリズムの関係について、二〇一六年に発生した「キュレーション・メディア事件」の事例を補助線にして考察し、検索エンジンの生態系におけるＳＥＯの重要性を検討する。

前節でもふれたとおり、SEOとは、ランキング・アルゴリズムの計算論的な性質を利用して、ウェブサイトの検索結果ランキングを上昇させる試みを指す。ウェブサイトの「送り手」であるウェブマスターの側からみれば、検索結果ランキングが上位であることは、アクセス数を増やし、多くの人に自身のウェブサイトを知ってもらうために重要である。特に、ビジネスとして運営しているウェブサイトにとって、アクセス数が増えることは自社の商品の認知度向上や、掲載している広告のインプレッション（表示回数）増加に連動しているため、検索結果ランキングの順位が収益に直結する場合も少なくない。いまやウェブサイトのアクセス数の増加は、企業のマーケティング活動の主要な目標になっており、検索結果ランキングの上位を得るためのSEOは、そのなかでも最重要施策と位置づけられることが多い。よほどの大企業や有名ブランドでないかぎり、企業のウェブサイトにブックマークなどを利用して直接訪問する人は少なく、また、前述したとおりWWW全体でのアクセス数の大半が検索エンジンのグーグルを経由しているからである。実際、スマートインサイツの調査によれば、一般的なウェブサイトへの流入経路として計測可能な範囲では、検索エンジンの自然検索（広告ではない通常の検索結果）からの流入が一位で四〇%を占め、広告も含めれば合計で六八%もの流入が検索エンジンを経由している。つまり、流入経路全体のうちで検索エンジン経由の占める割合は、フェイスブックなどのSNS経由よりもはるかに多くなっている。(25)

SEOにおいては、アルゴリズムの計算プロセス自体には介入できない前提があるため、計算の初期条件、すなわち入力変数（パラメーター）を操作することでアルゴリズムの計算結果であるランキングを上昇させることを試みる。たとえば、ウェブページのタイトルをよりクリックされやすいものにする、あるいは、検索結果に表示されるページの説明文をより興味を引くものにするといった、ＣＴＲを上昇させようとする操作などは、代表的な対策である（その行き過ぎた例が前述の「釣り見出し」である）。もちろんランキング・シグナルはＣＴＲだけではなく、ＳＥＯはこれ以外にも多岐にわたる変数を対象にして対策している。ウェブマスターによるこうした実践も、検索者によるクリックなどの反応も、ランキング・アルゴリズムの入力変数として、検索結果を構築する材料になっているわけだ。この構造は、前述した生成ＡＩでのプロンプトエンジニアリングという実践と同型的である。つまり、ＳＥＯという現象を分析することは、単に検索エンジンのアルゴリズムの構築過程を明らかにするだけでなく、今後の社会における計算論的なメディア全般を射程に入れる重要な探究になる。

前述のとおりＳＥＯは、ウェブマスターにとってはきわめて一般的な実践でありながら、そのような「送り手」側の介入について、検索者が普段意識することはほとんどないといっていいだろう。さらにはＳＥＯという実践は、グーグルを含むＷＷＷの生態系において非常に重要な役割を果たしているにもかかわらず、これまでのメディア研究では十分に対象化されておらず、無視あるいは過小評価されてきた。ランキング・アルゴリズムがブラックボックス化し、検索エンジンの媒介性が無色透明化していることと相まって、そのアルゴリズムに介入しようとするＳＥＯの存在もまた無色透明化しているのだ。逆にいえば、検索エンジンのランキング・アルゴリズムが構築される過程、さらにはそれがブラックボックス化していく過程がどのようなものであるかを明らかにするには、グーグルを単一の企業体として捉えるのではなく、ウェブマスターを含む複数のアクターがどのように相互作用しているのか、その生態系としてのあり方を明らかにする必要がある。本書では、このようにブラックボックス化し、無色透明化している検索エンジンというメディアの重層的な生態系を、SEOという実践をレンズとして検討する。

すでに議論してきたとおり、検索エンジンのアルゴリズムや、SEOという実践が無色透明化しているということは、それらがインフラとして扱われているということである。福島真人によれば、スターとルーレダーのインフラ概念は、のちの科学技術社会論（STS）での関連研究に大きな影響を与えたという。[26]本書の文脈において重要なのは、インフラが、それが安定的に稼働しているときには透明なものとして扱われる一方で、何らかの不具合が発生すると可視化されるという点だ。

普段は無色透明化しているランキング・アルゴリズムやSEOの介在が可視化された、いわば不具合を起こした事例の一つが、二〇一六年に話題になったキュレーション・メディア事件である。「キュレーション・メディア」（「まとめサイト」ともいう）とは、特定のトピックに関してほかのウェブサイトなどの情報を収集して記事として配信するウェブサイトを指し、当時は比較的多くみられた様態である。当時ディー・エヌ・エー社が運営していた「WELQ（ウェルク）」という健康情報サイトは、そのようなキュレーション・メディアの一つだった。

事件になったきっかけは二〇一六年九月、医学部出身のウェブサイトの編集者、すなわちウェブマスターの経験者でSEOにも詳しかった朽木誠一郎が、「医療情報に関わるメディアは「覚悟」を――問われる検索結果の信頼性」と題する記事をYahoo!ニュースに投稿したことである。そこで朽木は、多発性骨髄腫や胃がんなど命に関わる病名のクエリーに対し、「WELQ」を含む複数のキュレーション・メディアが検索結果のランキング上位に掲載され、しかもその記述内容の信頼性が低いことを指摘した。(27) 朽木はこのとき、記事タイトルのつけ方などから、SEOでよく用いられるテクニックが使われていることに気づいていたという。(28) 同年十月には、これとは別の文脈で、SEOの専門家である辻正浩が、グーグルで「死にたい」と検索すると一位にランキングされる「WELQ」のページが転職を勧める「キャリア診断テスト」の広告を掲載していると指摘し、「非常にセンシティブなため全力で配慮すべき「死にたい」等の検索で上げるモラルの無いSEO」(29)と批判した。

こうした、SEOをよく知る「送り手」側のウェブマスターたち自身による批判がSNSを中心に拡散され、「WELQ」の信頼性を問う指摘が次々になされていった。同年十一月には、バズフィード・ジャパンが「DeNAの「WELQ」はどうやって問題記事を大量生産したか　現役社員、ライターが組織的関与を証言」(30)という記事を掲載し、クラウドソーシングを活用した組織的な記事の量産をおこなっていたことが明らかになる。当時のグーグルのアルゴリズムでは、ウェブサイト内のページ数や一ページあたりの文字数などのコンテンツ量が多ければランキング上位に評価される傾向があった。そのため、「WELQ」は不正確な医療情報だけでなく、不適切な引用や転載などを組み合わせて意図的にコンテンツ量を増やそうとしていたのだ。

批判の高まりを受けて、ディ・エヌ・エー社は二〇一六年十一月二十九日に「WELQ」の公開停止を発表する。このころには、この問題は既存のマスメディアでも大きく報じられ、同年十二月七日には経営陣が謝罪会見をおこなうなど、大きな「炎上」事件になった。藤代裕之は、一六年を

「偽ニュースの年」だったと位置づけ、この事件を日本での「偽ニュース」の代表例に挙げている。[31]

この事件については、二〇一七年三月十三日に第三者委員会の調査報告書が提出され、事実関係や問題に至った経緯を詳細に検証している。この報告書によれば、「WELQ」は経営目標としてウェブサイトのアクセス数を最大化することを至上命題としていた。報告書にもあるとおり、このような目標設定自体にはメディアの経営手法として問題があるわけではない。問題は、「グーグル検索結果、上位に表示される記事は、情報の受け手であるユーザーのニーズを捉えている記事であるとの認識」によって、グーグルからのアクセス数が増えていればそれは「受け手」から支持されている証拠だと考え、コンテンツの倫理的な側面を考慮しなかったことである。アクセス数という「受け手」の支持がデータで「実証」されている以上、現場では悪いことをしているという意識自体が希薄だったという。第三者委員会は、ディー・エヌ・エー社の経営側の管理責任を追及しながらも、積極的に剽窃を推奨するような悪意は経営側にも認められなかったと結論づけている。[32]

もちろんディー・エヌ・エー社の「送り手」としての責任は追及されてしかるべきだろう。一方で何らかの悪意によるものではなかったとする第三者委員会の調査は、ウェブサイトの運営における構造的な問題の存在を示唆している。ウェブサイトの運営は、前節で示したとおり、いまもなおWWWの入り口として中心的な位置を占めるグーグルのアルゴリズムに大きく依存しているということである。ウェブマスターは、大量のウェブサイト群のなかから自分のウェブサイトを見つけてもらうために、さらには、アクセス数を増やすために、検索エンジン・ランキングの上位を獲得しようとする。その際に、SEOという実践によるアクセス数の増加が自己目的化し、ウェブページの内容を軽視してしまうという逆説が起こると、ときに低品質なウェブページが検索エンジン・ランキングの上位に現れることになる。しかし検索者は、まさにランキングが上位であるがゆえに、そのウェブページにアクセスすることに誘導され、品質が低い（場合によっては虚偽の）情報への接触を余儀なくされる。そしてその一方で、品質が高いかもしれないがランキング下位のウェブページへの接触機会を失ってしまうのだ。この問題は、検索エンジン・ランキングが無色透明化したインフラになり、検索者の行為を誘導するアーキテクチャとして作動しているからこそ発生したのである。

この事件は、前述したとおりランキング・アルゴリズムをハックするＳＥＯの不具合が顕現したことで、インフラとして無色透明化していたランキング・アルゴリズムの介在が可視化させられた一つの事例である。そしてこの事件は、ブラックボックス化していたランキング・アルゴリズムそれ自体の改変を迫る圧力としても作用していく。

事件を受けて、このような低品質なウェブページを上位に表示させたグーグルに対しても批判が向けられた。ブラックボックス化していたアルゴリズムの処理に対する疑念が提示され、そのブラックボックスの頑健性が揺らぐことになったのだ。その結果、グーグルはこれまでグローバルで共通の設計を原則としていた方針を転換し、「日本語検索で表示される低品質なサイトへの対策」のための「アルゴリズム・アップデート」[33]を発表する。詳細は第7章「脱中心化するＳＥＯ――モバイルによる秩序の揺らぎ（二〇一五―二〇年）」でも検証するが、この対策を含む複数のアップデートによって、特に医療や健康に関わる内容に関しては、ウェブサイトの運営者の公益性や規模を考慮するようになった。たとえば、大学病院や厚生労働省などの「権威」があるとされる公的機関や、公益性が高い大手企業のウェブサイトを、民間の中小企業や個人が運営するウェブサイトよりも高く評価する。実際、朽木の事後調査によれば、二〇一八年一月時点の「胃がん」の検索結果は一位が国立がん研究センター、二位と三位は医療機器メーカーのオリンパス、四位はがん研究会有明病院、五位は愛知県がんセンター中央病院、のように改善されていたという。(34) 逆にいえば、創業してまもない無名の企業や小規模なＮＰＯ（民間非営利団体）などのウェブサイトは、たとえその内容が正確で信頼性が高いものだったとしてもランキング上位を取ることは難しくなっている。

その結果、二〇二〇年以降のコロナ禍では、感染症やワクチンに関するクエリーに対して、このようなランキング・アルゴリズムのアップデートによって厚生労働省や自治体の公式情報が上位に掲載され、少なくともグーグルの検索結果ランキングについて大きな混乱は生じていない。これは、キュレーション・メディア事件以降、再びランキング・アルゴリズムがブラックボックス化に成功し、不具合を顕現させていないために無色透明化したインフラとして機能しつづけている、ということにほかならない。さらにいえば、現在の検索者にとっては、ランキング・アルゴリズムが過去にどのような不具合を起こし、その結果として現在のランキング・アルゴリズムがどのように変更されてきたか、ということ自体が社会的に忘却され無色透明化しているのだ。

4　本書の問いと構成

これまで論じたとおり、検索エンジンはインターネットで中心的な役割を果たしつづけ、最も多くのアクセス数を集めるメディアである。そしてそのランキングは①自己準拠的な構造をもち、②計算論的なアルゴリズムによる評価に依存し、③ブラックボックス化し無色透明化する、という特徴をもつ。さらに検索エンジンの動作にとって最も重要なモジュールといってもいいランキング・アルゴリズムは、不具合が顕現した際のさまざまなアクターの批判や、ウェブマスターらによるＳＥＯの実践によってアップデートされ、そのブラックボックスとしての頑健性を維持・強化してきた。このようなＳＥＯという実践を通じて検索エンジンのランキング・アルゴリズムの歴史的・社会的な構築メカニズムを分析することで得られる知見は、現代のＡＩでのプロンプトエンジニアリングなどの実践に敷衍できる。そうすれば、検索エンジンに限定されない広い意味での計算論的なメディアのありようを解き明かすことにもつながるだろう。本書は検索エンジンとＳＥＯという対象に分析の範囲を絞りながらも、現代の計算論的メディア全般を射程に入れた理論的探究を試みるものである。

検索エンジンのランキング・アルゴリズムがどのように構築され、さらにそれがどのようにしてブラックボックス化、無色透明化してきたのか。その過程を明らかにするには、グーグルを単一の企業体として捉えるのではなく、ウェブマスターや検索者を含む複数のアクターの相互作用によって構築される生態系として捉えることが重要であることは、前述したとおりである[35]。

そこで本書では、以下のとおりに問いを設定する。

検索エンジン・アルゴリズムのブラックボックス化は、どのようなアクターによる、どのような相互作用によって構築され、維持されているのか。

本書では、歴史的な区分に沿って、この問いを次の二つの問いに分割して検討していく。

1．WWWの草創期から検索エンジンの確立期にかけて、そのアルゴリズムはどのようなアクターに対して、どのようにブラックボックス化したのか。

2．検索エンジン・アルゴリズムのブラックボックス化は、それが構築されたのち、どのようなアクターのどのような相互作用によって維持されているのか。

第2章「プラットフォームとは何か」ではまず、本書の分析の基本的な視座であるメディア論の考え方と、プラットフォームという概念についての理論的な整理をおこなう。続く第3章「検索エンジン・アルゴリズムの確立――SEO前史（一九九三―二〇〇五年）」では、主に第一の問いについて分析する。そこでは、WWWが普及しはじめた一九九三年から、グーグルが主要な検索エンジンとして地位を確立し、ティム・オライリーによるウェブ2.0という言説[36]が登場する二〇〇五年までの十三年間を、ウェブ1.0と仮説的に区分し、当時のWWWの利用法を共有する主要なメディアであるパソコン雑誌の言説を通時的に分析する。

第二の問いについては、第4章から第7章で分析する。プラットフォームが中心化し、スマートフォンが浸透する二〇〇六年以降について、ウェブマスター向けのウェブサイトを対象に、SEOの実態を分析する。第4章「SEOによるアルゴリズム変容の全体像——二〇〇六年から二〇年までの通時的分析」では、まずトピックの変化を計量テキスト分析によって通時的に把握し、その分析結果から次の三つの時代区分、①二〇〇六年から一〇年、②二〇一一年から一四年、③二〇一五年から二〇年を提示する。第5章から第7章では、それぞれの時代区分ごとに、第4章の分析で抽出した特徴的なコードが付与されたウェブページを定性的に分析する。[37]第5章「並列するSEO——複数検索エンジンへの対応（二〇〇六—一〇年）」が二〇〇六年から一〇年、第6章「中心化するSEO——グーグルによる秩序化（二〇一一—一四年）」が二〇一一年から一四年、第7章が二〇一五年から二〇年に対応する。第8章「検索エンジン・アルゴリズムの「権力」を問い直す」でこれらの分析結果を総合し、前述の問いについて明らかになったこと、さらには現代のメディア環境における今後の展望を示す。

注

（1）この「生態系」という概念については、第2章で詳述するとおり濱野智史が用いたメタファーに基づく。濱野智史『アーキテクチャの生態系――情報環境はいかに設計されてきたか』ＮＴＴ出版、二〇〇八年

（2）松尾豊『人工知能は人間を超えるか――ディープラーニングの先にあるもの』（角川ＥＰＵＢ選書）、ＫＡＤＯＫＡＷＡ、二〇一五年

（3）Pandu Nayak, "Understanding searches better than ever before," *Google The Keyword*, 2019 (https://www.blog.google/products/search/search-language-understanding-bert/)［二〇二三年五月二十一日アクセス］

（4）Joy Buolamwini and Timnit Gebru, "Gender Shades: Intersectional Accuracy Disparities in Commercial Gender Classification," *Proceedings of Machine Learning Research*, 81, 2018, pp. 1-15.

（5）Susan Leigh Star and Karen Ruhleder, "Steps Toward an Ecology of Infrastructure: Design and Access for Large Information Spaces," *Information Systems Research*, 7(1), 1996, p. 113.

（6）第2章でも論じるが「プラットフォーム資本主義（Platform Capitalism）」について批判的に論じたニック・スルネックは必ずしもそのような単純な還元論を主張していない。ニック・スルネック『プラットフォーム資本主義』大橋完太郎／居村匠訳、人文書院、二〇二二年

（7）Simon Kemp, "Digital 2023: Global Overview Report," *Datareportal*, Jan. 26, 2023 (https://datareportal.com/reports/digital-2023-global-overview-report)［二〇二三年十二月二十八日アクセス］

（8）ヴァリューズの調査は年間推計訪問者数であり、前出の「データリポータル」の月間訪問者数とは

期間が異なるため単純比較はできないが、いずれもグーグルがＷＷＷ全体で最大の規模であることを指し示している。

（９）マナミナ編集部「Webサイト&アプリ市場のユーザー数ランキング２０２２を発表！アプリ利用者数は、インスタがTwitterを上回り第3位に。60代シニアでも利用者急増」ヴァリューズ、二〇二二年十二月六日（https://manamina.valuesccg.com/articles/2129）［二〇二三年十二月二十八日アクセス］

（10）アレクサンダー・ハラヴェ『ネット検索革命』田畑暁生訳、青土社、二〇〇九年、二四―三一ページ

（11）ここで提示する三つの論点は必ずしも独立したものではなく、相互に関連している。

（12）ここではプロ・アマを問わず、ウェブサイトの制作者・管理者全般を指す。

（13）Brian Dean, “Google’s 200 Ranking Factors: The Complete List (2024),” *BACKLINKO*, Dec. 10, 2024（https://backlinko.com/google-ranking-factors）［二〇二四年十二月二十日アクセス］

（14）前掲のブライアン・ディーンによれば、ＣＴＲはランキング・シグナルの一つと考えられているが、グーグルがＣＴＲを直接のシグナルにしているかどうかは明らかではない。

（15）Johannes Beus, “Why (almost) everything you knew about Google CTR is no longer valid,” *SISTRIX*, Jul. 14, 2020（https://www.sistrix.com/blog/why-almost-everything-you-knew-about-google-ctr-is-no-longer-valid/）［二〇二二年九月四日アクセス］

（16）西垣通「オープン情報社会の裏表」「現代思想」二〇一一年一月号、青土社、四〇―五一ページ

（17）Danny Sullivan, @dannysullivan, Twitter, Sep. 10, 2019（https://twitter.com/dannysullivan/status/1171109332559093760）［二〇二二年九月二十日アクセス］

(18) Amy N.Langville／Carl D.Meyer『Google PageRank の数理——最強検索エンジンのランキング手法を求めて』岩野和生／黒川利明／黒川洋訳、共立出版、二〇〇九年、一五—一八ページ
(19) 高野明彦「記憶術としての検索——検索から連想へ」、高野明彦監修『検索の新地平——集める、探す、見つける、眺める』（角川インターネット講座）所収、KADOKAWA、二〇一五年、二三二ページ
(20) 一般にChatGPTなどの生成AIの入力となる自然言語の質問文のことを「プロンプト」と呼び、単に質問するだけでなく、AIの出力を予測して特定の結果が得られるように制約条件などを付け加えたプロンプトを人間側が生成する実践のことをプロンプトエンジニアリングと呼んでいる。
(21) Latour, *Pandora's Hope*, p. 356.
(22) Star and Ruhleder, op.cit.
(23) 伊藤守「傍流のメディア思想——欲望機械の離接的総合というクッション」、伊藤守編著『ポストメディア・セオリーズ——メディア研究の新展開』所収、ミネルヴァ書房、二〇二一年、三六九—三七〇ページ
(24) 第2章で詳述するとおり、ここでのアーキテクチャの概念は、ローレンス・レッシグの論考を引き継いだ、濱野智史の語法を援用したものである。前掲『アーキテクチャの生態系』
(25) Dave Chaffey, "Search engine marketing statistics 2022," *Smart Insights*, Jan. 26, 2022 (https://www.smartinsights.com/search-engine-marketing/search-engine-statistics/)［二〇二三年八月二十日アクセス］
(26) 福島真人「データの多様な相貌——エコシステムの中のデータサイエンス」「現代思想」二〇二〇年九月号、青土社

（27）朽木誠一郎「医療情報に関わるメディアは「覚悟」を――問われる検索結果の信頼性」二〇一六年九月十日「Yahoo! ニュース」（https://news.yahoo.co.jp/expert/articles/3c104b626ed257f1cb705e2bdd1130a12131a214）［二〇二四年十二月二十日アクセス］

（28）朽木誠一郎『健康を食い物にするメディアたち――ネット時代の医療情報との付き合い方』（ディスカヴァー携書）、ディスカヴァー・トゥエンティワン、二〇一八年、七四―七五ページ

（29）辻正浩「［死にたい］でＳＥＯされたｗｅｌｑ（運営：ＤｅＮＡ）の大きな問題」二〇一六年十月二十三日、Twitter（https://twitter.com/i/events/782773534850371584）［二〇二二年九月二十日アクセス］

（30）井指啓吾「ＤｅＮＡの「ＷＥＬＱ」はどうやって問題記事を大量生産したか　現役社員、ライターが組織的関与を証言」二〇一六年十一月二十八日「BuzzFeed News」（https://www.buzzfeed.com/jp/keigoisashi/welq-03）［二〇二二年八月二十二日アクセス］

（31）藤代裕之『ネットメディア覇権戦争――偽ニュースはなぜ生まれたか』（光文社新書）、光文社、二〇一七年、四―五ページ

（32）ディー・エヌ・エー第三者委員会「調査報告書（キュレーション事業に関する件）」二〇一七年（http://www.daisanshaiinkai.com/cms/wp-content/uploads/2016/12/170313_daisansha2432-2.pdf）［二〇二二年九月二十日アクセス］

（33）Google「日本語検索の品質向上にむけて」二〇一七年二月三日「Google 検索セントラルブログ」（https://developers.google.com/search/blog/2017/02/for-better-japanese-search-quality?hl=ja）［二〇二二年九月二十日アクセス］

（34）前掲『健康を食い物にするメディアたち』二四九―二五〇ページ

(35) 本書では、メディアの生態系を構成する多様なアクターの「役割(ロール)」がどのように変容するかに着目する。これは、いわゆる「送り手/受け手」というモデルを二重の意味で再構築することになる。第一は、「送り手/受け手」のようなアクターの関係を、制度化・固定化したものではなく、流動的で置換可能な役割として捉えることである。すなわち、ある人間や事物が、同時に複数の役割をもつこともあれば、何の役割も果たさないこともある、ということだ。第二は、「送り手/受け手」以外にも複数の多様な役割がありえ、しかもその役割を人間以外の機械や事物が果たすこともある、ということである。本書はメディアの言説に対する歴史的な分析が中心になるため、必ずしもブルーノ・ラトゥールらによるアクター・ネットワーク・セオリー(ANT)に基づく立場をとるわけではないが、この「異種混交のアクター」の可能性については、ANTのアイデアを援用したものである。なお、特定の役割を想定せずに検索エンジンなどのデジタル・メディアを利用する人間を指す場合は「ユーザー」という語を用い、ウェブサイトの企画・制作をする人間を指す場合はプロ・アマを問わず「ウェブマスター」という語を用いている。

(36) Tim O'Reilly, "What Is Web 2.0: Design Patterns and Business Models for the Next Generation of Software," *O'Reilly Media*, Sep. 30, 2005. (http://www.oreilly.com/pub/a/web2/archive/what-is-web-20.html)［二〇二二年八月二十四日アクセス］

(37) 本書は、プラットフォームというメディアでの意味論と計算論の関係、特に計算論的なアルゴリズムが意味論的な判断を代替していく歴史的・社会的なプロセスに着目する研究だが、この問題意識は本書の方法論的な立場でのメタ理論としても重要な観点になる。すなわち、社会の日常的なコミュニケーションが計算論的なアルゴリズムに依拠していくことと、社会科学における方法論が定量的・計算論的な方法論にシフトしていくことには、ある種の歴史性、あるいは政治性が含意されているということだ。そのため、本書は分析対象の水準における理論的な意味でも、分析方法の水準におけるメタ理論的な意味でも、計算論的なアルゴリズムの全域化に抵抗し、意味論的な判断を維持しうる可能性について検討する試みである。したがって、本書では計量テキスト分析による定量的なアプローチを一部に取り入れながらも、その計算論的な分析方法だけでテキストの解釈を完結させるのではなく、定量的に抽出された史料に対して分析者が意味論的な解釈を定性的に遂行することで、その歴史的・社会的文脈を明らかにすることを目指す。

第2章　プラットフォームとは何か

1　メディアとしてのプラットフォーム

本章では、プラットフォームとは何かについて、メディア論（Media Studies）という学問領域の視座から理論的に検討する。プラットフォームをめぐる既存の社会科学的研究を参照しながら、複雑化する現代のデジタル・メディア環境を理解するための諸概念を整理し、本書の分析の基礎になる枠組みの提示を目指す。まず検討すべきなのは、本書が依拠するメディア論の視座とは何か、さらにはメディアとプラットフォームの関係をどのように捉えるのか、という問題である。このことは同時に、メディア論でプラットフォームという概念を導入することの意義を明らかにすることでもある。

メディア論という学問領域の視座について、水越伸は「メディアがたんに情報伝達のための無色透明な手段としてではなく、情報技術と社会との絶え間ない交渉のなかで歴史社会的に形成されてきたことを明らかにする学問[1]」であり、「送り手と受け手が多元的に駆け引きしながらメディア文化を生み出しつつある状況や、メディアのありようと人間の知覚や世界認識、社会構成の様式に注目した研究を展開[2]」している、と指し示す。ここでいうメディアとは、「コミュニケーションを媒(なかだち)する「モノ（物）」や「コト（事）[3]」」と定義される。また、コミュニケーションとは単に情報の「伝達」だけを指すのではなく、感情や思想の「共有」を含む広い概念である。このように捉える視座の有効性は、これまで議論してきたプラットフォームや検索エンジンなどの対象と比べてメディアという概念を、「コミュニケーション現象、メディア現象全体をカバーする最も総合的な位置づけ[4]」に定位できることだ。

ここでのメディア論の源流には、ハロルド・イニスやマーシャル・マクルーハンらトロント学派による探究がある。吉見俊哉によれば、二十世紀に情報伝達モデルを前提としたマス・コミュニケーション研究が発展するなかで、「メディアが有する媒体としての透明性が強調[5]」されていった。メディアそのものは考察の外に置かれ、メッセージの「内容（コンテンツ）」に研究の関心が集中したのだ。マクルーハンの有名な主張「メディアはメッセージである[6]」とは、まさにこのような状況に対する批判として発せられた。

マクルーハンの思想は、イニスが「コミュニケーションの傾向性（bias）[7]」として論じたものを基礎としている。イニスは、西洋の文明史においてコミュニケーション・メディアが果たした役割を分析し、その物質的な諸特性が文明の「傾向性（bias）」に影響を与え、メディアが「コミュニケートされるべき知識の性格を或る程度まで決定する」[8]と論じた。また、吉見によれば、当時、通信理論やマス・コミュニケーション研究がメディア概念を技術的なものとして透明化した流れへの対立項として、メディアの物質的な次元に着目する「もう一つのメディア論」の水脈が、ヴァルター・ベンヤミンらヨーロッパの系譜にも出現しているという[9]。

これらの「もう一つのメディア論」の系譜において重要なのは、メディアの無色透明化に対する「メディア論的想像力」の喚起を促す視点だろう。マクルーハンは「メディアはメッセージである」と宣言したことについて、「実を言えば、メディアの内容がメディアの性格にたいしてわれわれを盲目にするということが、あまりにもしばしばありすぎるのだ[10]」と説明している。水越によれば、「メディア論的想像力」の喚起とは、コミュニケーションやコンテンツではなく「メディアそのものに関心が払われ、そのあり方や影響について議論が交わされる状況[11]」である。本書でこの概念は、検索エンジンというメディアが、どのようにしてブラックボックス化し、無色透明化するのかを問うためのパースペクティブとして、特に重要な概念と位置づけられる。

前述のメディア論の視座に立つとき、そのメディアの定義から、検索エンジンはメディアであるといえる。さらにいえば、その構成要素としての検索結果のインターフェイスや、ランキング・アルゴリズムもメディアである。これらをメディアとして捉えることの意義は、それがコンテンツでない（いわばコンテナーである）がゆえに無色透明化し、ブラックボックス化することを許容しているまさにその現象を対象化できることだ。一方でメディアという概念は、検索エンジンを含むプラットフォームが媒介する一切のコミュニケーション現象、あるいは相互作用を概括する理念的な位置づけにある。その意味では、プラットフォームはメディアの下位概念であり、検索エンジンはプラットフォームであると同時にメディアでもあるということになる。では、プラットフォームという概念の固有性、すなわちほかのメディアとは異なるプラットフォームの特性とは何だろうか。以降の節では、既存の社会科学的な議論を参照しながらプラットフォームがもつ諸特性について検討する。

2　プラットフォームは「フィルタリング」する

プラットフォームの第一の特性は、第1章でも論じたとおり、多数のコンテンツを選別・分配するシステムであるということだ。換言すれば、プラットフォームというメディアは、コンテンツをフィルタリングするアルゴリズムが作動することによって特徴づけられる。アレクサンダー・ハラヴェは、検索エンジンについて、「検索とは、探す技術であるのと同時に、無視する技術でもある[12]」と指摘する。ほとんど無限ともいえる情報量のなかで、何を「無視」するのかが実は重要な論点なのだ。その理由は、人間の認知資源の限界、すなわち「ウェブで利用可能な情報の量は増大しているが、人間が情報を使いこなせる能力は増えない[13]」という非対称性にある。ハラヴェは、これをハーバート・サイモンが予言した「アテンション・エコノミー（注目経済[14]）」と結び付ける。そして、ウェブのコンテンツが氾濫するにしたがって、検索者の「アテンション」が稀少価値をもつものになり、検索エンジンはその「アテンション」を奪い合う「取引所」であると論じた。[15]稀少な資源としての「アテンション」は、クリック数やアクセス数として数量化され、それらの数値が検索エンジンというマーケット上で競合させられている、というわけだ。ニック・クドリーはハラヴェの議論を参照しながら、「情報量が幾何級数的に増加しているがゆえに、検索結果の最初のページから先を見るような時間をかけることがますます少なくなっている」ことによって、検索者の情報空間に「バイアス」が入り込む危険性を指摘している。[16]これらの議論はまさしく、キュレーション・メディア事件を引き起こした「アクセス数至上主義」ともいうべき問題の根本的な原因を説明するものだろう。

キャス・サンスティーンは、流通情報量が過剰になるこうした現象を「情報オーバーロード」と呼び、その結果として情報が「カスタマイズ」され「フィルタリング」されることの弊害を指摘した。「情報オーバーロード」によって過剰な選択肢、過剰な話題、過剰な意見が提供されればされるほど、人々は情報を自分の意見や好みに近いものだけにフィルタリングして受け取ることになる。人々は検索エンジンやソーシャル・メディアなどのプラットフォームがフィルタリングした結果を閲覧しつづけ、また自分の好みに合うものだけに反応しつづけることで、徐々に同じ方向の極端な意見のほうにシフトしていき、「サイバー・カスケード」という分極化に至るというのだ。[17]この分極化されたコミュニケーション空間は「エコーチェンバー」とも呼ばれ、現代のプラットフォーム上で似た意見をもつ人たち同士が集まり、異なる意見をもつ人と分断してしまうメカニズムとして、しばしば指摘される問題になっている。

そしてこのフィルタリングの問題を、グーグルやフェイスブック、アマゾンといった個々のプラットフォームがもつパーソナライゼーションの仕組みに敷衍して論じたのがイーライ・パリサーである。[18]パリサーが提示した「フィルターバブル」という概念は、グーグルやフェイスブックなどによる膨大なデータベースを背景にしたパーソナライゼーションのアルゴリズムと、ユーザーの選好が相互構成的に作用することによって、ユーザーが接触する情報が自己準拠的にフィルタリングされ、しかもそのことがユーザー自身に意識されにくいことを指摘するものだ。

これらのフィルタリングの問題系は、SNSが前景化する現代のメディア環境を分析するにあたって、重要な視点を与えてくれる。ただし本書の文脈で指摘しておかなければならないのは、グーグルは二〇一〇年代後半以降、ほとんどパーソナライズ検索を適用していないということである。グーグルは過去におこなったさまざまなアルゴリズム調整の結果、検索者の属性よりもクエリー自体の文脈のほうが重要だという結論に至り、検索者の属性や履歴に基づくパーソナライズはいまではほとんど実施されていないことが明らかになっている。[19]グーグルが実際におこなっているのは、個人属性による検索結果ランキングの調整ではなく、検索場所のような文脈による調整である。たとえば、検索場所の位置情報が東京都内の場合と北海道の場合では、同じクエリーでも検索結果は異なる。[20]しかしこれはパリサーの指摘が誤っていたということではなく、まさに「フィルターバブル」だという批判をかわすために、グーグル側がアルゴリズムを調整したという側面があったといわれている。[21]この事例も、アルゴリズムが外部のアクターとの相互作用によって変容した実例を示するものではあるが、一方でパーソナライゼーションとランキングは技術的な相性が悪いことも確かだろう。そもそもランキングは、膨大な人々の反応を入力変数として、クエリーとの関連性を評価するものであり、ランキング・シグナルの重みに対して個人の属性や履歴データは小さな影響力しかもちえないことが推定できるからだ。

本節で特に重要な論点は、検索エンジンを含むプラットフォームが計算論的なアルゴリズムによって実現しているフィルタリングの技術が、情報量と認知資源の非対称性を解消するという社会的な要請に適応するものであった一方で、その逆説的な結果として、フィルターバブルやエコーチェンバーといった情報の「偏り」が指摘されるに至ったということである。

3 プラットフォームは「コントロール」する

プラットフォームには、コミュニケーションの傾向性を一定の方向にコントロールするという特性があることも指摘されている。この議論は、プラットフォームの「権力(power)」のマクロなありように着目する、政治学的・社会学的な問題系と結び付く。

ローレンス・レッシグはインターネットを含むサイバー空間におけるハードウエアやソフトウエアの「コード」が、人々を規制する「法」として機能していることを指摘した。[22] レッシグはそれらのコードが、空間における人々の行動を誘導する役割を果たしている構造物である、という状態を指して「アーキテクチャ」と呼んだ。アーキテクチャとは元来は建築物の構造を指し示す言葉だが、レッシグはこれをサイバー空間で人々の行動をコントロールする仕掛け・仕組みに援用したわけだ。第1章ですでに述べたとおり、検索エンジンの検索結果がランキング形式になっていて、検索者が上位から順に確認するインターフェイスになっていることはまさしく、検索エンジンにアーキテクチャとしての特性があることを示しており、そこではランキング・アルゴリズムというコードが稼働している。このコードの介在に目を向け、アーキテクチャという構造に焦点を当てることは、プラットフォームのあり方を理解するうえできわめて重要な視座といえる。

東浩紀は、このアーキテクチャの概念を、ジル・ドゥルーズの「管理＝制御社会」(23)の思想と接続して、「環境管理型権力」(24)と名づけている。これは、コードによる規制を、視線の内面化を前提とするミシェル・フーコーの「規律＝訓練型権力」(25)とは異なり、人々の内面をバイパスし、生活環境を直接に規制する権力として捉えるというものである。

アレクサンダー・ギャロウェイはレフ・マノヴィッチによるソフトウエア研究（Software Studies）の議論(26)を参照しながら、「プロトコル」という「管理＝制御（control）」の技術に着目し、インターネットでのソフトウエアの権力のあり方を分析している。(27)レッシグが、インターネットの起源はそもそも自由なものだったと捉え、そこに「コントロール」のための規制が「コード」として（事後的に）出現した、と示唆していたのに対し、ギャロウェイは「手落ち」だと批判し、異なる見方を示している。(28)すなわちインターネットはその起源からプロトコルという「管理＝制御」の存在を前提としており、自由な空間にあとからコードが介入したわけではないというのだ。これはメディアの物質性に着目するギャロウェイと、法的な制度に着目するレッシグの視角の違いを示している。

一方でギャロウェイは、プロトコルという概念を実質的にレッシグがいうコードと同義に用いて議論していると解釈できる箇所も多い[29]。ギャロウェイはプロトコルがインターネットに初めから存在していたことを強調しながらも、同時にそれは「可能性と同義である」[30]とも述べている。つまり、ネットワークの初期状態に対する認識は異なるものの、レッシグがいう「コード」も、ギャロウェイがいう「プロトコル」も、一定の可塑性をもつ構築物であるという点は共通している。コードもプロトコルもアーキテクチャの一様態としてあえて解釈するとすれば、アーキテクチャはデザイン可能だ、ということが重要な含意だろう。この可塑性を認めることによって、いわゆる技術決定論に陥ることを回避できるからだ。

またギャロウェイは、プロトコルが分散化と集中化の両義的な状態を「管理＝制御」する機構であることを強調する。すなわち、インターネット上の端末が無秩序に分散している一方で、それらの端末が互いにいつでも通信可能であるためには、接続手順が秩序として集中的に規定されていなければならない。これを実現しているのが、分散化を可能にするTCP／IPと、集中化を実現するDNSというプロトコルの組み合わせだ、というわけだ[31]。

本書の文脈で、ギャロウェイが提示したプロトコルの両義的な可能性についての議論は、HTTPのレイヤーにおける検索エンジンのアーキテクチャにも援用し、再解釈することが可能だ。すなわち、ウェブマスターたちがWWW上にアップロードし無秩序に分散しているウェブページに対し、検索エンジンのアルゴリズムはその秩序すなわち序列（ランキング）を規定する。それらは一種の緊張関係にあると同時に、相互構成的な関係でもある。一方が動作するにはもう一方の動作が前提になるからである。

こうした「プロトコル」の両義的な可能性は、第1章でも議論してきた「意味論」と「計算論」の共存可能性に敷衍して捉え直すことができるだろう。すなわち計算論的な「管理＝制御」の論理と、それに抵抗する可能性としての、民主的で（しかし一方で無秩序でもある）意味論的な「規範」構築の倫理との相互構成的なダイナミズムである。本書の議論を先取りしていうならば、「管理＝制御」型の権力すなわち計算論的な権力は、規範型の権力すなわち意味論的な権力を置き換えることで全域化していくのではなく、実際にはその意味論的な裁可が、背景化しながらも計算論的な推計の必要条件として相補的に作動している可能性があると解釈すべきだろう。ただしここでの「規範型の権力」は、フーコーがいう「規律＝訓練型権力」(32)とは必ずしも一致しない。「規律＝訓練」は規範による統治を意味するが、それはパノプティコンに代表される社会的な装置によって人々に内面化されることを前提とする。しかしここで、計算論的な権力と共存する抵抗の回路としての「規範」は、必ずしも内面化の全域化を前提とした統治を伴わず、間主観的な相互作用によって社会的に構築される「第三者の審級」(33)を広く指し示すものと考えるべきだろう。なお以後の本書の議論では、アクター同士の相互作用によって構築される「第三者の審級」を、その過程的な様態を含めて「規範」と総称し、それがコミュニティの成員に認知されるような水準で（一定程度）固定化された場合に「規律」と呼ぶことにする。

さて、レッシグとギャロウェイの議論は、サイバー空間やネットワークといった、インターネットの基底にあるレイヤーを論じるものであり、必ずしも現代的なプラットフォーム自体を対象化するものではない。これらの議論をふまえながら、近年では「プラットフォーム研究（Platform Studies）」と呼ばれる領域が確立しつつある。この研究の潮流については、大山真司のレビュー[34]と大山の議論を拡張した増田展大の整理[35]がわかりやすい。

大山によれば、プラットフォーム研究を新しいパラダイムとして提唱したのはイアン・ボゴストとニック・モンフォートである。[36]ボゴストらはプラットフォームを、「クリエイティブな作業を支える土台としてのコンピューター・システム」[37]として広く捉える。一方、ボゴストらのプラットフォーム概念は、その「クリエイティブ」な側面を強調するあまり、プラットフォームそのものに対する批判が不十分との指摘もある。[38]プラットフォーム概念がもつ政治的な性質に着目し、その使われ方に対する批判を明確に展開したのが、タールトン・ギレスピーである。ギレスピーはまず、多義化しているプラットフォーム概念を伝統的な四つの意味領域に分けて説明する。第一はコンピューテーショナルな基盤のことで、ハードウエアやOS、ゲーム機器、モバイル機器などが含まれる。第二は建築構造物のことで、電車のプラットフォームなど水平な土台を指す。第三は比喩的な意味での土台のことで、アクションやイベント、計算などを実現するための概念的な意味での基盤を指す。第四は、政治的な用法で、政治家や政党の「立ち位置」を示す。そのうえで、現在のデジタル・メディアでの「仲介者（intermediaries）」としてのプラットフォームという用法は、これらの四つのカテゴリーのどれでもない新しい用法だが、この四つの用法を組み合わせた意味をもっている[39]、とする。

ギレスピーはそのうえで、多義的な解釈の余地があるこのプラットフォームという概念が、中立的でオープンな装いをもつために、コンテンツへの責任を放棄する免罪符として機能する政治性を帯びていると指摘する。プラットフォームは、単なるコンピューテーショナルな基盤を意味するのにとどまらず、建築物のイメージや、水平性を想起させる土台のメタファーが組み合わさることで、表現の自由を演出し、自らを編集者ではなく「仲介者」だと見せかけることを可能にする（すなわちその「管理＝制御」の実態を隠蔽する）装置であるとする見方だ[40]。

ギレスピーはまた、グーグルのようなプラットフォームのあり方を理解するために、ＳＥＯによる介入を実証的な研究対象とした数少ない研究者でもある[41]。ギレスピーは、ジェームス・グリンメルマンが展開した、検索エンジンは「土管（conduit）」なのか「編集者（editor）」なのかという議論[42]を引用し評価しながら、より精緻な議論をするためには、「情報提供者」すなわちウェブマスターの介在を無視することはできないと指摘する。そのうえで、アメリカの政治家のウェブサイト運営を実証的に分析し、ＳＥＯという活動を分析することが、アルゴリズムの「コントロール」そのものの解明に役立つことを示している[43]。ギレスピーは、ＳＥＯの分析を通じて、仲介者と見なされ隠蔽されがちなアルゴリズムによるコントロールの実態を、社会科学的に分析する可能性を提示した。本書はこのギレスピーの問題意識を拡張し、検索エンジンに関与する複数のアクターによる、日常に潜む相互作用の様相を、メディアの言説をみることで歴史的にたどる試みでもある。

4　プラットフォームは「分配」する

プラットフォーム研究の領域において、ギレスピーがプラットフォームの政治的な側面に焦点を当てたのに対し、その経済的な側面に焦点を当てた議論の一つがニック・スルネックの『プラットフォーム資本主義（Platform Capitalism）』である。[44]スルネックは、二十一世紀の資本主義では、「データ」という原材料を抽出して利用することが中心化したと主張する。[45]そして、その原材料を取得するプロセスを自動化することで、大量のデータを収集し、アルゴリズムを生成し育成することで利潤を得ているという。そうしたビジネスモデルとして最適なのがプラットフォームという形態だった、[46]と説明している。スルネックは、プラットフォームの特徴を次の四点にまとめている。第一は、プラットフォームが、二つ以上のグループの相互作用を可能にするデジタル基盤であるということだ。グーグルの例でいえば、ウェブマスターや広告主と、情報検索者という複数の異なるグループを仲介する役割を果たしている。第二はプラットフォームが、ネットワーク効果に依存しているということである。ネットワーク効果とは、利用者数が多ければ多いほど利用者全体の効用が増大することを指す。ここでスルネックは、検索者が増えれば増えるほど、アルゴリズムが改良されるというグーグルの例を挙げて、アクセス数が増えるほどデータの蓄積が独占的になることを指摘している。第三は、プラットフォームが異なるグループ間で、経済的なバランスを調整していることしている。

とだ。グーグルの例でいえば、検索エンジンやメールサービスは無料で利用できるのに対し、掲載企業からは広告収益を得ていることを指す。そして第四はプラットフォームが、より多くの利用者を引き付けるためにアーキテクチャをコントロール（管理＝制御）している、[47]ということである。

そのうえで、スルネックはグーグルを「広告プラットフォーム」として位置づけ、広告主とユーザーを仲介しマッチングさせるプラットフォームと説明する。そこではユーザーが検索した行動データも、ユーザーが作成したコンテンツのデータも、「原材料」として広告主とのマッチングに利用される（ただし、スルネックはそれを労働と見なすかどうか、搾取と見なすかどうかについては慎重な立場をとっている）[48]。

マーク・スタインバーグが整理するとおり、スルネックが示すプラットフォーム概念は（特に第一や第二の特徴において）、経営学の文脈での「マルチサイド・プラットフォーム」の議論と重なるものであり、とりたてて新しいわけではない[49]。とはいえ本論の文脈において重要だと考えられるのは、スルネックが示す四つの特徴の組み合わせにおいて、プラットフォームのアーキテクチャが、二つ以上のユーザー群を仲介する役割を果たしており、しかもそれがネットワーク効果を得るために、相互作用の総量を増やすインセンティブに導かれている、ということである[50]。このようなプラットフォームの捉え方は、本章でこれまで確認してきたフィルタリングやコントロールといった特性を、マッチングによる資源の再分配という観点から再定式化する視座といえる。そうした視座によって問題化されるのは、メディアで媒介されるコミュニケーションの「量」という観点である。

5 概念整理——プラットフォーム、アーキテクチャ、インフラ

さて、本章ではプラットフォームという概念を、メディアの下位概念として位置づけながらそのさまざまな特性について論じてきた。ここで本書でのプラットフォーム概念および関連する諸概念の解釈について、あらためて整理しておきたい。

これまで論じてきたプラットフォームのメディアとしての特性は、いずれも相互に関連しあっており、プラットフォームのあり方をそれぞれ異なる視角から捉えたものである。これらの特性に共通する点の一つは、媒介する情報の「量」という問題系と接続していることだ。近藤和都は、前述のスタインバーグの議論を参照しながら、経営学的なプラットフォーム理論に着目し、映像文化の分配システムとしての映画館とネットフリックスを比較している。ネットフリックスはプラットフォームと呼ばれうるが、映画館をそう呼ぶことは少ない。近藤によればその違いは「量の最大化」である。(51) 映画館の場合、スクリーンという物質的制約によって「同時に提示できる選択肢は限られる」。一方で、ネットフリックスには「無数の映像コンテンツがリストされ、選択肢は膨大にある」。また、ネットフリックスには「世界中から同時的に大量のユーザーがアクセスしている。つまりネットフリックスなどの映像プラットフォームは、従来の分配システムをはるかに凌駕する量によって特徴づけられる」と指摘する。そしてまさにその量が膨大であるがゆえに、ユーザーがどのよう

にそれを選択しうるのかが問題化される。プラットフォームは、「一度は量の最大化を目指すものの、それらの選択にかかわる局面ではむしろ見える範囲の選択肢を減らすように働きかける」[52]のだ。近藤はこの立場を「量のメディア論」と呼び、メディア論においてプラットフォーム概念をあえて導入することの意義として、分配システムが「選択肢と選択の関係」をどのように規定しているのかを主題化できることを挙げている。[53]まさにこの量という特徴をもつプラットフォームの性質は、情報量と検索者の認知資源のギャップに関わるフィルタリングの問題系に直結する。本書では、ギレスピーやスルネックによるプラットフォーム概念を参照点としながら、近藤が指摘する量の問題化の視点を取り入れることで、プラットフォームのアルゴリズムが計算論的にどのようなフィルタリングを可能にしているのかを分析する概念として位置づける。

そしてこの特性を「コントロール」の観点から対象化する概念が、アーキテクチャである。アーキテクチャもメディアの下位概念として考えることができるが、プラットフォームとはやや視角が異なり、メディアのはたらきのなかでも特にそのモノとしての設計構造、すなわちデザインのあり方に焦点を当てた概念だ。そしてアーキテクチャは、人々の行為や相互作用をコントロールする性質をもつ。ただし、レッシグ自身が言明しているとおり、このコントロールは「必ずしも政府によるコントロールじゃないし、必ずしも何か邪悪でファシスト的な目的を持つコントロールでもない」[54]中立的な概念である。また、「コード」という概念は、アーキテクチャという抽象的なあり方がコンピューターシステムを介して具現化しているその対象を指すものと区別できるだろう。この意味でレッシグの「コントロール」は、ギャロウェイやドゥルーズがいう「管理＝制御」という訳語が与えられた「control」とは異なる含意をもつと考えるべきだろう。濱野智史は、このアーキテクチャの概念を援用して、日本でのウェブ2.0のサービスを「生態系」というメタファーを使って分析した。濱野は東がいう「環境管理型権力に抵抗する」(55)という図式化を拒否し、アーキテクチャを中立的で多様な可能性に開かれた「設計の構造」として捉えることを提唱している。(56)本論でも濱野によるこの解釈を援用し、検索エンジンのコントロールやデザインのあり方を分析するための中立的な概念として位置づける。

プラットフォーム、アーキテクチャに類似する概念である、「インフラ」についても整理をしておきたい。インフラ(ストラクチャー)という概念も多義的であり、特にメディア研究の領域では論者によって種々の意味で用いられている概念といえる。(57)本書では、第1章でもふれた、科学技術社会論(STS)におけるインフラ研究の知見を参照し、インフラをプラットフォームとは異なる概念として整理する。STSにおいてスターとルーレダーが提示したインフラ概念は次の八つの特徴をもつ。①埋没性、②透明性、③広汎性、④学習への参加、⑤実践の慣行との連関、⑥標準の実装、⑦重層的構築、⑧不具合による可視化である。(58)福島真人によれば、これらの特徴のなかでも特に重要なのは、インフラが安定して稼働しているときには②透明性が確保されているのに対し、故障や不具合が発生した際にはそれが⑧可視化されるということである。(59)スターら自身もインフラが透明な状態から可視化されることについて「インフラ的反転(infrastructural inversion)」という語を用いており、インフラが固定的なモノではなく関係論的・認識論的な概念であることが示されている。(60)スターらの考え方は人類学の分野でも参照されており、木村周平は「インフラを見る」ことはすなわち「インフラを異化する」ことであり、「何がこれら事物としてのインフラを生み出し、形作り、また支えているのか」を問う視線だとする。[61]これはまさしく、メディア論における「メディア論的想像力」と通底する議論である。さらに木村は「インフラとして見る」ことによって「対象のなかに実践とその基盤という二重構造を見いだそうとする」もう一つの視線を提案している。[62]このようにインフラという概念は、「無色透明化／可視化」という二項の間で、その対象がどのように認識されるのかを関係論的に問うことを可能にする。本書では、これらの考え方をふまえ、無色透明化したメディアの状態や、特定のアクターから無色透明なものとして忘却される現象を指し示す概念としてインフラを捉える。つまり、プラットフォームが選択と選択肢をコントロールする計算論的なモノ＝メディアとして存在論的に定位されるのに対し、インフラはそのモノ＝メディアが関係するアクターにとって可視的に扱われているのかを認識論的に定位する概念になる。

なお、第1章でふれたとおり、本書ではメディアが不可視化するプロセスを示す概念として、ブラックボックス化と無色透明化という二つの概念を提示する。前述のインフラ研究ではこの二つは十分に区別されてはいないが、「透明性」という語のとおり、インフラは本書における無色透明化の概念に近いといえるだろう。前述のとおり、本書でのブラックボックス化とはブルーノ・ラトゥールの定義を参照し、[63]機械（本書の文脈ではメディア）が効率的に動作していると信じられることによって、その内的な複雑さが無視されることを指す。すなわち、メディアが介在しているという認識はあっても、そのコンテンツがどのような仕組みで選択されているか／されていないかを知らないままでいること、である。一方の無色透明化は、前述の水越の議論[64]や、スターらの議論[65]にあるように、メディアの存在や介在それ自体が意識されず、忘却されているように扱われることを指す。そのような意味で、本書はメディア論というパースペクティブによって、社会においても、あるいは学術的にもインフラ化、すなわち無色透明化され注目を失いつつある検索エンジン・アルゴリズムの構築過程を分析し記述することで、そのブラックボックス化の実態を明らかにする試みとして位置づけることができる。

注

(1) 本書で提示する「無色透明化」という概念は、メディアが「無色透明な手段」として見過ごされることを批判的に対象化するメディア論の視座と、インフラが特定の文脈で「透明」なものとして扱われることに着目する科学技術社会論の視座に共通項を見いだすものである。
(2) 水越伸『改訂版 21世紀メディア論』放送大学教育振興会、二〇一四年、一四―一五ページ
(3) 水越伸「メディア論の視座」、水越伸/飯田豊/劉雪雁『新版 メディア論』(放送大学教材) 所収、放送大学教育振興会、二〇二二年、一七ページ
(4) 同論文一八ページ
(5) 吉見俊哉『改訂版 メディア文化論――メディアを学ぶ人のための15話』(有斐閣アルマ)、有斐閣、二〇一二年、六ページ
(6) マーシャル・マクルーハン『メディア論――人間の拡張の諸相』栗原裕/河本仲聖訳、みすず書房、一九八七年

(7) ハロルド・A・イニス『メディアの文明史——コミュニケーションの傾向性とその循環』久保秀幹訳、筑摩書房、二〇二一年

(8) 同書七七—七九ページ

(9) 前掲『改訂版 メディア文化論』六—八ページ

(10) 前掲『メディア論』九ページ

(11) 水越伸「メディア論の輪郭」、前掲『新版 メディア論』所収、三四—三五ページ

(12) アレクサンダー・ハラヴェ『ネット検索革命』田畑暁生訳、青土社、二〇〇九年、七七ページ

(13) 同書九一ページ

(14) Herbert A. Simon, Karl W. Deutsch, Martin Shubik and Emilio Q. Daddario, "Designing Organizations for an Information-Rich World," In Martin Greenberger ed., *Computers, Communications, and the Public Interest*, Johns Hopkins Press, 1971.

(15) 前掲『ネット検索革命』九〇—九三ページ

(16) ニック・クドリー『メディア・社会・世界——デジタルメディアと社会理論』山腰修三監訳、慶應義塾大学出版会、二〇一八年、一六八ページ

(17) キャス・サンスティーン『インターネットは民主主義の敵か』石川幸憲訳、毎日新聞社、二〇〇三年、六七—一〇一ページ

(18) イーライ・パリサー『閉じこもるインターネット——グーグル・パーソナライズ・民主主義』井口耕二訳、早川書房、二〇一二年

(19) Jillian D'Onfro, "We sat in on an internal Google meeting where they talked about changing the search algorithm: here's what we learned," Sep. 17, 2018, *CNBC* (https://www.cnbc.com/2018/09/17/

google-tests-changes-to-its-search-algorithm-how-search-works.html)［二〇二二年九月二十二日アクセス］

(20) Andrea Ballatore, Mark Graham and Shilad Sen, "Digital Hegemonies: The Localness of Search Engine Results," *Annals of the American Association of Geographers*, 107(5), 2017.

(21) D'Onfro, op.cit.

(22) ローレンス・レッシグ『CODE Version 2.0』山形浩生訳、翔泳社、二〇〇七年

(23) ジル・ドゥルーズ『記号と事件――1972-1990年の対話』宮林寛訳（河出文庫）、河出書房新社、二〇〇七年、三五六―三六六ページ

(24) 東浩紀『情報環境論集――東浩紀コレクションS』(講談社box)、講談社、二〇〇七年、三六―五〇ページ

(25) ミシェル・フーコー『監獄の誕生――監視と処罰』田村俶訳、新潮社、一九七七年

(26) レフ・マノヴィッチ『ニューメディアの言語――デジタル時代のアート、デザイン、映画』堀潤之訳、みすず書房、二〇一三年、Lev Manovich, *Software Takes Command: Extending the Language of New Media*, Bloomsbury Academic, 2013.

(27) アレクサンダー・R・ギャロウェイ『プロトコル――脱中心化以後のコントロールはいかに作動するのか』北野圭介訳、人文書院、二〇一七年。ギャロウェイの訳出にあたって北野圭介は、ドゥルーズの思想をふまえた「control」という概念をあえて「管理＝制御」と訳している（同書四〇八ページ）。本書もこの訳語を使用する。

(28) 同書二三九―二四〇ページ

(29) たとえばギャロウェイは、「プロトコル」の作動原理を説明する例としていわゆるスピードバンプ

による物理的な速度抑止の制約を挙げている（同書三九五ページ）。これは、アーキテクチャの例としてよく知られるものであり、その類似性を意図的に示唆するものと解釈できる。

（30）同書二七八ページ

（31）同書四二一—四三ページ。ギャロウェイは、プロトコルを、指令と「管理＝制御」を軸としながらも、同時に抵抗が可能な場所でもあると定位することによって、パノプティコンよりも民主的な可能性があることを見いだしている。この指摘は重要である。グーグルをパノプティコン、すなわち一望監視装置と見なす言説は多くみられるが、この見立てはグーグルの本質を見誤る。マッテオ・パスキネッリは、ページランクのアルゴリズムの思想を分析し「一望監視装置という隠喩は顚倒されねばならない」と指摘する。グーグルは「単なる上からのデータヴェイランス装置ではなく、下からの価値生産装置」という側面があるからだ。しかし同時に、その生産は独占されてもいるというのがパスキネッリの主張だ。Matteo Pasquinelli「グーグル〈ページランク〉のアルゴリズム——認知資本主義のダイアグラムと〈共通知〉の奇食者《レンティア》」長原豊訳、「現代思想」二〇一一年一月号、青土社

（32）前掲『監獄の誕生』

（33）大澤真幸『身体の比較社会学Ⅰ』勁草書房、一九九〇年

（34）大山真司「ニュー・カルチュラル・スタディーズ05——「プラットフォーム」の政治」「5 Designing Media Ecology」第五号、「5」編集室、二〇一六年

（35）増田展大「イメージの生態学——プラットフォームに生息するイメージ」、前掲『ポストメディア・セオリーズ』所収

（36）前掲「ニュー・カルチュラル・スタディーズ05」七一ページ

（37）Ian Bogost and Nick Montfort, "Platform Studies: Frequently Questioned Answers," *UC Irvine:*

Digital Arts and Culture 2009, 2009（https://escholarship.org/uc/item/01r0k9br）［二〇二二年九月二十六日アクセス］. ボゴストらの立場は、ゲーム研究に立脚していたこともあり、ゲーム機のハードウエアを含む物質的制約や技術的な規格に視点を置くことに力点がある。注目すべきなのは、ボゴストらが、ラトゥールを含むＳＴＳに言及しながら、プラットフォーム研究を「ブラックボックスを開け続ける」アプローチだと述べていることだ。すなわち、プラットフォームの技術がどのようにして特定の文化的なコンセプトを実現しているのかを問うのと同時に、その技術がどのような文化的文脈のなかでつくられているのかを問うことの重要性を主張している。

（38）前掲「ニュー・カルチュラル・スタディーズ05」七二ページ

（39）Tarleton Gillespie, "The politics of 'platforms'," *New Media & Society*, 12(3), 2010, pp. 349-350.

（40）Ibid., pp. 349-350.

（41）検索エンジンを対象とした研究において、ＳＥＯという実践が介在することについては多くの論者が言及しているが、そのほとんどはＳＥＯとの「いたちごっこ」によってグーグルが「秘密の修正」を繰り返した結果、アルゴリズムがブラックボックス化した、といった単純な図式にとどまっている（フランク・パスカーレ『ブラックボックス化する社会――金融と情報を支配する隠されたアルゴリズム』田畑暁生訳、青土社、二〇二二年、九八ページ）。本書で明らかになるが、このような単純化は典型的な誤りといっていい。第1章でも述べたとおり、ＳＥＯという実践には複数のアクターの複雑な相互作用が関わっており、グーグルのアルゴリズムはそのような複雑性のなかで構築されているものだからだ。

（42）James Grimmelmann, "Speech Engines," *Minnesota Law Review*, 299, 2014.

（43）Tarleton Gillespie, "Algorithmically Recognizable: Santorum's Google Problem, and Google's

Santorum Problem," *Information, Communication & Society*, 20(1), 2017.

（44）前掲「イメージの生態学」二六四―二六五ページ

（45）前掲『プラットフォーム資本主義』五〇ページ

（46）同書五四ページ

（47）同書五四―六一ページ

（48）同書六三―七二ページ。ここで、検索者としてのユーザーも、ウェブマスターとしてのユーザーも同じ原材料供給者としてのユーザーであり、それらの二者の区別が十分なされていないことには注意が必要だろう。なぜなら、多くの商業的なウェブマスターは、同時に広告主でもあるからだ。

（49）Marc Steinberg, *The Platform Economy: How Japan Transformed the Consumer Internet*, University of Minnesota Press, 2019. ちなみにスタインバーグは、これら欧米の理論に先駆けて、一九九〇年代後半に国領二郎、根来龍之らが「プラットフォーム・ビジネス」について論じ始めていたことを指摘している。

（50）トーマス・アイゼンマン／ジェフリー・パーカー／マーシャル・W・ヴァン・アルスタイン「「市場の二面性」のダイナミズムを生かすツー・サイド・プラットフォーム戦略」松本直子訳、「Diamond Harvard business review」二〇〇七年六月号、ダイヤモンド社

（51）近藤和都「プラットフォームと選択――レンタルビデオ店の歴史社会学」、前掲『ポストメディア・セオリーズ』所収、三三〇ページ

（52）同論文三三二ページ

（53）同論文三二八―三三五ページ

（54）前掲『CODE Version 2.0』六ページ

(55) 前掲『情報環境論集』
(56) 前掲『アーキテクチャの生態系』一二一―一二二ページ
(57) 筆者は水越伸・勝野正博・神谷説子とともに、「メディア・インフラ」という概念を提示しそのリテラシーについて論じたが、その論文ではメディア・インフラとプラットフォームの相違について必ずしも明確ではなかった（水越伸／宇田川敦史／勝野正博／神谷説子「メディア・インフラのリテラシー――その理論構築と学習プログラムの開発」「東京大学大学院情報学環紀要 情報学研究」第九十八号、東京大学大学院情報学環、二〇二〇年）。
(58) Star and Ruhleder, op.cit., p. 116.
(59) 前掲「データの多様な相貌」六八ページ
(60) Star and Ruhleder, op.cit., p. 113.
(61) 木村周平「インフラを見る、インフラとして見る 序」「文化人類学」第八十三巻第三号、日本文化人類学会、二〇一八年、三八〇ページ
(62) 同論文三八一ページ
(63) Latour, *op.cit.*
(64) 前掲『改訂版 21世紀メディア論』
(65) Star and Ruhleder, op.cit.

第3章　検索エンジン・アルゴリズムの確立

——SEO前史（一九九三—二〇〇五年）

1　ウェブ1.0時代とパソコン雑誌

本章[1]では、WWWの普及のきっかけになったMosaic（モザイク）というブラウザーが登場する一九九三年から、グーグルが主要な検索エンジンとしての地位を確立し、ティム・オライリーによるウェブ2.0という言説[2]が登場する二〇〇五年までの十三年間をウェブ1.0とし、この時期に検索エンジンとそのアルゴリズムがユーザーからどのように表象されたのかを通時的に分析する。

ウェブ1.0の時代、WWWやインターネット、検索エンジンに関する言説はWWWの外部のメディア、主に雑誌によって担われていた。本章の分析対象は、WWWの草創期に特に重要な役割を果たしたパソコン雑誌である。WWW自体が、自己言及的にWWWの主要な情報源になっている現在とは異なり、インターネットの草創期にインターネットのことを知るには、雑誌という別のメディアを媒介することが必然だった。新しいメディアは、古いメディアのコンテンツだったのである。ウェブ1.0の特に初期には、パソコン雑誌が構築する読者空間と、パソコンおよびインターネットのユーザーはかなりの程度重なっているため、雑誌で検索エンジンがどのように表象されているかを通時的に分析することは、重要な意味をもつ(3)。

主要な分析対象となるパソコン雑誌には、対象期間中に継続して発行している雑誌から、発行部数が比較的多く、インターネットをめぐる言説として代表性が高いと思われる「日経パソコン」(日経BP、一九八三年十月創刊)と「ASAHIパソコン」(朝日新聞社、一九八八年九月創刊、二〇〇六年三月廃刊)の二誌を選定した(4)。

「日経パソコン」は一九八三年に創刊され、一般書店での販売はなく直販中心のため企業の読者が多いということもあり、日本国内の総合パソコン雑誌としてはほぼ一貫して最大の発行部数を維持してきた。製品比較や利用ガイドを幅広く掲載するが、ビジネスシーンでのパソコンやインターネットの活用法についての記事が多いのが特徴である。「ASAHIパソコン」は一九八八年に創刊され、当初から初心者向けという位置づけで、一般家庭でのパソコンやインターネットの活用法を比較的多く掲載していた。また、パソコンを含む「情報社会」にまつわる解説などの読み物が多く含まれていたのも特徴である。本章では、発行部数が多くかつ互いに異なる読者層をもつこれらの二つの雑誌を分析対象とする(5)ことで、当時のユーザーからみた検索のあり方について検討していく。

2　サーフィン＝サーチの時代（一九九三―九五年ごろ）

ＣＥＲＮ（欧州原子核研究機構）の技術者だったティム・バーナーズ＝リーによって、ＷＷＷ（ワールド・ワイド・ウェブ）が公開されたのは一九九〇年である。バーナーズ＝リーによれば、ウェブという発想は、何かニュートンのリンゴのような決定的な瞬間に生まれたのではなく、「限定された目標を持たない挑戦の結果」[6]として登場したのだという。ウェブの前身となるEnquireと呼ばれるハイパーテキストのプログラムは、バーナーズ＝リーがＣＥＲＮでソフトウエアのコンサルティング業務をしていたとき、個人的な用途のために作成したものだった。バーナーズ＝リーによれば「とりたてて高尚な目的があったわけではなく、研究所でのさまざまな人物、複数のコンピュータ、そして諸プロジェクトの間の相互関係を、自分で忘れないようにする助けとしたかっただけである」という。それが、「あらゆる場所にあるコンピュータに蓄積されている情報が全てリンクされたとしたら」という発想につながったのだ。[7]

バーナーズ＝リーは、現代に標準として引き継がれているＷＷＷの技術仕様（ＨＴＴＰ、ＵＲＩ、ＨＴＭＬなど）を提示すると同時に、ＨＴＴＰを実際に処理するウェブサーバーと、ＨＴＭＬを読み書きするためのブラウザープログラムを開発した。バーナーズ＝リーが開発したブラウザーは、その名も「World Wide Web」といい、ＨＴＭＬのブラウジングだけでなく、エディターとしても機能するものだった。バーナーズ＝リーは「自分の知識や考えを共有させることが、他人の知識を学ぶのと同じくらいに容易であるようなシステム」を指向し、ブラウザーにエディターの機能を搭載することにこだわっていた。(8) すなわち、WWWはその誕生の思想において「送り手＝受け手」になるようなメディアを指向していたのである。一方、その後の一九九三年二月にマーク・アンドリーセンとエリック・ビナが開発したMosaic（モザイク）は、エディターの機能を省き、「ポイント・アンド・クリック方式」で操作できるなどHTML表示の操作性向上に特化することで、人気を博した。この段階でWWWは、バーナーズ＝リーの個人的な思想を離れて、「送り手」と「受け手」がプロセス的に分離することを許容するシステムへと変容していったのである。

当初はまだ少なかったウェブページを検索するためのサーバーのリスト（いわゆるリンク集）は、バーナーズ＝リー自身が一九九二年ごろからCERNのサーバーで運用していた。ウェブサーバーの数が増加するにつれて地域やテーマごとに階層化する必要が生じ、このリストは九三年に「Virtual Library」と名づけられた。これが、階層型ツリー構造の意味論的なリストである「ウェブディレクトリ」の原型になった。(9) この系譜にあるツールとして代表的なのは、九四年に登場したYahoo!である。スタンフォード大学のジェリー・ヤンとデヴィッド・ファイロは、データをインターネット上から盗み出すある種の「ハッキング」に熱中しているうちに、WWWのリストの自動化プログラムを開発するようになったという。(10)

日本のパソコン雑誌でインターネットが話題になりはじめるのは、一九九三年である。当初はインターネット先進国であるアメリカでのトレンドを紹介する記事が中心だった。たとえば、「AS

ＡＨＩパソコン』一九九三年九月十五日号では、当時のアル・ゴア副大統領が提唱した「データ・スーパーハイウエー」構想について、浜野保樹が取り上げている。浜野は当時のアメリカのインターネットについて、「インターネットはネットワークとネットワークを結びながら自己増殖的に拡大し、全世界を覆う学術ネットワークで、いつのまにかマスメディアに対抗できる力を持ってしまった」[11]と紹介し、アル・ゴアの動向や日本のＮＴＴの光ファイバー構想などを次のように評している。

こういった一連の動きが示しているのは、パーソナル・コンピュータがもはや政治とは無縁でいられないくらい力を持ってしまったという事実である。そのことを理解した最初の政治家が、ゴアであったのだ。ネットワークのケーブルと、そして政治の、二つの紐つきになろうとしているパーソナル・コンピュータが、ホビーストだけのものであったあの頃には、もう戻ることはできない。パーソナル・コンピュータが政治的存在になってしまった以上、『ＡＳＡｈＩパソコン』が一般誌の性格を帯びることは間違いない。[12]

ここで、日本でのパソコン保有率とインターネット利用率の推移を確認しておこう（表3・1）。一九九三年のインターネット利用率はわずか〇・四％、パソコンの保有率も一一・九％であり、浜野が評したとおり、インターネットはもちろん、パソコン自体もこの時期には「ホビーストだけのもの」だったことがわかる。もっとも浜野は、インターネットを「学術ネットワーク」と表現し、

表3.1　日本におけるパソコン保有率とインターネット利用率

年	パソコン保有率（%）	インターネット利用率（%）
1990	10.6	0.02
1991	11.5	0.04
1992	12.2	0.1
1993	11.9	0.4
1994	13.9	0.8
1995	15.6	1.6
1996	17.3	4.4
1997	22.1	9.2
1998	25.2	13.4
1999	29.5	21.4
2000	38.6	30.0
2001	50.1	38.5
2002	57.2	46.6
2003	63.3	48.4
2004	65.7	62.4
2005	64.6	66.9

（出典：パソコン保有率は内閣府「主要耐久消費財の普及率の推移」「消費動向調査」2022年3月〔https://www.esri.cao.go.jp/jp/stat/shouhi/honbun202203.pdf〕、インターネット利用率は The World Bank, “Individuals using the Internet (% of population),” World Development Indicators (WDI), 2022〔https://data.worldbank.org/indicator/IT.NET.USER.ZS〕［2022年7月2日アクセス］から筆者作成）

「ネットワークのケーブル」を「紐つき」と批判的に捉えていることから、「ホビー」なのは「パーソナル・コンピュータ」だけであって、インターネットはそこに政治性を持ち込む、いわば手垢がついた技術として表象されていることがわかる。この言説は、パソコンやインターネットのカウンター・カルチャー的な性格が政治・経済的な力にからめ取られていくことへの抵抗感をよく表しており、当時すでにインターネットの商用化に対する批判的な言説が盛んに論じられていたことと軌を一にしているといえる。

一九九四年になると、一般読者がインターネットに接続することを想定する記事が出現する。「ASAHIパソコン」一九九四年三月十五日号では、アメリカ在住の室謙二が、アメリカでインターネットに接続し日本語環境を整える「体験記」を寄稿している。室は当時のアメリカの状況を「ともかくアメリカでは、大学とか研究所とか一部の会社のものだったインターネットを、一般の人が使えるようにアカウントを売る会社がどんどんとできている」と解説し、「日本ではインターネットの商業化はアメリカほど進んではいないらしいけど、二月一日からはニフティもインターネットを経由して横につながり、また一般の人もお金を出せばインターネットが使えるようになるだろう[13]」と述べている。日本でのインターネット商用化は、すでにIIJ（インターネットイニシアティブ）などの新興企業によるISP（インターネット・サービス・プロバイダー）のサービスが開始されてはいたが、既存のパソコン通信最大手の一つだったニフティがインターネットへの接続を提供する、というトピックには、当時それなりのインパクトがあったことがうかがえる。

一九九四年十月には、インターネットをテーマにした月刊誌「インターネットマガジン」がインプレス社から創刊される。創刊号の巻頭特集では、「インターネットは何ができるか?」と題し、「電子メール／NetNews／TELNET、FTP／Gopher、WWW／CU-SeeMe」という順序でインターネットの各ツールを紹介している。まだインターネットといっても、既存のパソコン通信からその利用法が類推しやすい電子メールやニュースが中心であり、WWWはまだ周縁的な位置づけにすぎないことがわかる。この記事では、「インターネット上では、数多くのサイトが情報を提供しているこれらの情報を効率よく検索するシステムが、GopherおよびWWWである[14]」と記述している。

いて、GopherやWWWは「情報を検索するシステム」だと認識されていることがわかる。そのなかでもWWWは「マルチメディアに対応した情報検索システム」と説明され、最初期のウェブブラウザーだったMosaicを取り上げている。そして、その後に続く記事では「Enjoy! Net Surfin'」という見出しのもと、次のように述べている。

インターネットをサイトからサイトへ巡るのはとにかく面白い。一度その楽しみを味わってしまったら、もはや後戻りはできない。興味のあるリンクをたどって行くと、いつしか迷宮へ足を踏み入れ、時間が経つのを忘れてしまう。[15]

この記事は、情報検索システムであるWWWを「サーフィン」することの楽しさを強調している。つまり、ここでの「検索」は必ずしもキーワード検索を意味するものではなく、ブラウザーによるサーフィン全般をあいまいに指し示す言葉として扱われているのだ。このことは、当時のWWWでは、検索とサーフィンが未分化だったことを示唆している。WWWをサーフィンすること自体が、遊びながら何かを検索するという探索的な方法論でもあったのだ。

水越伸は、新しいメディアは道具ではなく、「遊具」として現れることを指摘している。[16]メディアが道具として表象され、あるいは無色透明化していくのは、メディアの様態が歴史的に固定化され、その道具としての目的が後づけで定義されるからこそ可能になるのである。このときWWWは、まさしくサーフィンの対象になるような（即自充足的な）遊具として認識されており、道具としての役割は副次的なものにすぎなかった。

同時期の「日経パソコン」一九九四年九月二十六日号には、「Mosaicを使って気軽にインターネットの波に乗る」という記事が登場し、WWWが中心的なテーマになるテクストがみられるようになる。

インターネットの恩恵は分かっていても、なかなか取っ付きにくいのも事実。しかしMosaic（モザイク）という情報検索ツールを使えば、グラフィカル・インタフェースで気軽にネットにアクセスできる。(17)

やはりここでも、Mosaicは、「情報検索ツール」と表現されている。Mosaicを使えば、アメリカのウェブサイトを中心にすでにさまざまな情報を検索できることを説明している。その一方で、「インターネットは無秩序な情報の迷路であり、Mosaicのようなインタフェースの使い方次第で、役に立つものもくだらないものも探し出すことになる」(18)という苦言もみられる。この時点ですでに、ブラウザーでリンクをたどるだけの「検索＝サーフィン」では、ほしい情報を発見するためには不十分であるという暗黙の前提がみられる。このことは、情報を選別するプラットフォームとしての検索エンジンへの潜在的な社会的要請の表れと捉えることができる。すなわち、対象になる情報の総量が全件確認可能なものと認識される状態から、それらを全件確認しても「くだらないもの」が混ざってしまうと認識される状態に変化することで、情報を選別しようとする社会的な動機が生まれてくる、ということである。ＷＷＷというメディアをサーフィンしていくこと自体が楽しみとされた純粋な即自充足性が少しずつ失われ、（メディアではなく）情報の内容が対象化されるようになり、それとともに、情報を楽しいものと「くだらないもの」に選別しようとする意識が高まるようになってくるのだ。

では、この「くだらなさ」はどこからやってきたのだろうか。初期のインターネットは前述のとおり、あくまで双方向的なメディアとして扱われていた。ユーザーは「送り手」であると同時に「受け手」であり、個々人がウェブマスターとして情報を発信できることが、大きな魅力とされていた。それを象徴するのが、個人の「ホームページ」[19]ブームである。「日経パソコン」一九九五年十月九日号の特集「ユーザー本位の時代がやってきた」は、「「今のインターネット・ブームはＷＷＷブーム」というほど、ＷＷＷの人気は高い。しかし、Mosaic や Netscape Navigator などの検索ソフトを使って、単にＷＷＷを検索して回るネットサーフィンだけでは、すぐに飽きてしまう。インターネットのだいご味はホームページを使って簡単に世界に向けて情報発信ができることだ[20]」と述べ、具体的なＨＴＭＬのコーディングの方法を解説している。さらに、当時実際に公開されていた個人の「ホームページ」を多数紹介し、まさしく個人による情報発信が、ある種のブームとして認識されていたことがよくわかる記事になっている（図３・１）。

ここでは、個人が「ホームページ」で発信すること自体が、雑誌という古いメディアのコンテンツとして（再）発信されている点が興味深い。そしてこの記事の次のテクストには、個人がこのような「送り手」としてのパワーをもつことの魅力がよく表れているといえるだろう。

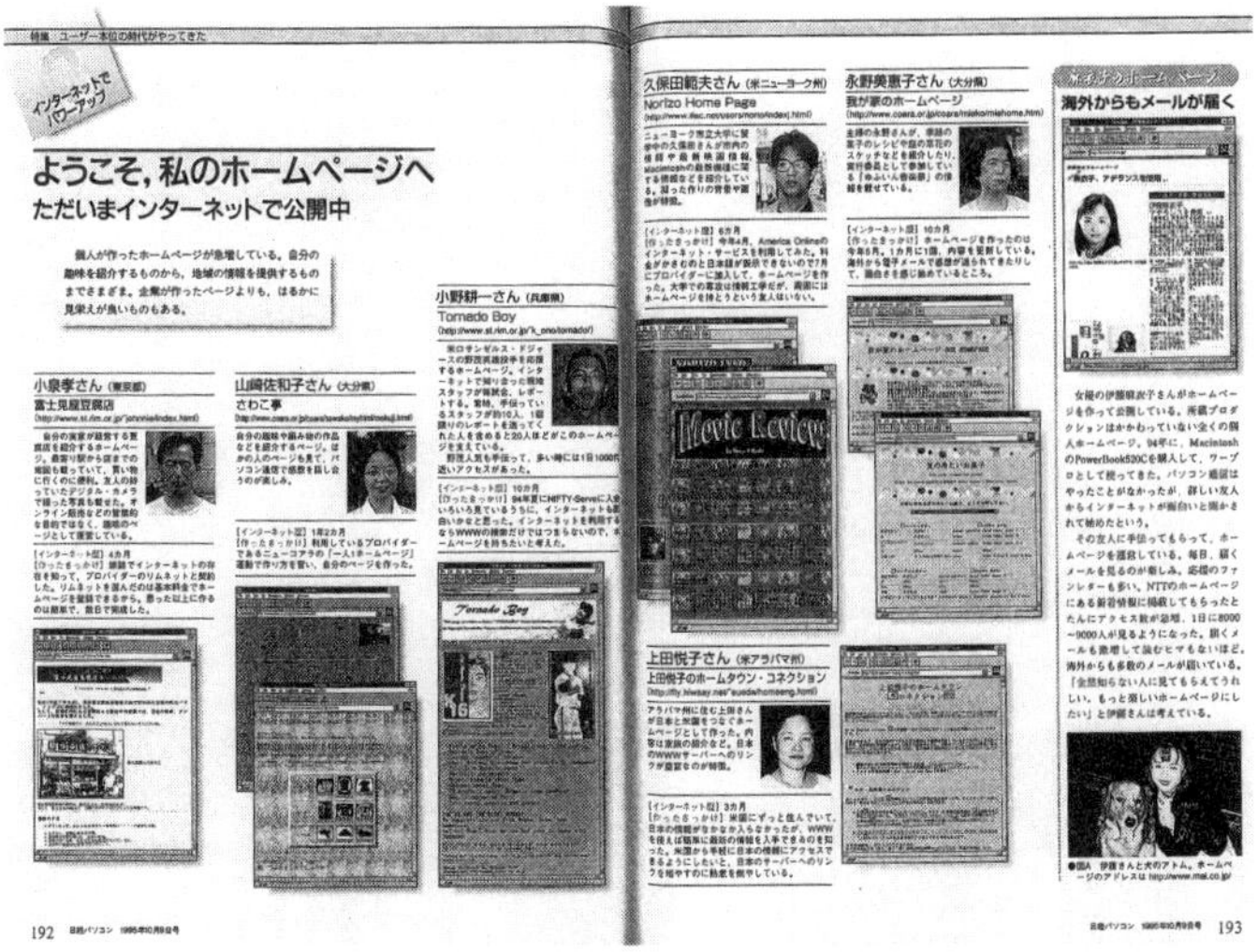

図3.1　「ようこそ、私のホームページへ」「日経パソコン」1995年10月9日号、日経 BP、192-193ページ

インターネット上では誰もが自由にホームページを持つことができる。企業であろうと個人ユーザーであろうと同じ。ホームページを持つことで、インターネットの世界では一国一城の主になれるのだ。(21)

また、この時代のWWWに特徴的なのは、「ホームページ」同士がリンクによってほかの「ホームページ」を紹介しあう、いわゆる「リンク集」と呼ばれる様態が多く現れたことである。同じ記事では、このことを次のように紹介している。

個人ユーザーのホームページを紹介するためのホームページも登場した。個人が作ったユニークなホームページを簡単に検索することができる電話帳のようなもので、今までどこにあるのか分からなかった個人のホームページが簡単に見付け出せるようになった。このホームページを作ったのも個人ユーザーだ。ホームページは、ユーザー同士の新しい交流手段として育ち始めている。[22]

これらのリンクを集めた「ホームページ」は、前述したCERNのサーバーリストから派生したウェブディレクトリの原型ともいえるが、「どこにあるのか分からなかった個人のホームページ」同士を接続してネットワーク化する役割を担うものでもあった。その意味では、ウェブディレクトリの原型であると同時に、ブログやSNSの原初的かつ未分化な様態でもあると解釈すべきだろう。相互リンクという慣習が、その双方向性を象徴している。つまりこのころのリンク集の目的は、ウェブディレクトリや検索エンジンのような道具的な意味での情報の分類・縮減ではなく、遊具的なコミュニケーションの接続・拡大にあったといえるだろう。

このようにユーザーが、「送り手」と「受け手」が未分化なまま遊具としてのWWWをサーフィンしていたころの役割を、仮説的にモデル化したものが図3・2である。

このときのユーザーは、「受け手」であると同時に「送り手＝創り手」でもある。「ホームページ」として送信するコンテンツを、実際にHTMLを書くという形で創造しているのもユーザー自身だからだ。そしてそのコンテンツの一部として、ほかの「送り手＝創り手」のコンテンツを選んで再送信するメディアの様態がリンク集である。そこでのユーザーは「送り手＝創り手」であると同時に「選び手」としての役割も担っている。ただしこの「選び手」としての役割は、意味論的なつながりを構築するものであり、元来の意味での「キュレーション」に近い性格があったと考えるべきだろう。同時に、サーフィンをすることは単なる受動的な消費ではなく、新しいつながりを能動的に探索する「探り手」ともいうべき性格を想起させる。したがってユーザーは「送り手＝創り手＝選び手＝受け手＝探り手」という多面的な役割を未分化なまま同時に担う、アメーバ的なアクターだったといえる。

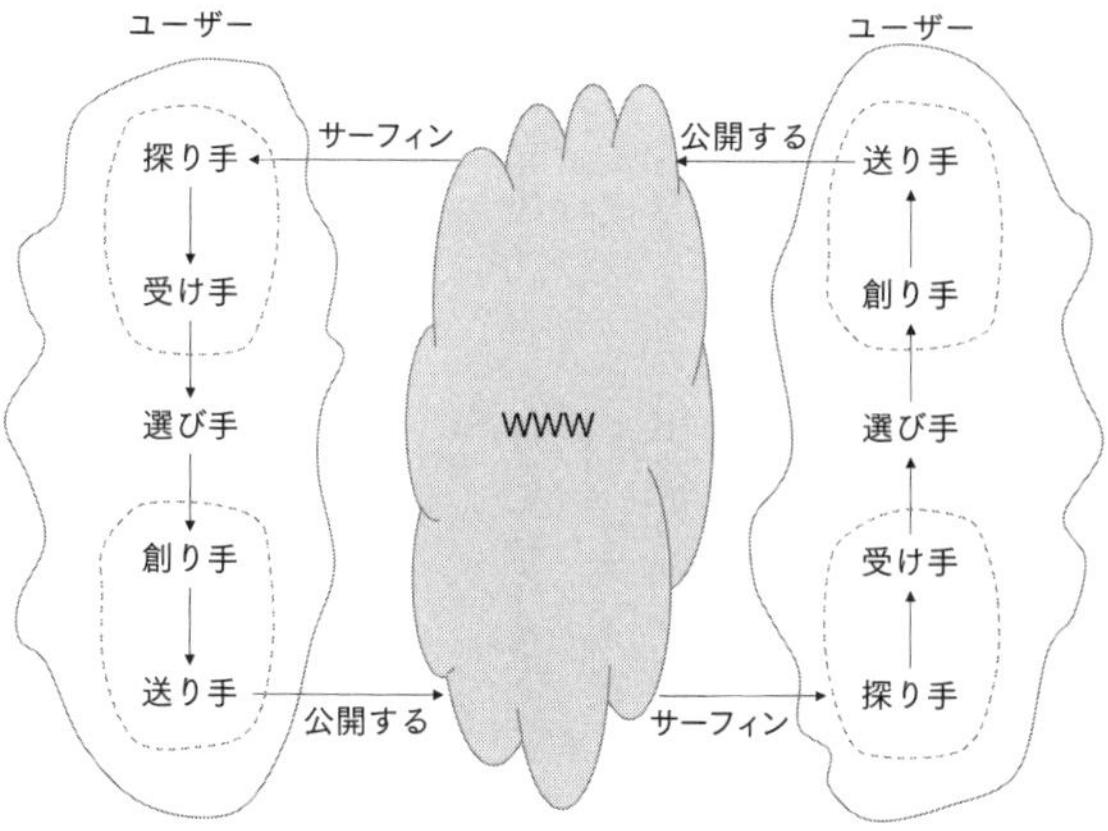

図3.2　初期のユーザーの役割モデル図（筆者作成）

　このようにＷＷＷは、サーフィン自体の楽しさに加えて、誰もが「送り手＝創り手」になれることが大きな魅力として表象された。そうした認識が広がることで、ウェブサイトとして発信される情報の流通量は爆発的に増大していく。インターネットに接続された全世界のサーバー数は一九九〇年代の後半、毎年ほぼ倍増のペースで増え続け、その増加率はインターネットユーザーの増加率を上回っていた[23]。まさしく、情報の洪水のなかで、情報の必要／不必要を選別することが求められるようになっていくのである。

　このことと呼応して、ＷＷＷの「検索（サーチ）」も、最初はサーフィンと同義だったが、徐々に「見るべき／見るべきでない」ウェブサイトを選別するガイドを示す概念へと変容していく。個人ウェブサイトのリンク集の域を超えて、Yahoo! など、図書館的なカタログを「ウェブディレクトリ」として整序するようなＷＷＷの様態が整えられていくのである。これは、ハイパーリンクのネットワークが、フラットで混沌とした関係性から、階層的で秩序化された関係性へと変容するプロセスでもあった。

3　サーフィンからサーチへ（一九九六—九七年ごろ）

ユーザーは、ウェブを即自充足的にサーフィンするのではなく、道具的にサーチすることへと転回していく。検索（サーチ）を容易にすることへの社会的要請が、検索エンジンの技術的な展開と相互構成的に合致することで、検索エンジン・サービスの乱立ともいうべき状況が生じてくるのが一九九六年以降の状況である。

たとえば「日経パソコン」一九九六年九月九日号では、「めざせ情報検索の達人」と題して、「「サーフィン」から「サーチ」へ」というフレーズが登場している（図３・３）。

この記事の導入部のテクストは、次のようなものである。

今や一千万台ものコンピューターが接続されているといわれるインターネット。世界規模の

特集　WWW情報活用術

収集編

めざせ情報検索の達人

自分に合った「羅針盤」を手に入れる

「サーフィン」から「サーチ」へ

●表1　国内と海外の主なサーチ・エンジン

図3.3　「「サーフィン」から「サーチ」へ」「日経パソコン」1996年9月9日号、日経 BP、145-146ページ

> このデータベースを生かすも殺すもあなたの腕次第だ。ホームページを気ままに見て回る「ネット・サーフィン」から、目指す情報を確実に探し出す「ネット・サーチ」へ、一歩進んだ使い方を紹介しよう[24]。

ここでは、遊具としての「サーフィン」から道具としての「サーチ」への転回を、「一歩進んだ使い方」と記述している。そして、記事の主要な論点は、複数検索エンジンの使い分けである。図3・3の記事の右側部分では、「国内と海外の主なサーチ・エンジン」と題して多数のロボット型検索エンジン（記事上では「キーワード検索」）とウェブディレクトリ（記事上では「ディレクトリー検索」）を比較・例示している。

この記事で「キーワード検索」と呼ばれて

いるいわゆる「ロボット型」の検索エンジンは、それまで主流だったYahoo!のようなウェブディレクトリにおける人手による意味論的な整理とは異なり、「ロボット」による計算論的なアプローチでウェブページを検索可能にする。その最初期のシステムは、ワシントン大学のブライアン・ピンカートンが一九九四年に開発したWebCrawlerである。続けて、この時期にはLycos（一九九四年）、Excite（一九九五年）、Infoseek（一九九五年）、AltaVista（一九九五年）など、多数のロボット型検索エンジンが生まれている。[25]

ロボット型検索エンジンの仕組みは、クローラー・モジュール、インデックス・モジュール、ランキング・モジュールという三つの要素によって説明することが一般的だ。[26]第一のクローラー・モジュールは、WWW上から検索対象になるウェブページを探索・収集する。このクローラーはスパイダーとも呼ばれ、まさにウェブの蜘蛛の巣をたどっていく蜘蛛のように、クロールしたウェブページに含まれるハイパーリンクを再帰的にたどり、自動的にウェブ上のあらゆるページを収集する。第二のインデックス・モジュールは、クローラーが収集したウェブページに含まれるテキストの全文を自然言語処理し、要素に分解してインデックスを作成する。このインデックスは、その名のとおり索引の役割を果たすもので、クエリーとウェブページを結び付けるための手がかりになる。第三のランキング・モジュールは、クエリーに合致するウェブページの集合をインデックスから取り出し、関連性（relevance）が高い順にランキングを付ける。[27]

ピンカートン自身も論じているとおり、このころの技術的な中心課題は増加するウェブページをいかにくまなくクローリングし、いかに効率的にインデックスするか、ということだった。[28]この時期においては、検索結果をランキングする技術は古典的な適合度モデル(29)を応用したものにとどまり、技術的な重要性が高いとは見なされていなかった。

一九九六年から九七年ごろ、これらのロボット型検索エンジンが、Yahoo!などのウェブディレクトリと並置され、パソコン雑誌で比較されるようになる（これは、アメリカのパソコン雑誌でも日本のパソコン雑誌でも、同様だった）。当時、前述したようなアメリカの検索エンジンは、英語以外の自然言語処理の技術が未開発だったこともあって、日本語のウェブページを対象とする国産の検索エンジンが多数生まれた。ＮＴＴディレクトリなど企業が運営するものもあったが、ODINや千里眼など、個人や大学によって開発・運営されたものも多く、日本語用の検索エンジンも多数乱立している状況だった。当時のロボット型検索エンジンの課題であるインデックスの有限性は、言語の多様性という制約に起因するものでもあったからだ。したがって日本では、英語のウェブサイトを検索する場合と、日本語のウェブサイトを検索する場合では、異なる検索エンジンを使うことが一般的だった。

実際、先ほどの「日経パソコン」の「「サーフィン」から「サーチ」へ」という記事では、「金メダル」というクエリーに対して、ＮＴＴのTITAN、早稲田大学の千里眼、Yahoo! Japan、AltaVista、Lycosでの検索結果を比較している。そして、その結果が大きく異なるために「複数のサーチ・エンジンを併用するのも有効。データベースに蓄えられている情報は、サーチ・エンジンによって違うからだ(30)」と、検索エンジンの違いを理解して使い分けることを提案している。

また、この記事ではYahoo!などのウェブディレクトリについて、「ディレクトリー検索はカテゴリーを選んでいくだけなので、特別なテクニックはなく初心者にも使いやすい。ところが、キーワード検索では指定の仕方で得られる結果が全く違ってしまう」[31]と述べ、むしろ選択肢が少ない分「初心者にも使いやすい」と評している。自分でクエリーを工夫したり、複数の検索結果を比較したりしなければならないロボット型検索エンジンは、その複雑さのために使い方が難しいと考えられていたことがわかる。

同じ時期の「ＡＳＡＨＩパソコン」一九九七年一月一日・十五日合併号では、「サーチエンジン使いこなし術」というタイトルの記事で「編集部オススメのエンジン」としてYahoo! Japan、HOLE-IN-ONE、Info navigator、Japanese OpenTextを比較している。ここでもやはり、Yahoo! Japanについて「ホームページの登録は少なめだからこそ濃いサービス」[32]とし、ほかのロボット型検索エンジンと比べて意味論的に厳選されたウェブページを探すことができるウェブディレクトリの特徴が高く評価されている。Yahoo!のようなウェブディレクトリでは、ウェブサイトの分類は人間が意味論的に編集するものであり、そのことはユーザーの一定の信頼を担保していたことがわかる。

一方でこの意味論的なアプローチは、ＷＷＷの空間が拡大し情報量が増大するにしたがって、次第に困難なものにならざるをえない。なぜなら、リンクを接続する「選び手」としてのユーザー自身も、ウェブディレクトリの編集者も、リンクの対象の全体像を意味論的に把握することが困難になるからだ。このことは、ハイパーリンクのネットワークだけを頼りにサーフィンするだけでは、見るべき情報に出合えないという認識が構築されることを意味する。そしてこの道具的な非効率性は、逆説的にサーフィン自体の即自充足的な楽しさを逓減させることにもつながっていく。サーフィンしても「くだらない」情報しか見つからないことによって、ユーザーがサーフィンの行為に充足しなくなるからである。そのように考えると、WWWの遊具から道具への転回は、初期のユーザーが発信というメディア遊びを徹底して情報量を増大させたことの逆説的な帰結ともいえる。ユーザーは「送り手＝創り手」から撤退しWWWは遊具性を失っていった。それは、誰もが「送り手」になりえ、そのために、過剰なまでに多様な情報が発信され、情報オーバーロードを引き起こしたことの結果なのである。

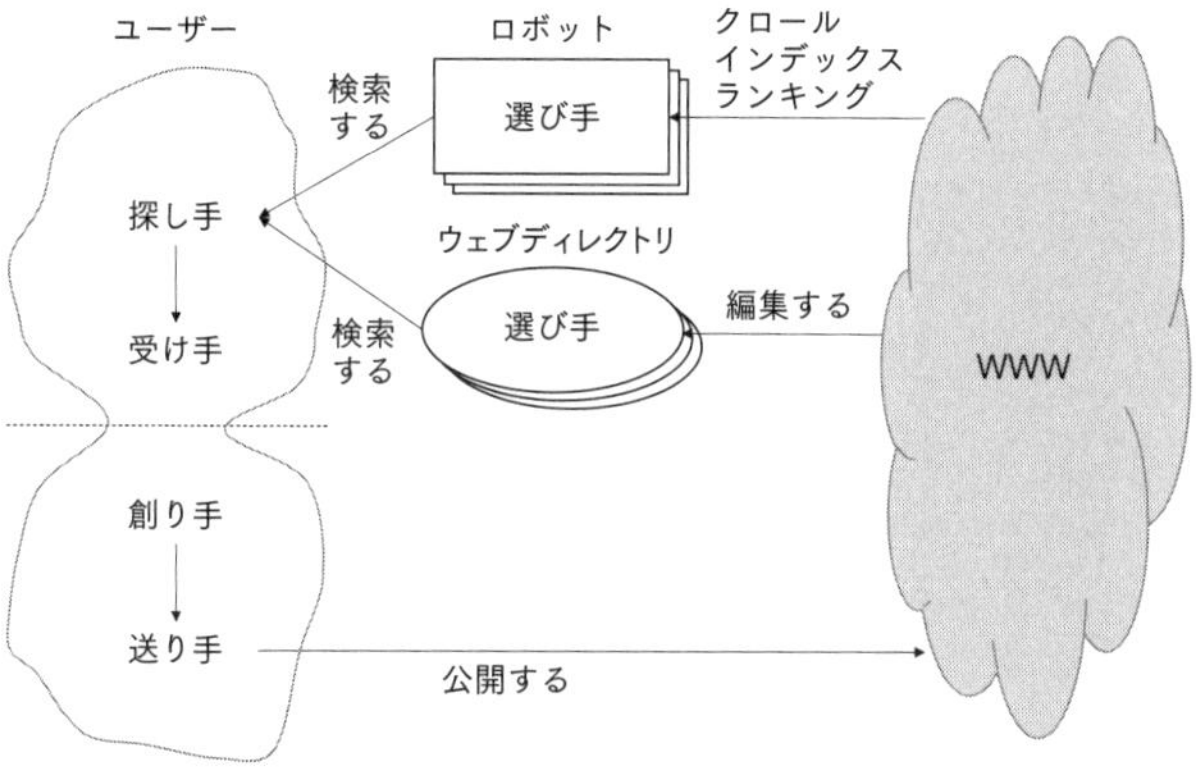

図3.4　「選び手」を外部化した役割モデル図（筆者作成）

　計算論的な検索エンジンの出現とサーチの分化は、ユーザーの役割モデルの変化とも呼応している。すなわち、ユーザーがこれまで自ら担っていたはずの「探り手」「選び手」の役割を外部化することになるのだ。それを示したモデル図が図3・4である。

　ロボット型検索エンジンはまず、初期のユーザーが自らサーフィンしながら担っていた「探り手」としての役割を、クローラーという計算論的な機械に置き換えた。そして、そのなかから何を見るべき／見るべきでないかを選別する「選び手」としての役割も、（意味論的な観点からは不十分と見なされながらも）担うようになった。一方でユーザーは、「「サーフィン」から「サーチへ」」というフレーズが象徴するように、探索指向の「探り手」から目的指向の「探し手」へと変容していく。WWWは遊具として遊びながら探索する対象ではなく、何か明確な目的をもって効率的に検索する対象へとシフトしていくのだ。一方でその効率は当時の計算論的なアルゴリズムの制約もあって限定的なものにとどまった。そのため、計算論的な検索エンジンに委託するというよりも、リンク集に近いモデルで意味論的な「選び手」の役割に特化するウェブディレクトリのほうが使いやすいと評価されることが多かった。「探し手＝受け手」になったユーザーは「探り手＝選び手」としての煩雑さから解放されたとはいえ、「選び手」を委任する主な対象はあくまで意味論的なエージェントとしてのウェブディレクトリに中心化されていたのだ。

4　ポータルの出現とWWWのマスメディア化（一九九八―九九年ごろ）

パソコン雑誌は、検索エンジンの優劣比較を定期的に記事にしていたが、一九九八―九九年ごろには、そこに「ポータル（Portal）」という概念が入ってくるようになる。Portalとは、もともと「門」や「扉」を意味する英語であり、塀に囲まれた大きな空間への入り口、というニュアンスが込められている。たとえば「ＡＳＡＨＩパソコン」一九九九年八月十五日号は、「無料サービス満載で競い合うポータルサイト活用術」という特集記事を組んでいる（図3・5）。
この記事は、次のような記述で始まっている。

ポータルとは「正門」「表玄関」という意味。ポータルサイトはインターネットを起動したとき、「一番初めに表示されるページ」を指すことが多い。検索エンジンをはじめとする多くのサイトが「ポータル」化を目指して、無料メールなどのサービスを盛り込んできた。(33)

図3.5　「ポータルサイト活用術」「ASAHI パソコン」1999年8月15日号、朝日新聞社、102ページ

そのうえで、ポータルサイトのメリットについて、次のように説明する。

具体的な変化としては、まず、ポータルサイトの基本である検索機能の向上があげられる。単なるロボット検索だけでなく、人手をかけてサイトを一つ一つチェックしておすすめリンク集を作り、そこから検索結果を表示する。あるいは、会社名で検索すると最初に会社の公式ホー

ムページや株価が表示されるなど、欲しい情報、価値のある情報にたどり着く手間がグンと軽減されるようになった。(34)

この記事がポータルサイトの代表例として指し示すのは、やはりYahoo!である。当時のYahoo!は、ウェブディレクトリという意味論的なメディアをベースにしながら、キーワード検索などの計算論的な道具を組み合わせて配置することで利便性を高めるようになっていた。このテクストが示唆しているのは、ポータルという一カ所を入り口にすればほかのウェブサイトを転々としなくてすむ、という道具としての効率性である。そして前提になるのは「サーフィン」のように、分散したウェブページを次々とたどっていく「探り手」の「遊び」を忘却し、さらには複数の情報源として検索エンジンを使い分けることにさえフラストレーションを感じてしまうような、「受け手＝探し手」に特化したユーザー像である。

こうした認識像は、ユーザーがポータルを界面として「向こう側（＝外部）」にいる「送り手＝創り手」と「こちら側（＝内部）」にいる「受け手＝探し手」に明確に分断されることを含意する。いわばマスメディア的なモデルが召喚されることで、WWWが内部と外部に秩序化され、コンテンツを商業的に生産する側と消費する側へと分化していくことになるのである（図3・6）。ポータルはまさに、その界面を象徴するメディアといえるだろう。

図3・6で示すとおり、ここでのポータルは、「送り手＝創り手」による大量のコンテンツを選別して整序するという意味で「選び手」の役割を果たしている。既存のマスメディアではこの「選

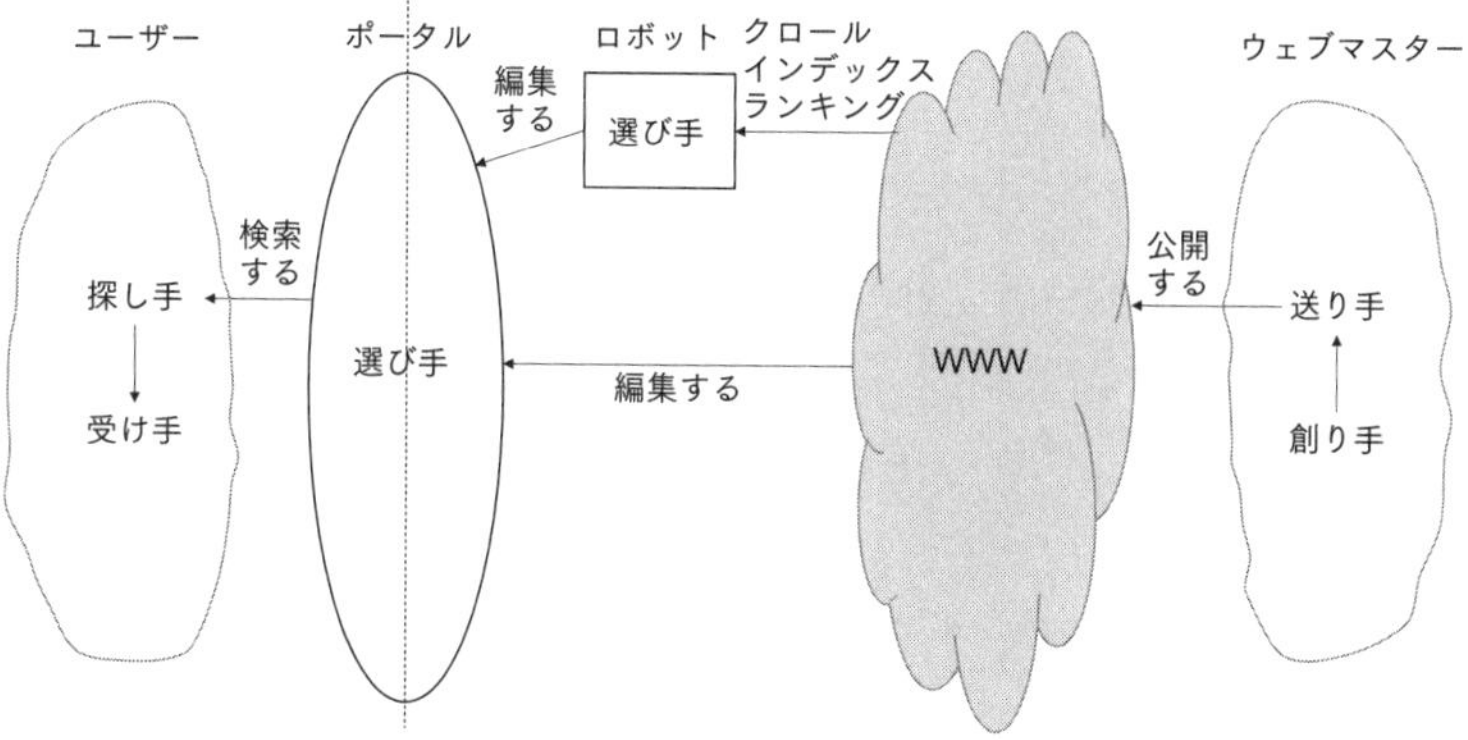

図3.6　ポータル出現後の役割モデル図（筆者作成）

び手」は「送り手＝創り手」と一体になっていることが多いが、ポータルでは必ずしもそうではない。その意味でポータルは、のちのプラットフォームの源流として捉えることができる。一方、ポータルの最大の特徴は、その「選び手」としての役割が意味論的な編集によって遂行されている（と表象された）ことである。その意味でポータルは、プラットフォームの源流であると同時に、ウェブディレクトリの延長線上に位置づけられるメディアの様態というべきだろう。

　前節でも論じたとおり、これまで意味論的な編集は、計算論的なアルゴリズムと比べて、その「選び手」としての適切さが信頼される傾向があった。しかしこの時期新たに表面化してくるのは、意味論的な「選び手」の「中立性」への疑念である。ＷＷＷの発明者のバーナーズ＝リー自身、まさに同じ時期にあたる一九九九年の著書で、ポータルを「特に垂直的に統合していく展開において、独占が自己強化するように進展していくことを代表する存在である(35)」と論じ、ウェブのすべてのコンテンツへのアクセスが保証されることが重要だと主張するとともに、特定の（ポータルを運営する）企業の意図によってアクセスできるコンテンツが制限されることに懸念を表明している。

実際に、先ほどの「ポータルサイト活用術」の記事は、「あなたのポータルは？　50人に聞きました！」というアンケート結果を掲載しており、その自由回答では、「Yahoo! の天気を確認し、その日洗濯をするかどうか決める（Yahoo! Japan）」「goo フリーメールを使っているので一日一回はアクセスします（goo）」という回答がある一方で、「自分の意志で見たいサイトに行くのだぁ〜（空白ページ）」や「自作のリンク集にしています（その他）」といった、商業的な囲い込みに抵抗しようとするユーザーの声も紹介している。(36) これらのテクストからは、便利な道具が無料で提供されることを「受け手」として積極的に活用しながらも、「自分の意志で見たいサイト」にいくという「探し手」としての能動性は失いたくないという、複雑なユーザー意識が垣間見える。

このように、ポータルの中立性にすでに疑念が提示されていたこと自体は、ユーザー自身が「受け手」としてポータルを無条件に受容していたわけではないことを含意する。WWWのマスメディア化は、ユーザーの「送り手」からの撤退を意味してはいたが、ユーザーのアジェンダ設定の能動性まで奪ったわけではなかった。バーナーズ＝リーの「すべてのコンテンツ」への接続可能性を求める言説は、コンテンツの意味論的選択の主体性を、ユーザー自身が保持しつづけるべきだという価値観を端的に表しているといえるだろう。

この中立性への疑念はポータル（という位置にある「選び手」）に対して、「向こう側」に存在するはずのあらゆるコンテンツを、（現実的には困難であっても）いつでも探し当てることが可能な、恣意性を排したインターフェイスであるよう要求することになる。その帰結として、ポータルの中立性が検証可能であること、すなわちポータルがウェブサイトを選ぶという行為が、恣意的な介入の余地がある意味論的な編集ではなく、再現可能な入出力が保証される計算論的なプログラムによって代替されることへの期待が醸成されることになる。そしてこの再現可能性への期待は逆に、入出力の一貫性が保証されるかぎり、そのプログラム自体はブラックボックスとして扱えることへの期待をも含意する（ただし後述するとおり、この時点ではあくまで潜在的な期待にすぎず、ただちにアルゴリズムのブラックボックス化を帰結するわけではない）。これはある意味で皮肉な歴史的展開である。「選び手」のブラックボックス化は、むしろ「受け手＝探し手」の側から望まれていたことでもあったのだ。

5　ポータルからプラットフォームへ（一九九九―二〇〇一年ごろ）

一方、ポータルという「選び手」の様態が、ウェブディレクトリ型のように意味論的な編集を前提にせざるをえなかったのは、当時のロボット型検索エンジンの技術がポータルとして十分な期待に応えられるものでなかったことを示してもいる。その技術的な問題は、ロボット型検索エンジンの出力結果のクエリーに対する関連性の低さだった。

同時期の「日経パソコン」一九九九年十月十八日号の特集「最新版 インターネット検索術」で

は、検索エンジンを複数（Yahoo! Japan、goo、Infoseek、Excite）比較するなかで、次のように述べている。

一つのキーワードでの検索には限界がある。ある程度情報が限定される製品名や専門用語ならよいが、「パソコン」のように一般的な言葉だと、大量のWebページがリストアップされる。こうなると、求める情報が簡単に見つからない。

さらに問題なのが、表記のゆれの存在だ。一つのものを表現する時に、人によって書き方が異なることはよくある。「コンピューター」と「コンピュータ」、「たまご」と「卵」、「飛行機」と「航空機」などだ。これらの言葉について、一方のキーワードだけで検索すると、別の言葉で表現しているWebページを見逃す可能性が高い。(37)

前述のとおりグーグル以前の検索エンジンのランキングは、その多くが古典的な適合度モデルに基づいていた。そのため、その入力変数はクエリーとページ内部の要因（ページのタイトルや、ページ内に記載されたキーワードの含有率など）だけに基づいていた。この技術的な限界は、前述のようなユーザーの不満を生むと同時に、ハッキングに対する脆弱性にもつながっていた。なぜならページ内部の要因は、その計算論的な評価ロジックが知られてしまえば、ページの「創り手」自身が容易に変更できるからである。このころアメリカでは、アダルトサイトなどにその内容と無関係な、たとえば「車」というキーワードをページ内に大量に埋め込む、「スパム」と呼ばれる手法が出現している。[38] これはのちのＳＥＯの源流となっていくものだが、少なくとも当時は、ロボット型検索エンジンの大きな問題の一つと見なされていた。

一方社会的な背景としては、ＷＷＷ上に流通する情報量の増大とそのマスメディア化がもたらした、意味論的な統治の困難への認識がある。こうした認識は、信頼にたる一元的で計算論的なウェブサイト選別ツールへの要求を、より高めることになった。複雑な検索エンジンの使い分けにすでに辟易していた多くのユーザーにとって、選択の主体として自らのリテラシーに基づいて意味論的にウェブサイトの優劣を判断することは事実上困難だった。これらの社会的状況は、ポータルを代替しうる計算論的で信頼にたるアルゴリズムに対する社会的要請を生み、同時にそのような技術を受容する素地を整えることになる。

こうした背景もあって、ページ外部の要因を組み合わせてランキングを適切に出力する技術が求められるようになっていった。スタンフォード大学のラリー・ペイジとセルゲイ・ブリンが一九九七年に生み出したグーグルは、検索エンジンのランキング・アルゴリズムの変数を内部要因から外部要因に転回させ、検索結果ランキングの高い関連性の確立と、恣意性の排除を同時に果たすPageRankというアイデアによって、この環境に適応的な検索エンジンになった。

ペイジとブリンのアイデアは、学術論文による引用とウェブページによるリンクを同じ「投票」として扱い、ウェブページのリンクが構成するネットワークの統計から、クエリーとは独立したウェブページ自体のランキングを作成するというものだった。[39] これは、文献をモデルとしてハイパーテキストを構想したテッド・ネルソンの思想[40]と、計量書誌学における文献の信頼性評価の方法論[41]を結合したものである。ペイジらは、PageRankのアイデアをスタンフォード大学のサーバーで一九九六年からテストしはじめ、その成果を九八年に論文で発表した。[42] ペイジらは、これまであまり重視されてこなかった「ランキングの上位にどのようなウェブページがくるべきか」という命題を検索技術論の中心的なアジェンダとして提示し、ブレイクスルーを起こしたのだ。

一九九八年にアメリカで公開されたグーグルは、検索結果の関連性の高さからすぐに話題を集め、日本のパソコン雑誌でも九九年ごろから新しい検索エンジンとして頻繁に紹介された。特に、二〇〇〇年九月に日本語サービスが開始されると、日本でも定番化していた検索エンジンの比較記事で取り上げられるようになった。たとえば「日経パソコン」二〇〇一年新春特別号では「検索エンジン活用大全」という特集を組んで、「注目集めるGoogle、各社に刺激」という見出しで、グーグルのPageRankを具体的に解説している（図3・7）。

ここでは、「従来の検索エンジンは、Webページの内容でお薦め度を判定する」のに対し、「Googleは、リンクの情報でお薦め度を判定する」と図解入りで解説し、「リンクをつかってお薦め度を判定する仕組みを編み出したことが、Googleの検索力の高さにつながっている」[43] と評価している。このように、この時期のパソコン雑誌では、新しいPageRankについてその技術的な詳細まで解説がなされ、ランキング技術の仕組みが「受け手＝探し手」ユーザーにも共有されていた。グーグルのランキング技術は、当初からブラックボックスだったわけではなく、むしろ雑誌上で詳しく解説されるような対象であった。画期的な新技術の登場が、即座に検索エンジンのブラックボックス化や無色透明化を招いたわけではないのだ。

また、日本で特有なのは、日本語処理への対応度が検索エンジンの比較の基準として重要視されていたことである。同じ記事では、実際に日本語の検索を使ったテスト結果が報告され、そこでは、全角文字と半角文字、音引き、接頭語など、日本語の言語処理に特化した検索結果数が比較されている。図3・8に示したとおり、キーワードにもよるが、二〇〇一年時点でグーグルはこれらの日

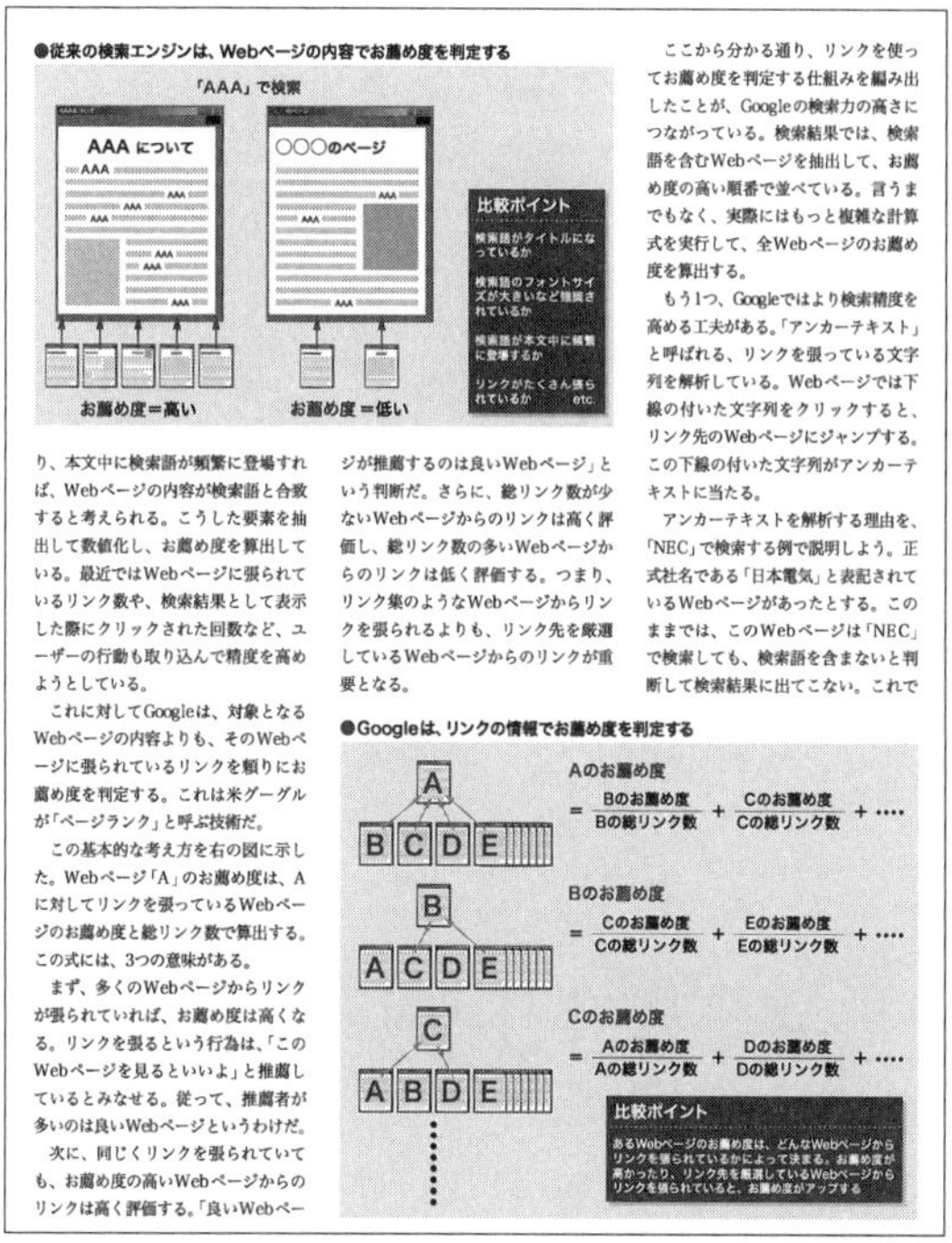

●従来の検索エンジンは、Webページの内容でお薦め度を判定する

「AAA」で検索

AAA について

○○○のページ

お薦め度＝高い

お薦め度＝低い

比較ポイント

検索語がタイトルになっているか

検索語のフォントサイズが大きいなど強調されているか

検索語が本文中に頻繁に登場するか

リンクがたくさん張られているか　etc.

り、本文中に検索語が頻繁に登場すれば、Webページの内容が検索語と合致すると考えられる。こうした要素を抽出して数値化し、お薦め度を算出している。最近ではWebページに張られているリンク数や、検索結果として表示した際にクリックされた回数など、ユーザーの行動も取り込んで精度を高めようとしている。

これに対してGoogleは、対象となるWebページの内容よりも、そのWebページに張られているリンクを頼りにお薦め度を判定する。これは米グーグルが「ページランク」と呼ぶ技術だ。

この基本的な考え方を右の図に示した。Webページ「A」のお薦め度は、Aに対してリンクを張っているWebページのお薦め度と総リンク数で算出する。この式には、3つの意味がある。

まず、多くのWebページからリンクが張られていれば、お薦め度は高くなる。リンクを張るという行為は、「このWebページを見るといいよ」と推薦しているとみなせる。従って、推薦者が多いのは良いWebページというわけだ。

次に、同じくリンクを張られていても、お薦め度の高いWebページからのリンクは高く評価する。「良いWebページが推薦するのは良いWebページ」という判断だ。さらに、総リンク数が少ないWebページからのリンクは高く評価し、総リンク数の多いWebページからのリンクは低く評価する。つまり、リンク集のようなWebページからリンクを張られるよりも、リンク先を厳選しているWebページからのリンクが重要となる。

ここから分かる通り、リンクを使ってお薦め度を判定する仕組みを編み出したことが、Googleの検索力の高さにつながっている。検索結果では、検索語を含むWebページを抽出して、お薦め度の高い順番で並べている。言うまでもなく、実際にはもっと複雑な計算式を実行して、全Webページのお薦め度を算出する。

もう1つ、Googleではより検索精度を高める工夫がある。「アンカーテキスト」と呼ばれる、リンクを張っている文字列を解析している。Webページでは下線の付いた文字列をクリックすると、リンク先のWebページにジャンプする。この下線の付いた文字列がアンカーテキストに当たる。

アンカーテキストを解析する理由を、「NEC」で検索する例で説明しよう。正式社名である「日本電気」と表記されているWebページがあったとする。このままでは、このWebページは「NEC」で検索しても、検索語を含まないと判断して検索結果に出てこない。これで

●Googleは、リンクの情報でお薦め度を判定する

Aのお薦め度

＝ Bのお薦め度 / Bの総リンク数 ＋ Cのお薦め度 / Cの総リンク数 ＋····

Bのお薦め度

＝ Cのお薦め度 / Cの総リンク数 ＋ Eのお薦め度 / Eの総リンク数 ＋····

Cのお薦め度

＝ Aのお薦め度 / Aの総リンク数 ＋ Dのお薦め度 / Dの総リンク数 ＋····

比較ポイント

あるWebページのお薦め度は、どんなWebページからリンクを張られているかによって決まる。お薦め度が高かったり、リンク先を厳選しているWebページからリンクを張られていると、お薦め度がアップする

図3.7　「検索エンジン活用大全」「日経パソコン」2001年新春特別号、日経 BP、96ページ

*Yahoo! Japanのデータベースには見つからず、提携するgooの検索結果を表示した

Google	LYCOS	Yahoo! JAPAN	インフォシーク	
30300	14801	23	8662	
30300	14801	23	8662	
41300	28175	25	19316	①
41300	28175	25	31533	
18200	6197	33	34000	②
31800	14185	140	34000	
5380	14577 ③	2528*	4260	
42300	14577	91	27727	

一方、音引きや接頭語の有無は検索結果に影響する。インフォシークは大文字と小
変わっていない（③）

本語処理にも対応が進んでいた一方で、国産のgooが検索結果数でグーグルを上回っていたことがわかる。

このころの日本では、グーグルがアメリカで成功した二つの要因、関連性と網羅性のうち、前者についてはすぐに高い評価を得ていたが、後者の網羅性については、国産のgooの評価がすでに定着していた。日本のユーザーにとって「向こう側」にあるウェブサイトの母空間ともいうべき対象群は、事実上日本語のページに限定されており、その網羅性こそが重要だったのである。実際、『インターネット白書2001』の「利用サーチエンジン」（複数回答）でも、一位のYahoo!（六一・六%）に次ぐ二位はgoo（三二・九%）であり、グーグルは十一位（四・九%）にとどまっていた。[44] しかし二〇〇三年版の統計になると、グーグルはgooを抜いて二位（四六・二%）になり、急速にその利用者数を増やすことになる。[45] グーグルのイ

●キーワードによる検索結果数の変化

	検索語	Excite	goo
全角文字と半角文字	ＡＤＳＬ	11704	32186
	ADSL	11704	32186
大文字と小文字	XML	69482	130307
	xml	69482	130307
音引き	シミュレーター	6051	13565
	シミュレータ	15238	24751
接頭語	お年賀	1872	2528
	年賀	14265	88217

検索エンジンの多くは、「全角と半角」「大文字と小文字」の違いでは、検索結果は変わらない。文字を区別し（①）、音引きによる表記のゆれを吸収（②）。LYCOSは接頭語の有無で検索結果が

図3.8 「キーワードによる検索結果数の変化」「日経パソコン」2001年新春特別号、日経 BP、108ページ

ンデックスが日本語サイトの網羅性を担保したとひとたび認識されれば、ランキングの関連性の精度が高いグーグルこそ、「向こう側」とのインターフェイスを代表しうる存在として中心化され、gooは周縁に押しやられることになったのだ。ここに至って、グーグルという計算論的なプラットフォームは、ポータルがそれまで担ってきたウェブサイトの「選び手」たる地位を代替することになったといえる（図3・9）。

　ポータルという意味論的なウェブディレクトリでは、「選び手」の編集という行為によってその関連性が保証されていた一方、編集そのものの恣意性や、増え続ける情報量への対応に限界があった。一方、グーグル以前の計算論的なロボットは、量の処理は得意でも、その関連性の低さのために十分な信頼を得ることができなかった。しかしグーグルのPageRankという技術は、その関連性の要素として「送り手」である人間が投票（＝リン

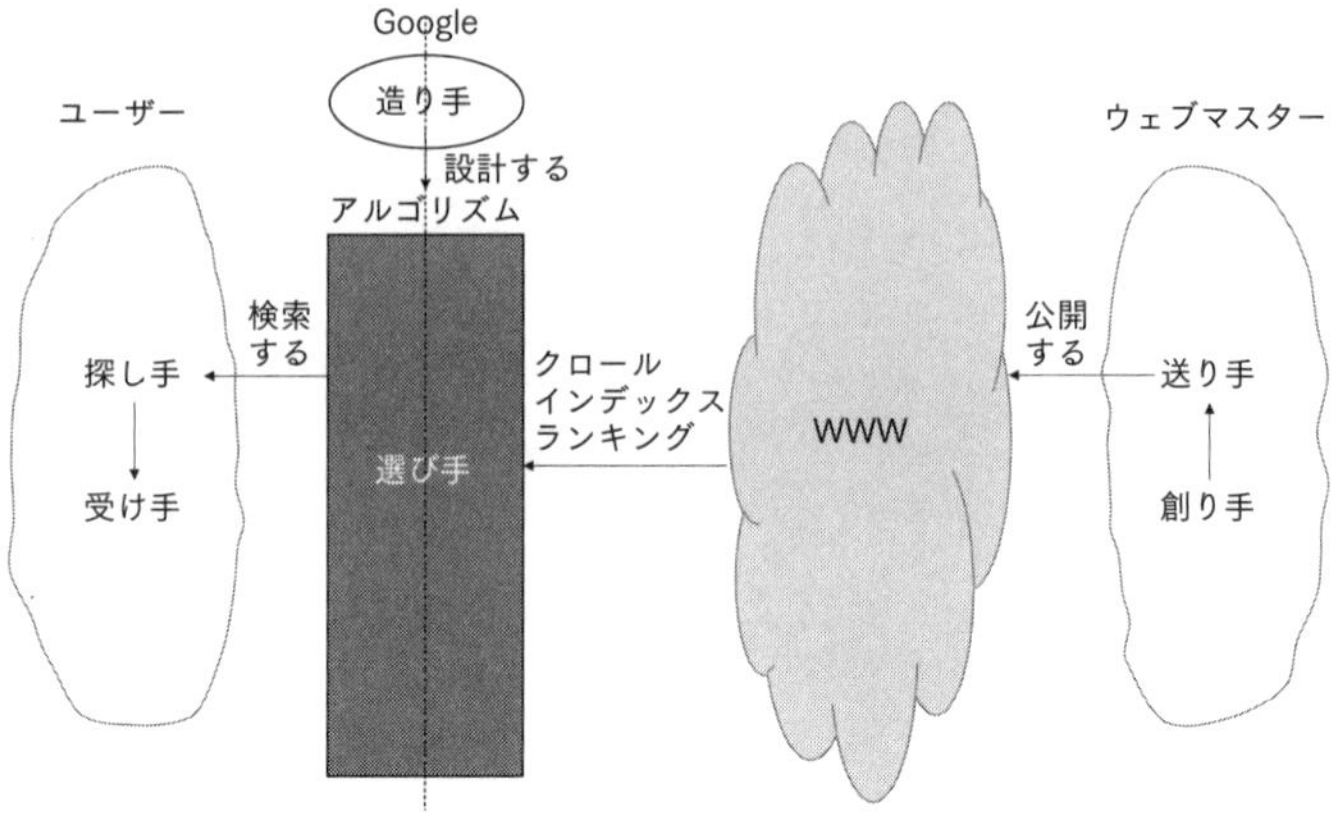

図3.9　グーグルの役割モデル図（筆者作成）

ク）した行動履歴を蓄積し、統計的に処理することで、「選び手」の役割を計算論的なアルゴリズムに代替させることを可能にしたのである。ここで「選び手」はアルゴリズムという機械になり、その機械を設計し実装する「造り手」によって「管理＝制御」されることになる。

　第2章で論じたとおり、本書ではプラットフォームを量の分配システム、すなわち計算論化された「選び手」のシステムとして捉える。ウェブディレクトリ型のポータルが周縁へと後退し、ロボット型検索エンジンであるグーグルが中心化していくことは、WWWにおいて「受け手＝探し手」と「送り手＝創り手」のインターフェイスとなる「選び手」がプラットフォームによって担われることを指し示している。そこで問題になるのは、その「選び手」のアルゴリズムを、「造り手」を含むどのようなアクターがどのような相互作用によって構築するのか、ということである。

6　ランキングのブラックボックス化（二〇〇二―〇五年ごろ）

前述したとおり、グーグルも、登場した当初は使い分けの対象となる検索エンジンの可能的様態の一つにすぎなかった。ほかの検索エンジンとの差異として、グーグルのPageRankという技術の特異性が強調され、「受け手＝探し手」が読者であるパソコン雑誌でもその技術的な詳細が解説されていた。一方で、「選び手」のプラットフォームとしてグーグルの技術的優位性が強調されるにしたがい、これまで雑誌記事の定番だった検索エンジンの比較記事は次第に減っていく。

二〇〇二年から〇三年ごろになると、検索エンジンの多くの可能的様態は周縁化され、グーグルが検索エンジンの中心へ、さらにいえばWWWの中心へと固定化されていく（このとき、Yahoo! Japanは引き続きポータルとして人気が高かったが、〇一年からグーグルのキーワード検索窓をページ内に設置しており、ロボット型の検索エンジンとしては事実上グーグルに軍配が上がっていた）。ユーザーにとって「向こう側」にあるWWWの無限の空間から、グーグルのランキングはウェブページを関連性が高い順に序列化しうること、そしてその対象の選択に漏れがないこと、さらに、そこに既存のポータルのような商業的な意図の介入の余地がなく、計算論的に再現可能性が担保されている（ようにみえる）こと、これらによって、複数の検索エンジンを使い分ける動機は急速に失われていく。

「ASAHIパソコン」二〇〇二年五月十五日号では、「Google120%活用術」という特集を組み、ほかの検索エンジンとの比較ではなく、グーグルそのものをどのように使いこなすか、を主題化するようになる。特に象徴的なのは、当時人気を集めつつあった「グーグルツールバー」の紹介である。

グーグルをとことん使いこなしたい人は、インターネット・エクスプローラー（IE）にグーグルツールバーを組み込んでおくと便利だ。このツールバーを使うと、機能をすばやく実行できるだけでなく、グーグルでは実行できないような新機能も利用できるようになる。(46)

当時支配的なブラウザーだったインターネット・エクスプローラーの拡張機能として、グーグルの検索窓を追加することを可能にしたツールバーは、ユーザーがもはやグーグル以外の検索エンジンを必要としていないこと、そして、グーグルがWWWの「向こう側」のレイヤーから、ブラウザーという「こちら側」のレイヤーへとせり出し、それがユーザーにとって必要な機能として受け入れられたことを示しているだろう。このテクストにはもはや、PageRank のロジックをはじめとするグーグルの技術そのものに対する言及はみられない。

また、「日経パソコン」二〇〇三年五月十二日号の特集「今さら聞けない検索サイト活用法」では、グーグルについて「データ量や検索精度の面で最も評価が高い検索エンジン」(47)と断言したうえで、グーグルのさまざまな検索オプションやキャッシュの利用法などを解説しているが、検索エンジンの使い分けや比較に関する言及はない。

検索エンジンの使い分けが主題化されていたころは、「どの検索エンジンを使えばいいか」が主要な関心事だった。「検索エンジンの仕組みがどうなっているか」はそれを判断するために必要な知識だったからこそ、言説の対象になっていたのだ。いまや、グーグルが唯一の（少なくとも、最初に見るべき）検索エンジンとなり、ユーザーの関心事は、その技術そのものではなく、グーグルのインターフェイス上で許容された操作の範囲でどのように工夫するか、ということに変容していく。このことこそが、ランキング・アルゴリズムを含むグーグルのブラックボックス化を帰結する。グーグルは、自らブラックボックスになろうとしたのではなく、「受け手＝探し手」の役割に特化したユーザーが「選び手」たるグーグルに求めていたものが、ブラックボックスだったのである。ユーザーはもはや価値判断の主体から撤退し、「信頼」しうるプロセスによって、一元的にＷＷＷを序列化してくれる存在を求めていたからだ。

ここでの「信頼」とは何か。ニクラス・ルーマンは、「信頼」とは「過去から入手しうる情報を過剰利用して将来を規定するという、リスクを冒す」[48]ことだと定義づける。また、セオドア・ポーターは、十九世紀以降の会計士や保険数理士の役割を例に挙げ、専門家の意味論的な専門性は、本来機械的な客観性に還元できないにもかかわらず、その専門性に対する外部からの信頼を担保するため、逆説的に数量化が導入されてきたと指摘している。ポーターによれば、専門家の主観的な（≒意味論的な）判断力が疑われたとき「機械的な客観性が、個人的な信頼の代替を果たす」[49]のだ。信頼とは、外部の非専門家が、専門家が理解している複雑な現実をすべて理解しなくても、数量化という認知可能な形式への「単純化」によってその「客観性」を信じることができること、であるとポーターの議論は指し示している。信頼のこうした捉え方は、ルーマンの「信頼の基礎には幻想がある。そもそも〔信頼する場合には〕上首尾に行為するために必要な情報が、与えられていないのである。行為する者は、欠けている情報をあえて無視する」[50]という言明とも符合する。すなわち、ランキングの序列化が計算論的なアルゴリズムによって遂行されることで、その出力であるランキングが非専門家にも了解可能な客観性をもつと同時に、ランキングの妥当性が信頼に値するもの（たとえ根拠となる情報が欠けていても信じうるもの）と表象される効果をもつ、ということである。

ではこのとき、信頼される対象とは何だろうか。意味論的なランキング、あるいは専門家の意味論的な判断で、それが信頼しうると見なされるとき、信頼の帰属先は、その意味論的な判定者（ポーターの文脈では専門家）という具体的な個人か、擬人化された組織としての「選び手」ということになるだろう。しかし計算論的なランキングの場合、信頼の対象は、そのランキングが構成される再現可能な手続きそのもの、すなわちアルゴリズムになる。いわば、信頼の源泉が特定の個人に帰属しないという意味で、「客観的」なものとして認識されるのである。この「客観性」はすなわち、計算論的な手続きが、特定の具体的な他者ではなく任意の他者（抽象的な他者）にも妥当だと信じられることによって構築される。[51]そしてこの計算論的な手続きへの信頼は、その計算結果の妥当性が繰り返し確認されることによって強化され、再生産される。すなわち、計算論的ランキングがひとたび信頼の対象になることで、まさに信頼がもつ機能——複雑な手続きをすべて理解しなくてもその手続きの結果を信じることができること——が発揮され、そのこと自体が自己準拠的に、その信頼の根拠になる手続き（アルゴリズム）の複雑性を隠蔽していくことになるのである。

このようにしてグーグルが、ポータルの位置を代替しうるWWWへの一元的な扉として、ひとたび信頼にたる地位を確立すると、ほかの「選び手」の可能的様態は忘却されていく。そうして、「グーグルで検索し、上から順にウェブページをたどればよい」という「探し手＝受け手」の行動様式だけが残ることになる。メディアの形態が固定化され、ほかの「選び手」と比較し使い分ける必要がなくなることによって、そのメディアが媒介していること自体が、意識する必要のない無色透明な存在として扱われることになるのだ。

ブラックボックスは、それがブラックボックスであるがゆえに、新たなリスクを生み出す。技術が信頼され、その信頼が技術の複雑性を隠蔽すると、インターフェイスの「向こう側」でこれまでとは異なる操作がおこなわれたとしても、「受け手＝探し手」はそれに気づくすべを失うからである。ここに至って構築されたウェブ1.0という秩序は、必ずしも安定した均衡状態を意味していない。技術と社会の相互構成関係によって、メディアの混沌が固定化されたと表象されたその瞬間から、アクター同士の相互作用のあり方もまた変容していく。そして、その変容した社会的要請と技術は、相互構成的にメディアの生態系自体を（再）変容させていくことになる。

グーグルのランキングは、「受け手＝探し手」のパースペクティブにとって外部として切断されたWWWの「向こう側」への最も大きな扉（インターフェイス）である。ユーザーはグーグルのランキングを信頼しうるブラックボックスとして扱うことで、「向こう側」に何があるかの総体を確かめることなく、ウェブサイトの選択と序列化をグーグルに委託することになる。そして「送り手」の側からみれば、ランキングのプロセスが計算論的であり、有限のパラメーターに基づいたアルゴリズムであるかぎり、ウェブページのランキングを上位に位置づける特定のパラメーターを意図的に設定することは不可能ではないはずである。そこに気づいた「送り手」たちによるマーケティング的なハッキングが、SEOである。

グーグルはPageRankによるランキング・シグナルの外部化によって、ハッキングの難易度を大きく上げた。そしてこのことが、高い関連性を示すものと見なされる一貫したランキングの構築を可能にしたのだった。しかし、検索エンジンが事実上グーグルに固定化されていくにしたがって、「送り手＝創り手」たちのSEOの対象もグーグルに絞られるようになっていく。グーグルのランキングの価値が上がれば上がるほど、グーグルを対象にする「最適化」に投資が集まるという循環が生まれるようになったのである。そこでは、あやしげな「スパム」ではなく、商業化した「送り手＝創り手」に対する「サービス」を名乗るSEOが確立してくることになる。

同時期の「日経パソコン」二〇〇三年二月十七日号には、「Google対策でビジネスを有利に検索結果での順位を上げる「SEO」サービスが広がる」という記事が掲載されている。そこでは、「特定のWebページを検索結果の上位に入るようにするSEO（Search Engine Optimization：検索エンジン最適化）サービスが広がっている。このSEOを活用すれば、多くの利用者を自分のWebサイトに呼び込み、ビジネスを有利に展開できる」(52)と述べ、具体的な対策の方法として、ランキング・アルゴリズムの技術的な特徴をふまえたHTMLの書き方などを解説している。さらに、「背景と同色の読めない文字でWebページにキーワードを埋め込むなど、検索エンジンが不正な手法として禁止している「スパム」で順位を上げようとするのも避ける必要がある。スパム行為は、検索エンジンによるペナルティによって、順位の低下や、検索結果からの削除をもたらす危険があるためだ(53)」などのように、スパムと認定されることを避けながら、最適化することの重要性を解説している。この記事においては、ポータルによる分断以降、「受け手＝探し手」ユーザー向けの記事が中心になりつつあった「日経パソコン」に、「送り手＝創り手」視点の記事を掲載していること、さらには同時期に減少しつつあったランキング・アルゴリズムの技術的な内容についても一定の解説をしていることが特徴的である。

このことは、この時期発行部数が減りつつあったパソコン雑誌の想定読者が複数化しており、「受け手＝探し手」に特化したユーザーが中心になりながらも、「送り手＝創り手」に近い立場も含んでいたことを示唆する。検索エンジンがブラックボックス化したこの時期には、パソコン雑誌の読者から、いわゆる初心者が減少し、「受け手＝探し手」でありながらも同時に（プロ・アマを問わず）「送り手＝創り手」でもあるような、かつてのユーザーに近い読者だけが残りつつあったということかもしれない。

本章のここまでの議論では、WWWの草創期にあたる一九九三年から、グーグルが検索エンジンとして一定の地位を確立する二〇〇五年までの時期の検索をめぐる言説について、パソコン雑誌の記事を分析することで通時的に検討した。

その結果、当初はサーフィンの対象として遊具的に捉えられていたWWWというメディアが、次第にサーチの道具として扱われるようになったこと、そしてWWW上の情報量が無限と表象されるに至り、検索のインターフェイスが意味論的なランキングから計算論的なランキングに変容したことが明らかになった。グーグルはロボット型と呼ばれる検索エンジンのなかでもその「関連性」においで優れた結果を示し、「グーグルだけを見ればいい」という信頼を得ることでその地位を確立した。ここでの意味論から計算論への転回は、ポータルに代表される意味論的な編集の恣意性に対する疑念を、計算論的な手続きの再現可能性によって払拭する意味合いがあった。それは、再現可能性を担保として、グーグルが信頼という委任状を得るとともに、中心的な地位を固定化させていくプロセスでもあった。同時にこのプロセスは、技術的な言説の後退と連動しており、計算論的なアルゴリズムはブラックボックス化することになる。二〇〇〇年以降、ほかの検索エンジンの可能的様態が忘却され、グーグルへと固定化していくなかで、雑誌上からも、検索エンジンのランキング技術そのものについての言説が失われていったことは、そのことを象徴する。すなわち、ブラックボックス化は「選び手」としてのグーグルが自ら望んだことというよりも、「受け手＝探し手」としてのパースペクティブを固定化させたユーザーが望んだために構築されたものだった。

こうしてブラックボックス化したグーグルに対して、今度はそれをハックしようとする「送り手＝創り手」が商業的に成立するようになる。つまり、ＳＥＯという「最適化」の職業化である。次章以降ではこの最適化に取り組む「送り手＝創り手」と検索エンジンの相互作用を分析し、二〇〇六年以降、検索エンジン・アルゴリズムのブラックボックスがどのように変容・維持されていったのかを検討する。

注

（1）本章の内容は次の修士学位論文の一部を再構成し、本書の文脈に合わせて大幅に改稿したものである（宇田川敦史「ランキングのメディア論——検索エンジン・ランキングの歴史社会的構成」東京大学学際情報学府修士学位論文、二〇一八年）。また、本章の内容の一部は既発表の次の論文とも部分的に重なる。宇田川敦史「検索エンジン・ランキングのメディア史——パソコン雑誌における検索エンジン表象の分析」、日本マス・コミュニケーション学会編「マス・コミュニケーション研究」第九十四号、日本マス・コミュニケーション学会、二〇一九年、Atsushi Udagawa, "Historical Media Discourses of Search Engine Rankings in Japan," *Journal of Socio-Informatics*, 12(1), 2019.

（2）O'Reilly, op.cit.

（3）一方で注意すべきなのはウェブ1.0の後期、二〇〇〇年代に入るころには、WWWの普及に伴って、パソコン雑誌のガイドブック的な役割が少しずつ後退していくことである。ウェブ1.0は、検索エンジン自体が、この雑誌の役割を代替する内部のメディアとして確立していく過程のなかにあった。したがって、インターネット草創期のパソコン雑誌の読者空間とその役割が歴史的に変容し、その役割自体がWWWに包摂されていく過程それ自体に視座を置きながら、パソコン雑誌という史料の位置づけを批判的に捉えていく必要があるだろう。実際、日本でもパソコン雑誌やインターネット情報誌の多くが廃刊になり、その役目を終えるのが〇五年前後である。本章の分析対象の一つである「ASAHIパソコン」は〇六年三月に廃刊になっていて、本章と第4章で言及する「インターネットマガジン」（インプレス）も同じ〇六年五月に休刊になっている。

（4）ここでは本書の議論に必要な日本のパソコン雑誌での表象について取り上げる。アメリカのパソコン雑誌についての分析は前掲「検索エンジン・ランキングのメディア史」を参照。
（5）本章の分析対象記事は、一九九三年から二〇〇五年までの十三年間の広告・ニュース記事を除く編集記事内で「検索・サーチ／Search」または「グーグル／Google」または「ヤフー／Yahoo」の語句を含むもの、と設定した。「日経パソコン」はデータベース化以前の一九九七年九月までは、全誌の記事索引からタイトルに「検索、サーチ、Google、グーグル、Yahoo、ヤフー」のいずれかを含む記事を手作業で抽出し、九七年十月以降は「日経BP記事検索サービス」からタイトルまたは抄録に前記語句を含む記事を抽出した。「ASAHIパソコン」は全期間についてデータベースが存在しないため、「国立国会図書館デジタルコレクション」を利用し目次項目に「検索、サーチ、Google、グーグル、Yahoo、ヤフー」を含む記事を手作業で抽出した。対象記事数は「日経パソコン」が九十五、「ASAHIパソコン」が三十七である。
（6）ティム・バーナーズ＝リー『Web の創成――World Wide Web はいかにして生まれどこに向かうのか』高橋徹訳監訳、毎日コミュニケーションズ、二〇〇一年、一二ページ
（7）同書一三ページ
（8）同書四九ページ
（9）同書七六ページ
（10）ジョン・バッテル『ザ・サーチ――グーグルが世界を変えた』中谷和男訳、日経BP社、二〇〇五年、八五―九一ページ
（11）「ASAHIパソコン」一九九三年九月十五日号、朝日新聞社、一〇五ページ
（12）同誌一〇五ページ
（13）「ASAHIパソコン」一九九四年三月十五日号、朝日新聞社、一一八―一一九ページ

（14）「インターネットマガジン」一九九四年十月創刊号、インプレス、四八ページ

（15）同誌五二ページ

（16）水越伸『デジタル・メディア社会』（叢書インターネット社会）、岩波書店、一九九九年、四八―七六ページ

（17）「日経パソコン」一九九四年九月二十六日号、日経ＢＰ、一七四ページ

（18）同誌一七五ページ

（19）「Homepage」とは、元来、複数のウェブページから構成されるウェブサイトの表紙にあたる入り口のページのことを指すが、当時の日本では「ウェブサイト」とほぼ同義の意味をもっていた。のちにこの語法の誤りが指摘されるようになり、次第に使われなくなっていく。

（20）「日経パソコン」一九九五年十月九日号、日経ＢＰ、一九四―一九五ページ

（21）同誌一九一ページ

（22）同誌一九一ページ

（23）Internet Systems Consortium, "Internet Domain Survey," January, 2019（https://ftp.isc.org/www/survey/reports/current/）［二〇二二年九月二十二日アクセス］

（24）「日経パソコン」一九九六年九月九日号、日経ＢＰ、一四五ページ

（25）前掲『ザ・サーチ』

（26）Amy N.Langville／Carl D.Meyer『Google PageRank の数理——最強検索エンジンのランキング手法を求めて』岩野和生／黒川利明／黒川洋訳、共立出版、二〇〇九年、一五―一八ページ

（27）ユーザーからの入力を解釈する処理を「クエリー・モジュール」と呼び、「ランキング・モジュール」とは別の要素として分類する場合もある。

（28）Brian Pinkerton, *WebCrawler: Finding What People Want*, University of Washington, 2000.

（29）ジェラルド・サルトン編著『SMART 情報検索システム――データ・ベースへのアプローチ』神保健二監訳、企画センター、一九七四年

（30）「日経パソコン」一九九六年九月九日号、日経ＢＰ、一四九ページ

（31）同誌一四八ページ

（32）「ＡＳＡＨＩパソコン」一九九七年一月一日・十五日合併号、朝日新聞社、三〇ページ

（33）「ＡＳＡＨＩパソコン」一九九九年八月十五日号、朝日新聞社、一〇二ページ

（34）同誌一〇三ページ

（35）前掲『Web の創成』一六六ページ

（36）前掲「ＡＳＡＨＩパソコン」一九九九年八月十五日号、一〇二ページ

（37）「日経パソコン」一九九九年十月十八日号、日経ＢＰ、一六四ページ

（38）前掲『ザ・サーチ』一五三―一五四ページ

（39）スティーブン・レヴィ『グーグル ネット覇者の真実――追われる立場から追う立場へ』仲達志／池村千秋訳、阪急コミュニケーションズ、二〇一一年、三一―三二ページ

（40）テッド・ネルソン『リテラリーマシン――ハイパーテキスト原論』竹内郁雄／斉藤康己／ハイテクノロジー・コミュニケーションズ監訳、アスキー出版局、一九九四年

（41）Eugene Garfield, “Citation Indexes for Science: A New Dimension in Documentation through Association of Ideas,” *Science*, 122, 1955, pp. 108-111.

（42）Lawrence Page, Sergey Brin, Rajeev Motwani and Terry Winograd, “The PageRank Citation Ranking: Bringing Order to the Web,” *World Wide Web Internet And Web Information Systems*, 54,

1998.
(43)「日経パソコン」二〇〇一年新春特別号、日経BP、九六ページ
(44) インターネット協会監修『インターネット白書2001』インプレスR&D、二〇〇一年
(45) インターネット協会監修『インターネット白書2003』インプレスR&D、二〇〇三年
(46)「ASAHIパソコン」二〇〇二年五月十五日号、朝日新聞社、八四ページ
(47)「日経パソコン」二〇〇三年五月十二日号、日経BP、八四ページ
(48) ニクラス・ルーマン『信頼——社会的な複雑性の縮減メカニズム』大庭健／正村俊之訳、勁草書房、一九九〇年、三三ページ
(49) セオドア・M・ポーター『数値と客観性——科学と社会における信頼の獲得』藤垣裕子訳、みすず書房、二〇一三年、一二九—一三〇ページ
(50) 前掲『信頼』五五ページ
(51)「任意の他者」に関する議論は、ルーマンの社会システム理論をふまえた大澤真幸の身体論を参考にしている（前掲『身体の比較社会学Ⅰ』）。
(52)「日経パソコン」二〇〇三年二月十七日号、日経BP、二二一ページ
(53) 同誌二二三ページ

第4章　SEOによるアルゴリズム変容の全体像
──二〇〇六年から二〇一〇年までの通時的分析

1　ウェブマスターのパースペクティブ

前章ではウェブ1.0の時代において、グーグルというプラットフォームが支配的な地位を確立し、「受け手＝探し手」というユーザーの役割の固定化とともに、検索エンジンのアルゴリズムがどのようにブラックボックス化し、無色透明化していったのかについて、パソコン雑誌の言説の変化をみることで検討した。本章以降、第7章までの各章では、ウェブ2.0と呼ばれる二〇〇六年以降の検索エンジンについて分析する。(1)ここでは、検索エンジンというプラットフォームのアルゴリズムがどのようなアクターのどのような相互作用によって最適化され、維持されているのかを検討するために、「送り手＝創り手」としてのウェブマスター、さらには「選び手」「造り手」としてのプラットフォームの役割に着目し、それらをめぐるメディアの言説を分析の対象とする。

まず本章では、計量テキスト分析に基づく定量的な方法によって、通時的な言説の変遷を可視化する。第5章から第7章では、本章の定量的な分析によって抽出した時代区分とコードに従って、それぞれの時期の該当するメディアの記事を枚挙し、定性的な分析をおこなう。本書の方法論的な立場は、研究対象だけでなく分析方法の水準でのメタ理論的な意味でも、計算論的なアルゴリズムの全域化に抵抗し、意味論的な判断を維持しうる可能性を探るものである。したがって本章の計算論的な計量テキスト分析は、第5章から第7章にかけての定性的な、意味論的な分析の対象になる史料を一定の基準に基づいて枚挙するための補助的な手段に位置づけられる。すなわち本書の分析は計算論的な（定量的な）分析方法論のみによってテキストの解釈を完結させるのではなく、定量的な基準によって抽出された史料に対して、分析者が意味論的な解釈を定性的に遂行し、その歴史的・社会的文脈を明らかにすることを目指すものである。

さて、ここで本章（および第5章から第7章）の議論の位置づけについて、第2章で論じた既存研究と第3章で論じたウェブ1.0における検索エンジンの「選び手」としてのあり方の変容との関連を整理しておきたい。第2章でもふれたとおり、グリンメルマンは、検索エンジンの法的な責任についての議論には、中立的な「土管（conduit）」として捉える立場と、責任がある「編集者（editor）」として捉える立場の対立があることを指摘する。(2) グリンメルマンは、これらの二つの立場はいずれも、ユーザーとの相互作用を見落としていて、不完全な見方であるとする。そのうえで、検索エンジンはユーザーの質問に反応する「アドバイザー」として機能していることに着目し、ユーザー自身が提示された検索結果を選択しうることの重要性を指摘している。ギレスピーは、このグリンメルマンの主張が重要だと認めたうえで、情報提供者、すなわちウェブマスターとの相互作用が見落とされがちであることに注意を促す(3)。ギレスピーによれば、情報提供者は、ウェブページの制作に際してアルゴリズムがどのように機能するかについての推測に基づく戦略的な努力をしており、情報提供者のSEOによってアルゴリズムの前提になるウェブページの内容自体が変化することを指摘する。まさしく、ランキング・アルゴリズムをハックしようとするSEOこそが、ランキング・アルゴリズムの機能そのものに影響を与えていることを見過ごしてはいけない、というわけだ。

ここで重要なのは、アルゴリズムがブラックボックス化しているというのは、あくまで「受け手＝探し手」からみたパースペクティブにおける現象であるということだ。第3章で検討したとおり、パソコン雑誌の言説においても「受け手＝探し手」に特化した読者に対しては、技術的な解説が省略され、グーグルのインターフェイスを前提とする活用法の解説への移行が顕著であった一方で、「送り手＝創り手」に対しては一定の技術的な「対策」が示されてもいた。

これらの研究が示唆するとおり、SEOによるさまざまな介入は、グーグルのアルゴリズムを変容させる圧力として作用している。すなわちアルゴリズムは、それを設計・構築するグーグルの「造り手」が単独で決めるものではなく、「探し手」の反応や「送り手＝創り手」による「攻略」との相互作用のなかで構築され、改変されていくダイナミックなものである。さらにいえば、「送り手＝創り手」のパースペクティブにとって、アルゴリズムは必ずしもブラックボックス化しているわけではない。なぜならその動作について「批判的」ともいうべき、さまざまな疑義を投げかけるような行為、すなわちSEOによって、その動作を検証したり変化させたりする試みを継続しておこなっているからだ。まさにラトゥールが指摘するとおり、ブラックボックスを開けることは「科学者や技術者が忙しく作業している議論の余地がある話題を見出すまで時空間を移動することによって（容易ではないが）実行可能になる」[4]のである。本書でいう「パースペクティブの転回」とは、この「時空間の移動」を意味している。この転回は、第2章でふれたスターとルーレダーが「インフラ的反転」と呼んだ概念とも通底するものだ。[5]

第4章から第7章では、第3章までの「受け手＝探し手」のパースペクティブを転回し、ウェブサイトの「送り手＝創り手」であるウェブマスターというアクターがプロ・アマを問わず、SEOの実践を通して検索エンジンのアルゴリズムの生態系でどのような役割を果たしているのかを検討する。本章ではその方法の全体像と、計量テキスト分析による通時的なトピックの変化を示す。

2 「Web担当者Forum」というメディアの成り立ち

SEOという実践に関する知識や言説は、グーグルのアルゴリズムへの戦略的な攻略を実現するために、ウェブマスターたちのゆるやかな連帯によって積み上げられてきた。かつてウェブマスターの一人だったダニー・サリバンは、制作したウェブページが検索エンジンで見つからないというクライアントからのクレームをきっかけに、ロボット型検索エンジンのランキング・シグナルを調査し、その結果を、一九九六年に「A Webmaster's Guide To Search Engines」[6]としてウェブ上で公開した。このウェブサイトは人気を集め、「Search Engine Watch」というウェブマスター向けのSEO情報サイトへと成長し、現在も継続している。SEOはこのように、企業やウェブサイト所有者同士の組織の壁を超えて、プロ・アマを含むウェブマスターの横の連帯によってアルゴリズムに挑戦しようとする活動でもあった。

日本でも、同種の情報を共有しSEOの知識を積み上げている場がいくつかあるが、特に有名なのは、IT系の専門出版社であるインプレスが二〇〇六年に開設した「Web担当者Forum」というウェブサイトである。月間訪問数は約百三十五万（二〇二二年八月時点）で、同種のウェブサイトのなかでも特にアクセス数が多い[7]。「Web担当者Forum」は当初から出版社が運営するサイトであり、厳密にはSearch Engine Watchのような自主的なコミュニティではない。いわばウェブ版の業界誌のような性格のメディアだが、掲載している情報は出版社が独自に編集・執筆したものに限定されてはおらず、SEOコンサルタントやウェブマスターたちの寄稿記事やブログの引用、アメリカを主とする海外のメディアやコミュニティの議論を翻訳した記事などが多く含まれている。そのためこのサイトにおける言説は、ウェブマスターの関心を一定程度反映したものと解釈することが可能だ。

二〇〇六年六月に開始された「Web担当者Forum」の前身は、一般向けの雑誌だった「インターネットマガジン」である。前章が対象とする〇五年までについてはパソコン雑誌というメディアを分析対象としてきたが、〇六年というタイミングは検索エンジンに関する言説空間の中心が雑誌から個々のウェブサイトへと細分化し、その読者空間も分割されつつあったことと対応している。〇六年を境に、第4章以降の分析対象のメディアをウェブサイトに設定しているのは、総合雑誌としての「インターネットマガジン」の終焉と、専門分化したウェブサイトとしての「Web担当者Forum」の開始が、メディアの変化を代表する転換点だからでもある。

雑誌メディアとしての「インターネットマガジン」は二〇〇六年五月号を最後に廃刊になったわけだが、最終号には当時の編集長・井芹昌信からの「休刊のご挨拶」として、次のような記述がある。

　これほど社会全体に大きく影響を与えるまでに進化したインターネットを、一つの月刊誌というメディア形態でカバーするのはむずかしいと感じるに至りました。たとえば、今後のネットビジネスの新潮流であるWeb2.0、次世代ケータイ、WiMAXなどの無線ネットワーク技術、放送・通信融合など、様々な産業領域で変革が起きつつあります。これらの情報を読者に的確に届けるには、各領域に特化した、さらなる専門知識や取材が必要です。
　そこで勝手ながら、総合月刊誌としてのインターネットマガジンの役割は終了したと判断し、新たな時代のニーズに対応できる、新たなメディアを育てていきたいと考えています。[8]

また、「インターネットマガジン」を刊行していたインプレス社は、この二〇〇六年四月に、インターネット関連のメディア事業を分社化してインプレスR＆Dを設立し、井芹が社長に就任する。この新社についても「インターネットマガジン」最終号で次のように説明している。

新社では、引き続きインターネットを中核テーマと位置づけ、より一層、詳細な情報提供を行ってまいります。特に、以下の読者を対象とした「クロスメディア事業」展開を予定しておりますので、引き続きご支援いただけますようよろしくお願いいたします。（略）

・Web マスターを中核とする Web ビジネス実務者
・ワイアレスブロードバンド技術者
・放送・通信融合、デジタル家電関係者
・インターネット関連のビジネスプランナー、マーケッター
・ＩＣＴ（Information and Communication Technology）を活用するビジネスマン
・IPv6関係者　など。(9)

この時点で最上位に記されるウェブマスターが「クロスメディア事業」の最も主要な読者として想定されていて、併記されている読者もさまざまなレイヤーの「送り手」の側であることがわかる。このことは、「総合月刊誌」である「インターネットマガジン」の読者層自体が、二〇〇六年時点ですでに「送り手」（あるいは「創り手」）の側、しかも何らかのビジネスや仕事としてインターネットのサービスを提供する側にシフトしていたことを含意する。これは、第3章で述べた「日経パ

ソコン」の読者層の変化とも重なる。WWWを中心とするインターネットのユーザーが、「受け手＝探し手」と「送り手＝創り手」に分化した結果、もともとは「受け手＝探し手」を主要な対象としていた雑誌の読者層から、「受け手＝探し手」に特化したユーザーがいなくなり、「送り手＝創り手」の役割を担う一部のユーザーだけが残存する読者構成になっていたことが示唆されるのだ。

また、第２章でもふれたとおり、二〇〇五年から〇六年ごろのホットトピックの一つは、ウェブ2.0である。すなわち、ブログや掲示板（この時点ではSNSはまだ一般化していない）などのサービスによって誰もが気軽に発信できるようになったことで、一度は固定化されたかのようにみえた「受け手＝探し手／送り手＝創り手」の関係が変化し、特定のプラットフォームのうえではあらためて「送り手＝創り手＝（選び手）＝受け手＝探り手」になりうることに注目が集まった時期でもあった。このことと「インターネットマガジン」の休刊、プロの「送り手＝創り手」向けのメディアの分化は相互に関連しあっていると考えるべきだろう。さしあたっていえることは、ウェブ2.0は（SNSも含めて）、ユーザーが「送り手＝創り手＝（選び手）＝受け手＝探り手」になれるような、投稿型のプラットフォームの登場を意味する事態だった、ということである。そのプラットフォームとは、新たなレイヤーの計算論的な「選び手」の役割を担うものである（図４・１）。

これは、第３章（図３・２）で示した初期WWWの「誰もが送り手になれる」モデルを、WWWとの接点に「選び手」を配置することで、限定された範囲で召喚するものと考えられる。その後に出現したSNSのタイムラインなどは、その「選び手」が選択した範囲内での「サーフィン」に近い体験を提供するものとして捉え直すこともできるだろう。したがってウェブ2.0は、ウェブ1.0を置

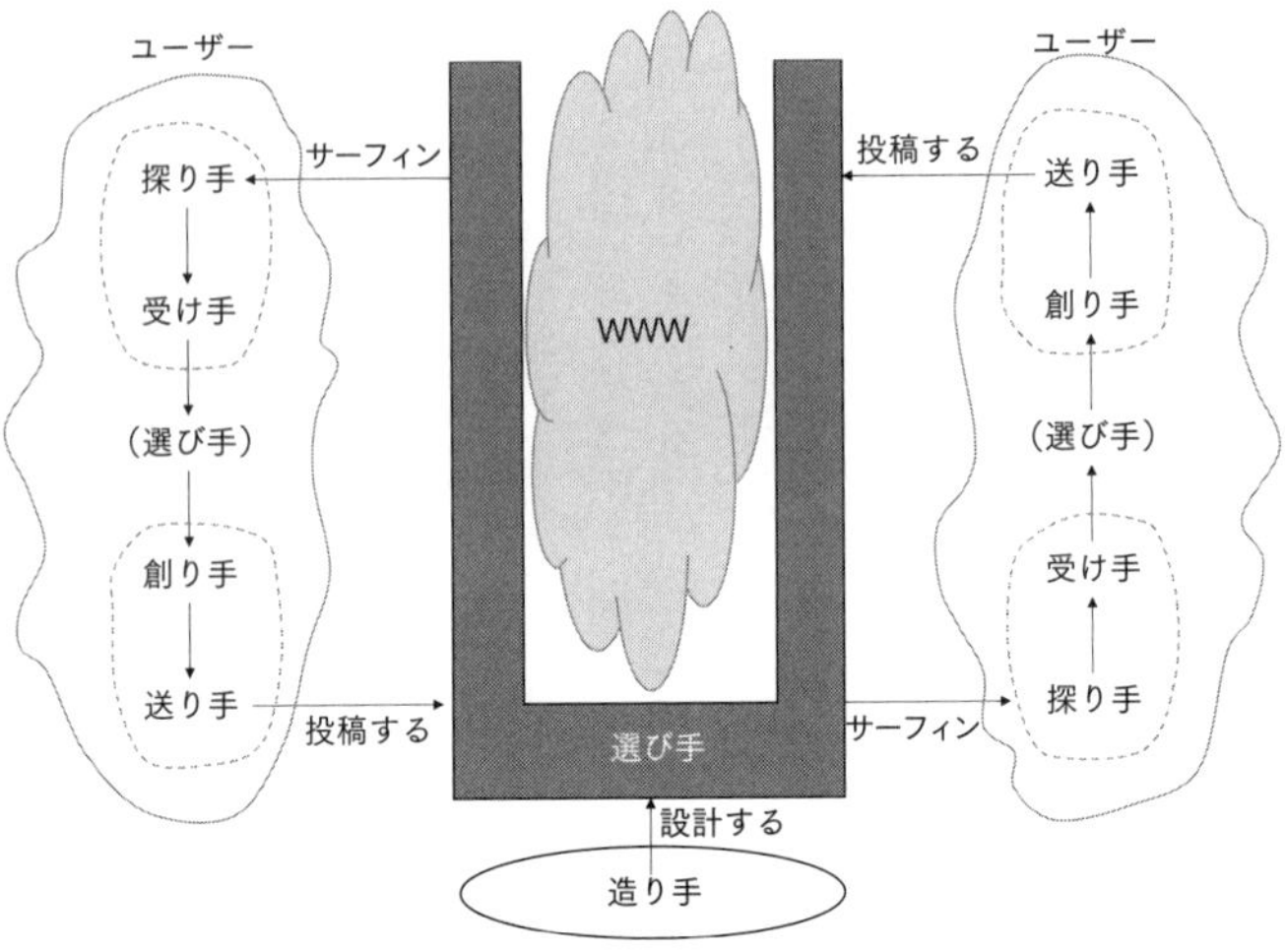

図4.1　ウェブ2.0の役割モデル図（筆者作成）

換する事態ではなく、ウェブ1.0と併存する囲い込み型のプラットフォームの出現、と考えるべきである。実際に、ブログが普及しても旧来のウェブ1.0的なメディア（すなわちコーディングされたウェブサイト）はなくなるわけではなく、ウェブ2.0はむしろウェブ1.0の「送り手＝創り手」の業務化・プロ化を促進した。「誰もが自由に表現・発信ができるインターネット」は、ウェブ2.0に至って、「誰もが自由に表現・発信できる（ようにみえる）プラットフォーム」のアーキテクチャによって表現・発信するアマの「送り手＝創り手」と、旧来のウェブ1.0のアーキテクチャによって表現・発信するプロの「送り手＝創り手」の二層に分化する。逆にいえば、ウェブ2.0時代のSEOは、ウェブ1.0のアーキテクチャに基づく、プロの「送り手＝創り手」による活動が中心になっていく。したがって、本書が対象とする検索エンジンは、いわばウェブ1.0の「選び手」として、ウェブ2.0のプラットフォームと併存しながら独自の生態系を築いていくことになる。「インターネットマガジン」から「Web担当者Forum」への移行は、このような枠組みに対応するものとして捉えることが可能だろう。

3　SEO記事の頻出語と特徴語

本章以降の分析では、「Web担当者Forum」の開設当初の二〇〇六年七月から二〇年十二月末までの全記事のうち、内容カテゴリ「SEO」に分類される記事二千七百八十五件[10]を対象とした。ウェブ上に公開されているアーカイブから各記事のタイトルと本文に含まれるすべてのテキストを取得し、日本語の計量テキスト分析ソフトウエアであるKH Coder（Version. 3.beta.04a）を用いて通時的なトピックの変化を探る。

まず、公開年ごとの対象記事数は表4・1のとおりである。「Web担当者Forum」で最初の「SEO」カテゴリの記事は二〇〇六年七月二十日に公開されており、〇六年は約半年間で合計五十九件の記事を公開している。その後、〇七年から〇九年までは相対的に多く（三百件前後）の記事が公開されていて、一〇年以降の記事数は毎年おおむね百五十件前後になっている。

記事のタイプ別では「編集記事」が千七百七十三件、「ニュース記事」が二百七十七件、「ユーザー投稿記事」が七百三十五件と、「編集記事」が多数を占める。また、「Web担当者Forum」の記

表4.1　公開年・記事タイプごとの対象記事数（筆者作成）

公開年	編集記事	ニュース記事	ユーザー投稿記事	計
2006	23	34	2	59
2007	214	48	21	283
2008	245	35	23	303
2009	257	45	54	356
2010	128	26	18	172
2011	97	8	25	130
2012	101	6	53	160
2013	84	6	57	147
2014	90	8	43	141
2015	93	13	56	162
2016	104	11	70	185
2017	93	9	68	170
2018	77	7	51	135
2019	82	8	60	150
2020	85	13	134	232
計	1,773	277	735	2,785

事には原則としてすべての記事に著者名の記載があり、合計記事数が十件以上になる著者名の一覧を表4・2に示す。

著者別の記事件数では、Moz（千十件）と鈴木謙一（四百五十三件）によるものが多いことがわかる。両者の記事に次いで、編集部の記名記事が並ぶ構成になっている。特に、二〇〇七年から〇九年の三年間はMozの記事が二百件近くにのぼり、サイト開設後の数年間の中心コンテンツだったことがわかる。一方、一〇年以降は、Mozの記事と鈴木謙一の記事がそれぞれ四十件前後と、ほぼ同数の構成に変化している。Mozは、特定の人物の名前ではなく、アメリカでSEO対策ソフトウェアの開発やSEO情報の発信をおこなっている企業の名前である。Mozが運営する「Moz Blog」は、「Web担当者Forum」と同様、SEOコンサルタントやウェブマスターなどが記事を投稿しており、アメリカの同種のコミュニティのなかでも有名なものの一つである。「Web担当者Forum」では、この「Moz Blog」の記事をSEOコンサルタントの渡辺隆広が選別し、翻訳して掲載している。このため、「Web担当者Forum」の全記事のうち、アメリカ発の翻訳記事がおよそ三分の一を占めることになる。一方、鈴木謙一は、個人でもSEO情報をブログで発信しているSEOブロガーで、「Web担当者Forum」では「国内&海外SEO情報ウォッチ」というコーナーで週に一回程度、記事を執筆している。この「国内&海外SEO情報ウォッチ」は、個々のトピックを掘り下げる記事というよりは、その週に話題になったSEOに関する複数のトピックを選別して、外部の詳細記事のリンクを含めて紹介するという形式をとっており、ウェブマスターのコミュニティで何が話題になっているかを鈴木自身の視点で網羅的に編集するものになっている。

このように、「Web担当者Forum」の「SEO」カテゴリでは、Mozと鈴木謙一の記事を定番の記事として定期的に配信しており、これらが全体の記事数のなかでも大きな割合を占めていることが特徴である。両者の記事はいずれも「編集記事」に分類されていて、アメリカと日本のウェブマスターコミュニティでの主要なトピックを、二次情報も含めて網羅しようとする編集意図があることが推定される。

これらの記事のテキストに含まれる名詞を抽出し、その出現頻度を分析した結果が表4・3であ

2012	2013	2014	2015	2016	2017	2018	2019	2020	計
45	40	40	44	43	42	42	41	45	1,010
43	42	43	42	40	39	31	23	25	453
6	3	5	6	8	8	2			85
1	1		3		1		4	10	70
									68
									60
	1	3	6	3					52
							24	21	45
13	8	1	3	7					36
				1	25	2		3	31

る[11]。

　この出現頻度は、対象期間すべて（二〇〇六年から二〇二〇年）のテキストを含むものであるため、「Web 担当者 Forum」の全体でどのようなトピックが扱われているかを、語の単位で要約したものと見なすことができる。上位に「SEO」「検索」「グーグル」などが出現し、さらにSEOの対象や要素を示す「サイト」や「ページ」「リンク」なども現れており、当然ながらSEOに関連するトピックが上位を占めていることが確認できる。これらの語の出現頻度を記事の公開年別に分析するために、KH Coder の関連語検索によって、記事の公開年ごとの出現数を一覧にしたものが表4・4である。

　頻度に若干の変動はみられるものの、全体として出現頻度が高い「SEO」「サイト」「検索」などの語は、年代を問わず出現する

表4.2　著者別の記事件数（筆者作成）

	著者名	2006	2007	2008	2009	2010	2011
1	Moz		171	188	182	45	42
2	鈴木謙一				37	47	41
3	安田英久（Web担 編集統括）			8	12	18	9
4	山川 健（Web担 編集部）		2	13	27	6	2
5	神野恵美（Web担 編集部）	5	43	20			
6	渡辺隆広	9	21	21	7	2	
7	池田真也（Web担 編集部）	24	2		3	7	3
8	アクセスジャパン						
9	販促デザイン						4
10	根岸雅之						

傾向があるため、年代ごとの特徴が明確ではない。そこで、共起関係の評価を単純な共起数ではなく、Jaccardの類似性測度に基づいて各年代の特徴語を抽出したものが表4・5である。Jaccardの類似性測度は外部変数と語の共起関係について重複をカウントせず、かつ不出現のパターンがあっても係数に含まないという特徴があるため、外部変数（この場合は公開年）ごとに特徴的な関連性を明らかにすることが可能だ。[12]

表4・5をみると、二〇〇七年から〇九年にかけては「Yahoo」「ヤフー」「MSN」などグーグル以外の検索エンジンに関する語の共起確率が高く、「検索エンジン」という語自体も共起しているのが特徴である。また一〇年には、「Bing」「ヤフー」が特徴語に挙がっていて、複数検索エンジンの比較がトピックの一つだったことがわかる。一一年には

	抽出語	出現回数
76	分析	2,263
77	HTML	2,261
78	最適化	2,250
79	関係	2,225
80	作成	2,158
81	担当者	2,149
82	要素	2,136
83	ビジネス	2,114
84	ランキング	2,110
85	理解	2,105
86	投稿	2,075
87	リダイレクト	2,051
88	顧客	2,041
89	対象	2,009
90	管理	1,991
91	改善	1,980
92	更新	1,975
93	参加	1,965
94	Yahoo	1,937
95	チェック	1,932
96	レポート	1,927
97	戦略	1,865
98	状況	1,857
99	ウェブサイト	1,832
100	施策	1,832

	抽出語	出現回数
101	理由	1,800
102	判断	1,758
103	筆者	1,754
104	無料	1,751
105	実践	1,744
106	活用	1,740
107	解析	1,734
108	HTTPS	1,709
109	追加	1,683
110	要因	1,680
111	ブランド	1,665
112	構築	1,651
113	動画	1,649
114	話	1,641
115	意味	1,617
116	成功	1,613
117	目的	1,584
118	訪問	1,579
119	PC	1,571
120	ヤフー	1,564
121	アップデート	1,557
122	開催	1,557
123	マップ	1,554
124	クエリ	1,552
125	海外	1,539

	抽出語	出現回数
126	業界	1,536
127	コメント	1,516
128	使用	1,515
129	技術	1,491
130	手法	1,491
131	Twitter	1,465
132	最新	1,452
133	基本	1,442
134	事業	1,439
135	コンバージョン	1,431
136	導入	1,419
137	運営	1,417
138	ポイント	1,416
139	存在	1,410
140	ローカル	1,407
141	META	1,389
142	リスト	1,389
143	削除	1,387
144	アナリティクス	1,381
145	サーバー	1,378
146	外部	1,370
147	デザイン	1,359
148	アップ	1,354
149	テスト	1,341
150	アプリ	1,338

表4.3　頻出150語（筆者作成）

	抽出語	出現回数		抽出語	出現回数		抽出語	出現回数
1	サイト	29,675	26	広告	4,399	51	AMP	2,927
2	SEO	29,273	27	自分	4,231	52	調査	2,881
3	検索	18,663	28	ウェブ	3,988	53	上位	2,854
4	リンク	18,415	29	企業	3,890	54	画像	2,744
5	ページ	18,364	30	提供	3,888	55	質問	2,672
6	グーグル	15,912	31	サービス	3,812	56	公開	2,657
7	コンテンツ	13,541	32	掲載	3,806	57	獲得	2,653
8	記事	12,327	33	評価	3,655	58	価値	2,650
9	情報	11,658	34	インデックス	3,615	59	セミナー	2,644
10	Google	11,550	35	アクセス	3,590	60	対応	2,594
11	表示	10,247	36	関連	3,526	61	トラフィック	2,568
12	キーワード	9,950	37	タグ	3,467	62	EC	2,541
13	ユーザー	9,501	38	機能	3,409	63	クリック	2,517
14	検索エンジン	7,185	39	SEM	3,388	64	設定	2,471
15	URL	6,688	40	モバイル	3,364	65	WWW	2,447
16	検索結果	6,576	41	Forum	3,320	66	Search	2,445
17	ブログ	5,973	42	紹介	3,234	67	解説	2,440
18	ツール	5,871	43	ピックアップ	3,207	68	クロール	2,431
19	データ	5,648	44	日本語	3,182	69	変更	2,409
20	Web	5,310	45	影響	3,163	70	アルゴリズム	2,363
21	順位	4,900	46	内容	3,095	71	スパム	2,355
22	利用	4,850	47	効果	3,041	72	確認	2,351
23	マーケティング	4,663	48	ウェブマスター	3,028	73	会社	2,331
24	方法	4,558	49	対策	3,011	74	テキスト	2,294
25	ドメイン	4,440	50	説明	2,961	75	登録	2,287

2014	
SEO	135
サイト	132
コンテンツ	110
内容	107
紹介	106
ユーザー	105
Google	104
方法	102
検索	101
ページ	96

2015	
SEO	150
サイト	149
コンテンツ	132
検索	129
情報	126
記事	110
内容	109
ユーザー	106
Google	105
方法	105

2016	
サイト	160
検索	142
コンテンツ	133
ページ	118
内容	116
ユーザー	112
Web	110
提供	109
Google	108
表示	108

2017	
サイト	148
情報	140
Google	128
コンテンツ	127
ユーザー	125
内容	113
Web	109
紹介	109
表示	108
方法	104

2018	
情報	108
検索	101
ページ	94
Google	90
マーケティング	88
表示	88
コンテンツ	87
内容	87
ユーザー	83
方法	81

2019	
SEO	140
情報	119
検索	115
マーケティング	104
提供	102
コンテンツ	101
Google	100
表示	100
紹介	97
記事	95

2020	
Web	146
Google	141
データ	113
URL	100
掲載	99
調査	98
無料	97
確認	95
解説	93
機能	93

表4.4　公開年ごとの出現数（筆者作成）

2006	
サービス	47
検索エンジン	41
キーワード	40
提供	34
開始	33
WWW	29
効果	26
ノウハウ	23
対策	22
SEM	21

2007	
SEO	272
情報	218
検索エンジン	210
検索	203
マーケティング	201
ページ	184
リンク	181
実践	181
インバウンド	171
自分	152

2008	
SEO	295
サイト	271
情報	254
マーケティング	245
検索	229
検索エンジン	206
ページ	204
記事	201
実践	199
コンテンツ	189

2009	
SEO	337
サイト	316
情報	278
マーケティング	250
検索エンジン	245
記事	239
リンク	234
実践	210
Web	198
自分	189

2010	
サイト	150
情報	136
検索	132
ページ	121
検索エンジン	119
リンク	114
表示	114
Google	113
記事	113
キーワード	103

2011	
サイト	116
情報	104
ページ	97
検索	94
記事	93
Google	87
ユーザー	86
コンテンツ	85
表示	84
説明	82

2012	
サイト	140
情報	127
Google	113
コンテンツ	111
方法	110
ツール	106
ページ	105
内容	102
ユーザー	100
紹介	100

2013	
サイト	129
情報	121
コンテンツ	113
方法	106
ページ	101
マーケティング	99
Google	97
内容	96
紹介	94
ユーザー	93

2014	
ハングアウト	.141
オンエア	.111
クオリティ	.108
スマートフォン	.105
Schema	.102
否認	.099
サーチ	.094
ソーシャル	.090
解除	.089
手動	.089

2015	
コンテンツマーケティング	.153
モバイルフレンドリー	.133
スマートフォン	.111
届け	.108
Indexing	.107
HTTPS	.103
変更	.098
受講	.096
スマホ	.096
オフィスアワー	.095

2016	
AMP	.141
アプリ	.126
Console	.119
モバイルフレンドリー	.112
届け	.105
Accelerated	.103
カルーセル	.102
受講	.100
開発	.100
HTTPS	.099

2017	
MFI	.180
モバイルファーストインデックス	.141
法人	.138
Console	.137
AMP	.137
PWA	.129
定員	.123
持参	.119
コンテンツマーケティング	.115
HTTPS	.114

2018	
Chrome	.130
Console	.127
MFI	.113
AMP	.104
速度	.104
レンダリング	.102
マイビジネス	.101
スピード	.100
パフォーマンス	.099
PWA	.098

2019	
観点	.102
ローカル	.101
レンダリング	.100
計算	.098
住所	.097
検査	.094
マイビジネス	.094
おすすめ	.094
強調スニペット	.093
パフォーマンス	.092

2020	
コロナ	.224
新型	.158
ウイルス	.138
オンライン	.122
マイビジネス	.120
店舗	.112
ご覧	.109
コア	.105
無料	.099
集客	.097

表4.5　公開年ごとの特徴語（筆者作成）

2006		2007		2008		2009	
現場	.094	Yahoo	.171	インバウンド	.162	ヤフー	.152
携帯	.074	MSN	.167	実践	.138	インバウンド	.150
パッケージ	.071	ランク	.158	マーケティング	.131	検索エンジン	.144
料金	.061	インバウンド	.148	自分	.131	実践	.142
ノウハウ	.061	Digg	.132	登録	.123	リンク	.138
ケータイ	.060	話	.131	検索エンジン	.122	提携	.134
入札	.057	検索エンジン	.126	ウェブサイト	.122	SEO	.133
同社	.057	実践	.126	話	.119	マーケティング	.131
月額	.055	ウェブサイト	.121	意見	.117	サイト	.130
レンタル	.054	人気	.120	情報	.117	記事	.129

2010		2011		2012		2013	
Bing	.132	セントラル	.115	パンダ	.134	ペンギン	.173
ヤフー	.128	リサーチ	.101	アナリティクス	.126	パンダ	.128
Yahoo	.108	パンダ	.099	警告	.108	違反	.114
セントラル	.103	Help	.095	違反	.096	警告	.106
ブラックハット	.102	Bing	.095	ウェブマスター	.094	クオリティ	.105
禁止	.100	ツイート	.095	審査	.093	アップデート	.103
被リンク	.100	テクニック	.090	アップデート	.092	講師	.103
ビデオ	.099	自作	.090	ペナルティ	.091	徒歩	.097
表記	.089	海外	.087	重複コンテンツ	.091	審査	.097
日本語	.088	ソーシャルメディア	.085	ヘルプ	.090	チーム	.094

「Bing」がまだ残っているものの、「パンダ」というグーグルのアルゴリズム・アップデートのコードネームを示す語が出現し、一二年には「パンダ」に続いて「警告」や「ペナルティ」「違反」など、グーグルのアルゴリズムを前提とする語が挙がるように変化している。さらに一三年には、「パンダ」とは別のアルゴリズム・アップデートを示す「ペンギン」が特徴語に挙がっており、「審査」「違反」「否認」などの語が一四年にかけて出現する。一五年になると、特徴語が「モバイルフレンドリー」を含むスマートフォン関連の語に大きく変化し、一六年の「AMP」や一七年の「MFI」などグーグルのモバイルウェブに関連する施策を示す語が特徴語に挙がっている。一八年は、グーグルのブラウザーである「Chrome」に並び、やはりグーグルのモバイル向け仕様である「PWA」が出現する。一九年にはスマートフォン関連の語がみられなくなり、「ローカル」「レンダリング」などが上位に出現している。最後に二〇年になると、やはり「コロナ」に関する語が特徴語として出現する、という結果になっている。

これらの語単位の出現の傾向から、時系列でのトピックの変化を大まかに捉えることができる。しかし注意すべきなのは、たとえば「グーグル」と「Google」、「ヤフー」と「Yahoo」など、意味的には同義と解釈できるが異なる表記で記述されているものなどは異なる語として扱われていることだ。また、「Mobile/First/Index」など複数の語のかたまりによって示される技術用語も原則として単語での単位になっているため、複数の語の組み合わせによって特定されるトピックは表に示されていない。これらを分析するには、複数の語の出現パターンに応じたコーディングルールを設定する必要がある。コーディングルールとは、分析者が注目したいコンセプトを複数の条件を組み合

表4.6　コーディングルール（筆者作成）

カテゴリー	コード	対象
デバイス・プラットフォーム	PC	パソコン , PC, デスクトップ
	モバイル	スマホ , スマートフォン , モバイル , mobile
	アプリ	App, アプリ
	SNS	SNS, ソーシャルメディア , ソーシャル + メディア
	ツイッター	Twitter, ツイッター
	フェイスブック	Facebook, フェイスブック
	インスタグラム	Instagram, インスタグラム , インスタ
	YouTube	YouTube, ユーチューブ
検索エンジン	検索エンジン	サーチエンジン , 検索エンジン , Search+engine
	グーグル	Google, グーグル
	Yahoo!	Yahoo, Yahoo!, ヤフー
	MSN	MSN
	Bing	Bing, ビング
	Yandex	Yandex, ヤンデックス
	Baidu	Baidu, バイドゥ , 百度
	Naver	Naver, ネイバー
グーグル要素技術	PageRank	ページランク , ページ + ランク , PageRank, Page+Rank
	パンダ	パンダ , Panda
	ペンギン	ペンギン , Penguin
	MFI	モバイル + ファースト + インデックス , モバイルファーストインデックス , MFI, Mobile+First+Index
	AMP	AMP, Accelerated+Mobile+Pages
	モバイルフレンドリー	モバイル + フレンドリー , モバイルフレンドリー , Mobile+Friendly
	App Indexing	App+Indexing, ディープリンク
	PWA	PWA, Progressive+Web+App, Progressive+Web+Apps
	SSL	SSL, HTTPS
グーグル品質管理用語	ガイドライン	ガイドライン
	ウェブマスターツール	ウェブマスターツール , Webmaster+tool, ウェブマスター + ツール
	サーチコンソール	サーチコンソール , サーチ+コンソール , Search+Console
	審査	審査 , 否認
	ペナルティ	ペナルティ , 違反 , 警告
	キュレーションメディア	YMYL, 健康 , 医療 , WELQ, キュレーションサイト , キュレーションメディア , フェイクニュース , まとめ記事 , まとめサイト

わせることで抽出し、その出現頻度や共起関係からテキストの内容を分析するための基準である。[13]定義したコーディングルールは表4・6のとおりである。筆者は実際にインターネット企業でSEOの実務に携わってきた経験があり、専門用語の同定にはこれらの実務経験に依存した意味論的な判断が含まれる。分析の目的は中心的なトピックの通時的な変化の同定にあるため、複数のトピックをカテゴリーとして扱うよりも、表記のゆれや同一のトピックと見なせる単語の組み合わせの単位でコーディングしている。たとえば「検索エンジン」というコードは「検索エンジン」という単語とその同義語を指し、「グーグル」や「Yahoo!」を一括するカテゴリーとしてのコードではない。これは、このような粒度で分析することが、SEOという活動のミクロなトピックの変化を捉えやすいと同時に、恣意性が入り込む余地が少ないと判断したためである。

4　年代によるトピックの変化

このコーディングルールに基づいて、記事をコード化した結果が表4・7である。なお、KH Coderは、一つの文書は複数の要素を含むことが一般的であるという前提のもと、それぞれの文書を一つのカテゴリーに分類するという排他的な処理はおこなわない。したがって、一つの記事に複数のコードが付与されるため、コードの出現数の総数は記事の総数とは一致しない。

では、これらのコードの出現頻度には、年代によってどのような差異があるだろうか。以下では、

表4.7　コードの出現頻度（筆者作成）

カテゴリー	コード	出現頻度	出現率
デバイス・プラットフォーム	PC	617	22.15%
	モバイル	703	25.24%
	アプリ	373	13.39%
	SNS	519	18.64%
	ツイッター	575	20.65%
	フェイスブック	279	10.02%
	インスタグラム	6	0.22%
	YouTube	280	10.05%
検索エンジン	検索エンジン	1,608	57.74%
	グーグル	1,889	67.83%
	Yahoo!	681	24.45%
	MSN	123	4.42%
	Bing	211	7.58%
	Yandex	16	0.57%
	Baidu	20	0.72%
	Naver	21	0.75%
グーグル要素技術	PageRank	353	12.68%
	パンダ	171	6.14%
	ペンギン	145	5.21%
	MFI	102	3.66%
	AMP	204	7.32%
	モバイルフレンドリー	103	3.70%
	App Indexing	61	2.19%
	PWA	66	2.37%
	SSL	219	7.86%
グーグル品質管理用語	ガイドライン	390	14.00%
	ウェブマスターツール	369	13.25%
	サーチコンソール	238	8.55%
	審査	234	8.40%
	ペナルティ	640	22.98%
	キュレーションメディア	108	3.88%
（コードなし）		313	11.24%

筆者が定義したコーディングルールのカテゴリーごとに、各コードの年代による出現率の変化を確認する。

デバイス・プラットフォームカテゴリー

デバイス・プラットフォームカテゴリーに属するコードの出現率を示すヒートマップが図4・2である。このカテゴリーは、「PC」「モバイル」「アプリ」というデバイスを示すコードと、「SNS」「ツイッター」「フェイスブック」「インスタグラム」「YouTube」という検索エンジン以外のプラットフォームを示すコードに大別される。

まずデバイスを示すコードでは、「モバイル」コードの出現率がスマートフォンの普及にしたがって上昇し、特に二〇一四年から一八年にかけて高い水準を示している。また、「PC」コードも同じ時期に相対的に出現率が高くなっており、この時期にデバイスを区別する内容の記事が多く出現したことが示唆される。すなわち、このコードの出現率の推移は、どの年代にどのデバイスやプラットフォームが話題になっていたかを示すデータであると同時に、どの年代にそれらの区分が明示的に語られていたのかを示すデータでもある。

また、「アプリ」コードは、「モバイル」コードよりも相対的に低いものの、「モバイル」の出現率が高い時期に同様に出現率が上昇している。ただ、出現率のピークは二〇一六年でその後下降していて、一七年・一八年にピークとなる「モバイル」コードの動きとは必ずしも一致していない。このことは、グーグルが「アプリ」を検索対象としてどのように扱おうとしていたのかに変化があ

	2006	2007	2008	2009	2010	2011	2012	2013	2014	2015	2016	2017	2018	2019	2020
PC	16.9	12.7	14.2	18.0	20.9	23.8	25.0	21.1	29.1	34.6	30.8	31.8	28.9	16.7	23.3
モバイル	18.6	8.5	9.2	10.4	15.7	23.8	30.6	31.3	43.3	42.6	43.2	46.5	45.2	28.0	25.0
アプリ	0.0	5.3	6.3	4.8	7.0	10.8	13.8	13.6	21.3	28.4	30.8	21.8	21.5	15.3	13.8
SNS	1.7	17.3	18.8	13.5	18.0	34.6	31.2	27.9	27.7	26.5	17.3	10.0	11.9	14.7	12.1
ツイッター	0.0	0.7	5.6	20.2	30.8	42.3	20.6	25.9	31.9	27.2	26.5	28.8	25.2	29.3	17.2
フェイスブック	0.0	4.6	5.3	6.7	8.1	26.9	13.1	21.1	12.8	12.3	11.9	12.9	8.9	12.0	5.6
インスタグラム	0.0	0.0	0.0	0.0	0.0	0.0	0.0	0.7	0.0	0.0	0.0	0.6	1.5	1.3	0.0
YouTube	1.7	2.8	6.3	9.3	10.5	17.7	12.5	21.1	14.2	8.0	9.2	11.2	10.4	11.3	11.6

図4.2　デバイス・プラットフォームカテゴリーのヒートマップ（筆者作成）

ったことを示唆している（その具体的な変化については、第7章で分析する）。

検索エンジン以外のプラットフォームでは、「SNS」コードが二〇一一年・一二年ごろをピークに出現率が上昇しているが、その後緩やかに下降している。一方「ツイッター」は、一一年に四二・三％と高い出現率を示し、その後の一二年には下降しているものの、ほかのサービスに比べると相対的に高い出現率を維持しており、一四年、一九年には出現率が再び上昇している。「フェイスブック」のピークは一一年、「YouTube」のピークは一三年だが、出現率自体はいずれも相対的に低い水準にとどまる。また「インスタグラム」に関しては、全般的にほとんど言及がみられない。これは、フェイスブックがサービス開始当初はあくまで登録したユーザーだけがコンテンツを見られる仕様だったため、グーグル検索の対象になることがほとんどなかったことや、インスタグラムがアプリ中心かつ写真中心のサービスであるため、やはりグーグルのテキスト検索の対象にならないことに起因していると推察できる。一方のツイッターは、テキスト中心で、ユーザー登録をしなくてもウェブ上で見られるコンテンツが多くグーグルの検索対象になりうるため、相対的な出現率が高いと考えられる。また、YouTube も公開コンテンツが中心だが、あくまでも動画がコンテンツでありテキストがSEOの対象になりにくいことから、相対的な出現率は高くない。

検索エンジンカテゴリー

検索エンジンカテゴリーに属するコードの出現率を示したヒートマップが図4・3である。このカテゴリーでは、検索エンジンそのものに対する言及をコード化するとともに、「グーグル」「Yahoo!」「Bing」などの各検索エンジンの名称をコードとして定義している。

まず一目瞭然なのが、「グーグル」コードの出現率の高さである。特に二〇一〇年以降、「Web担当者Forum」の記事のほとんどがグーグルを中心に扱っていることがわかる。逆に、〇九年までは「検索エンジン」コードの出現率のほうが「グーグル」を上回るとともに、「Yahoo!」の出現率も高い水準で推移している。この時期は複数の検索エンジンが存在することが前提であり、「検索エンジン」という一般名詞が総称として用いられていた。

なおここでの複数検索エンジンの併存という言い方の意味は複雑である。第3章でふれたとおり、二〇〇一年時点では Yahoo! Japan はグーグルの検索エンジンを「キーワード検索」として提供し

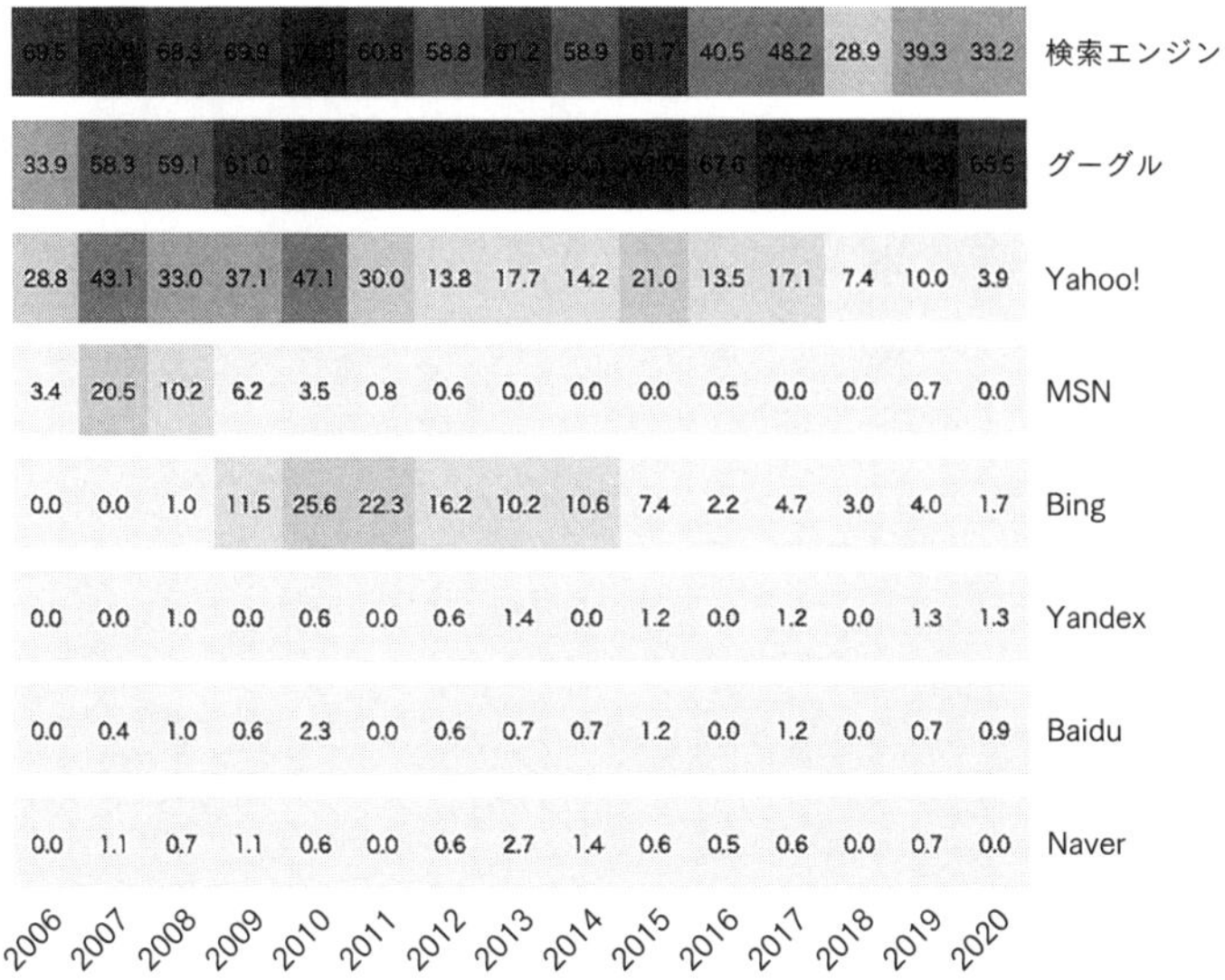

図4.3　検索エンジンカテゴリーのヒートマップ（筆者作成）

ていたため、日本のロボット型検索エンジンの主流は実質的にグーグルに統合されていたが、〇四年にYahoo! Japanは「キーワード検索」の中身をアメリカのYahoo!が開発した自社製の検索エンジンに切り替えた。(14) この検索エンジンは、Yahoo!が買収したInktomiやOvertureの技術を活用している（OvertureはAltavistaやFastをそれ以前に買収している）。いわばグーグルが弱体化させたほかの検索エンジン企業のうち、有力な技術をYahoo!が買収によって自社に取り入れグーグルに対抗しようとしたわけだ。したがって、一〇年に再びYahoo! Japanがグーグルの検索エンジンを採用するまでの約六年間、Yahoo! JapanとグーグルはウェブマスターのSEOの観点からは異なる検索エンジンとして扱われていた。その（再）統合が果たされた一〇年以後は、出現率からも「グーグル」コードが事実上検索エンジンを代表する名称になったことがわかる。一方で、「受け手＝探し手」にとって検索エンジンはすでにブラックボックス化していたため、Yahoo! Japan の検索エンジンの中身がグーグル→Yahoo!→グーグルと変化したこと自体、まさにブラックボックス化の効果によってほとんど知られることがなかったと考えられる。このこと自体も、検索エンジンという対象をウェブマスターのパースペクティブで捉えることの意味の一つといえるだろう。

また、「Yahoo!」以外の検索エンジン名では、二〇〇七年に「MSN」が、一〇年から一一年にかけて「Bing」の出現率が上昇している。これは、「MSN」「Bing」の提供元であるマイクロソフトが、大きなシェアがあったウィンドウズやインターネット・エクスプローラーと組み合わせてこれらの検索エンジンを提供することで、一定の存在感を示していた時期だったことを示唆している。また、「Yandex」「Baidu」「Naver」の三つは日本でほとんど使われていないこともあり、全期間を通じて出現率は低い。

グーグル要素技術カテゴリー

グーグル要素技術カテゴリーに属するコードの出現率を示したヒートマップが図4・4である。このカテゴリーでは、グーグルが「ウェブマスターブログ」や「グーグルI／O」（技術者向けのグーグルの広報イベント）などを通じて、公式／非公式に発表した検索エンジンの要素技術の名称が定義されている。したがって、このカテゴリーでのコードの出現は、各コードが示す要素技術がい

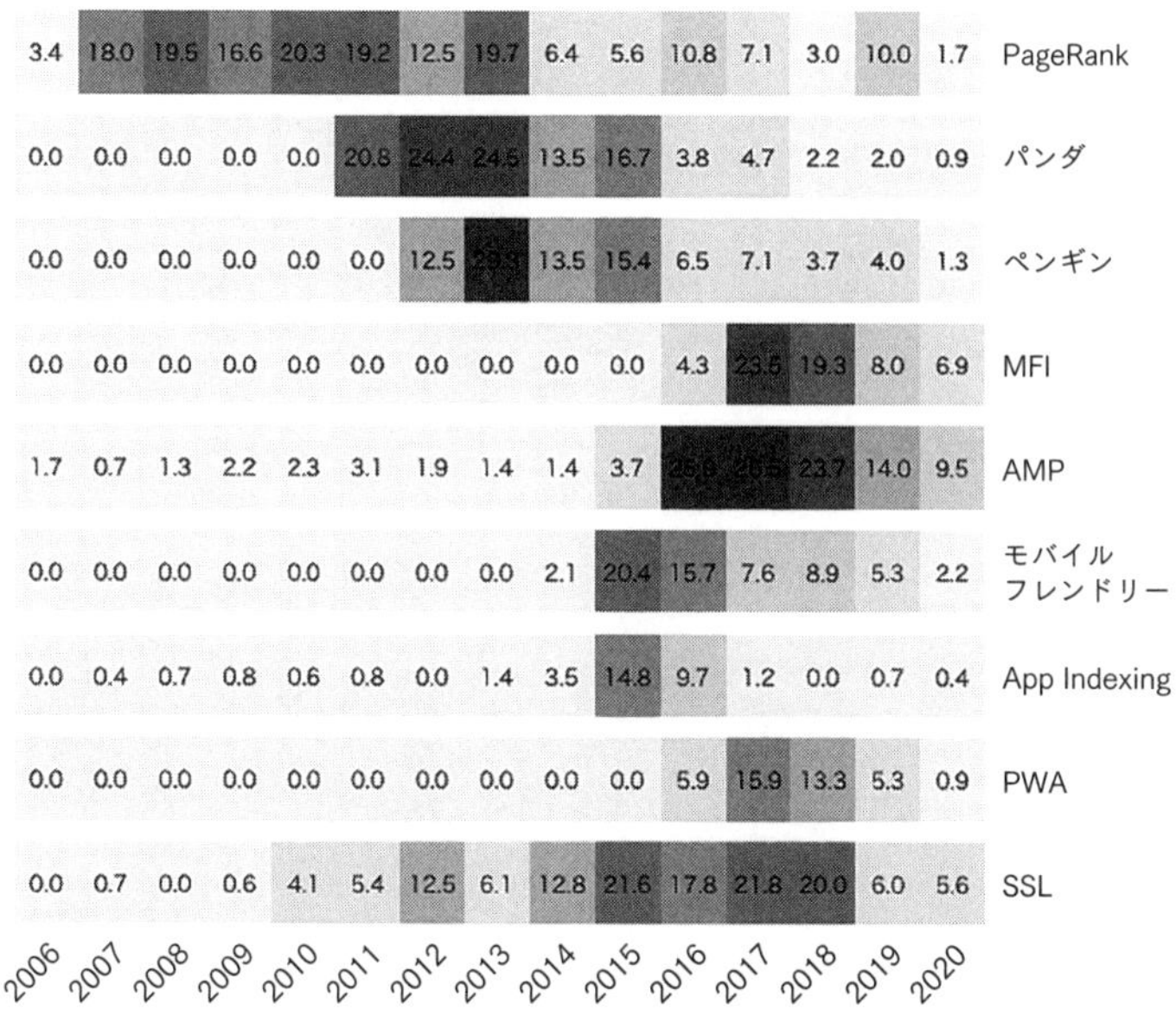

図4.4　グーグル要素技術カテゴリーのヒートマップ（筆者作成）

つ発表され、いつ実装されたのか、に強く依存する。

PageRankは、第3章でも述べたとおり、グーグルを創業したペイジとブリンが考案したランキング・アルゴリズムの名称である。グーグルが検索エンジンとして一気に普及するきっかけになった要素技術であり、ほかの検索エンジンとの重要な差別化要素でもあった。このため、複数検索エンジンが併存していた二〇一〇年以前には相対的に出現率が高い傾向がみられ、また、一三年にも出現率がいったん上昇し、その後下降している。

「パンダ」「ペンギン」は、より正確には「パンダ・アップデート」「ペンギン・アップデート」と呼ばれるもので、もともとはグーグル内部のアルゴリズム変更のコードネームであった。その内容については第6章で後述するが、「パンダ」は二〇一一年から一二年にかけて、「ペンギン」は一三年に特に出現率が高い。これは、これらのアップデートが発表された時期に重なっている。

「モバイルフレンドリー」とは、グーグルがモバイル用に最適化されていると見なすウェブページを、モバイル検索時に優遇する方針のことで、この方針が発表された二〇一五年に出現率が上昇している。また、これに似たコードに「MFI」があるが、こちらは「Mobile First Index」の略で、グーグルがモバイル用のウェブページに対して優先的にクローリングをおこなうという方針のことである。このコードも、グーグルの発表に合わせるように一七年に出現率が上昇している。

「AMP」は「Accelerated Mobile Pages」の略で、モバイルウェブページに特化した高速表示のための技術規格のことである。これもグーグルが二〇一六年に提唱した規格であり、一六年から一七年にかけて出現率の上昇がみられる。また「PWA」は、「Progressive Web Apps」の略で、ウェブサイトの仕組みを活用しながら、アプリのようなユーザー体験を可能にする技術規格のことである。これもグーグルが提案した規格で一七年ごろから出現率が上昇しているが、出現率は相対的には高くない。「App Indexing」は、ウェブページだけでなく、アプリ内のページもインデックスするというグーグルの方針のことで、これも一五年にグーグルが発表した時期に出現率が上昇している。

一方「SSL」は、グーグル独自の用語ではなく、ネットワーク上のセキュリティーを保護するための一般的な規格の名称である。この出現率は二〇一四年ごろから上昇し、一七年にピークとなる。この規格自体は、古くから利用されてきたものだが、一四年にグーグルが、「SSL」に対応

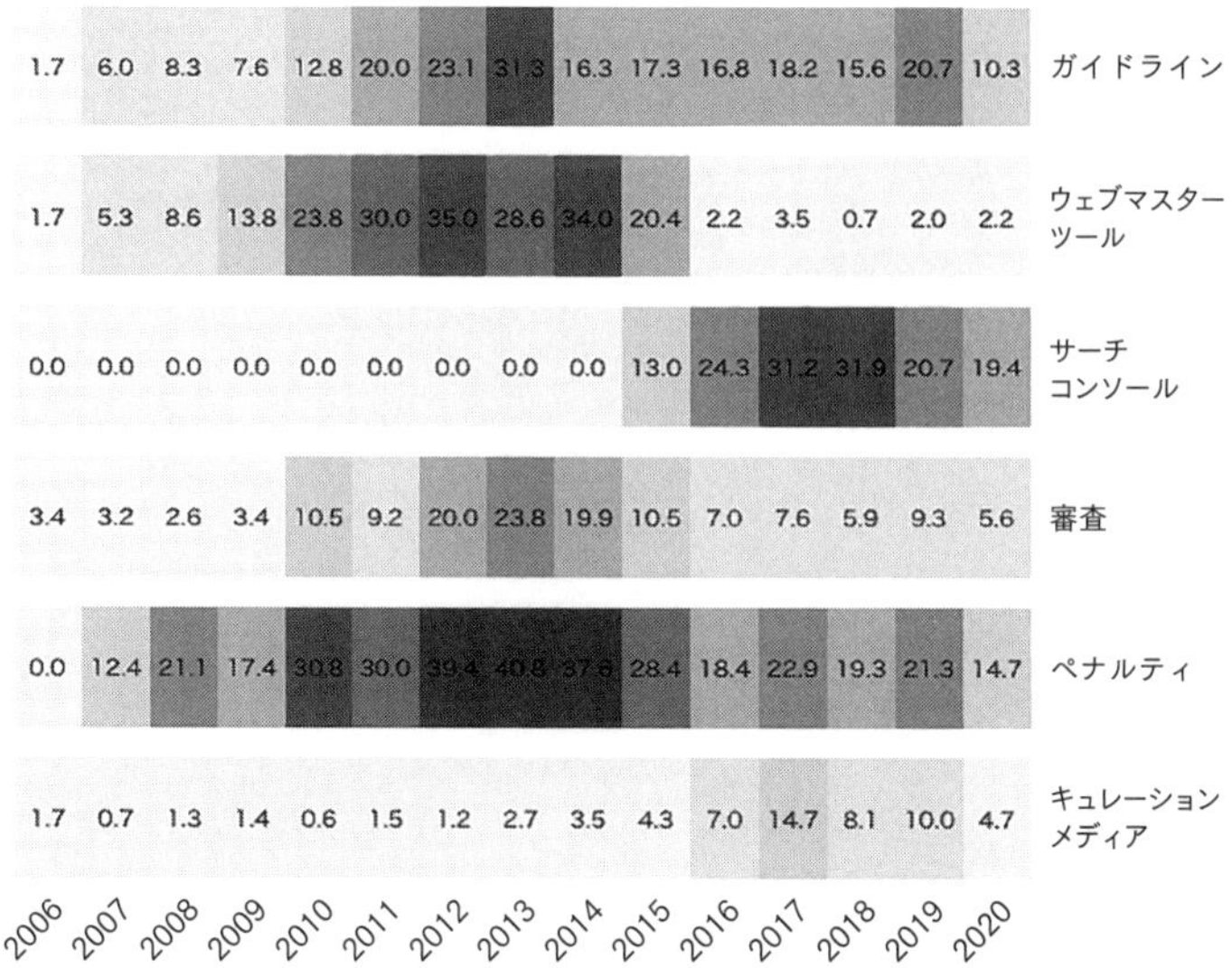

図4.5　グーグル品質管理カテゴリーのヒートマップ（筆者作成）

したウェブページの評価を高める方針を発表したため、SEOの文脈で多く言及されるようになったと考えられる。

グーグル品質管理カテゴリー

グーグル品質管理カテゴリーに属するコードの出現率を示したヒートマップが図4・5である。このカテゴリーは、グーグルが示す品質標準や、検索結果ランキングを決定するにあたっての評価に関するコードを含んでいる。このカテゴリーの特徴は、特に二〇一〇年以降に多くのコードの出現率が高まっている傾向が強いことである。これは、検索エンジンカテゴリーの項で述べたとおり、検索エンジンがグーグルに一元化されて以降、グーグルが示す標準の重要性が相対的に上昇したことを示唆している。

「ガイドライン」コードはほとんどの場合、グーグルが発表しているウェブページの評価に関するガイドラインを指し示しており、その出現率は二〇一〇年から上昇して一三年がピークになり、それ以降も一定の水準を維持している。また、「ウェブマスターツール」「サーチコンソール」はグーグルがウェブマスター向けに公開している評価ツールであり、グーグルがそれぞれのウェブページをどこまでクローリングし、どのようにインデックスしているかを調査できるものである。また、前述した「パンダ・アップデート」「ペンギン・アップデート」や、「モバイルフレンドリー」などの方針や規格に対してウェブページがどの程度適合しているか、「ガイドライン」に対する違反はないか、なども確認できる。この出現率が一五年を境に「ウェブマスターツール」から「サーチコンソール」へと移行しているのは、「サーチコンソール」が「ウェブマスターツール」のアップデート版であり、「ウェブマスターツール」が担っていた機能を「サーチコンソール」が包含するものであるためだ。したがって、この評価ツールは一〇年以降、一貫して高い出現率であることになる。

また「審査」コードは、二〇一二年から一四年にかけて出現率が高くなるが、グーグルという特定の検索エンジンが、ウェブページを審査する立場にあると表象されたということ自体が注目すべき現象だろう。「ペナルティ」というコードは多くの場合、検索エンジンがウェブページを評価した結果そのウェブページのランキングを下げるという事象を指しており、グーグル品質管理カテゴリーのなかでも特に出現率が高いコードである。これはSEOを実施しているウェブマスターにとって、「ペナルティ」によってランキングが下がってしまうことが、最も恐れる事象の一つとして考えられていたことを示唆しているだろう。このように、グーグルが、ウェブページを「ガイドライン」に従わせて審査し、ペナルティを科す強権的な「選び手」と見なされていたことを、この一連のコード群は指し示している。

「キュレーションメディア」コードは、第1章でふれたキュレーション・メディア事件をきっかけにした、「低品質」なコンテンツによってランキングの上位がハックされてしまったことと、それに対応するグーグルのアルゴリズム変更に関する単語を含むコードである。当然ながら、「事件」後の二〇一七年・一八年にかけて出現率が上昇している。

5　時代区分とその特徴

コーディングルールを適用した記事の公開年ごとの変化について、Jaccardの類似性測度に基づく共起関係によってネットワーク図を描画したのが図４・６である。KH Coderの「共起ネットワーク」機能を用いて、Jaccard係数の上位四十の共起関係を可視化している。したがって、共起ネットワーク図に示されている関係線は、コードの共起確率、すなわち公開年ごとの出現頻度が相対的に高いもののみである。

図４・６が示す共起ネットワークから、出現するコードによって大まかに三つに年代を区分できることがわかる。第一は二〇〇六年から一〇年であり、出現コードは「検索エンジン」「グーグ

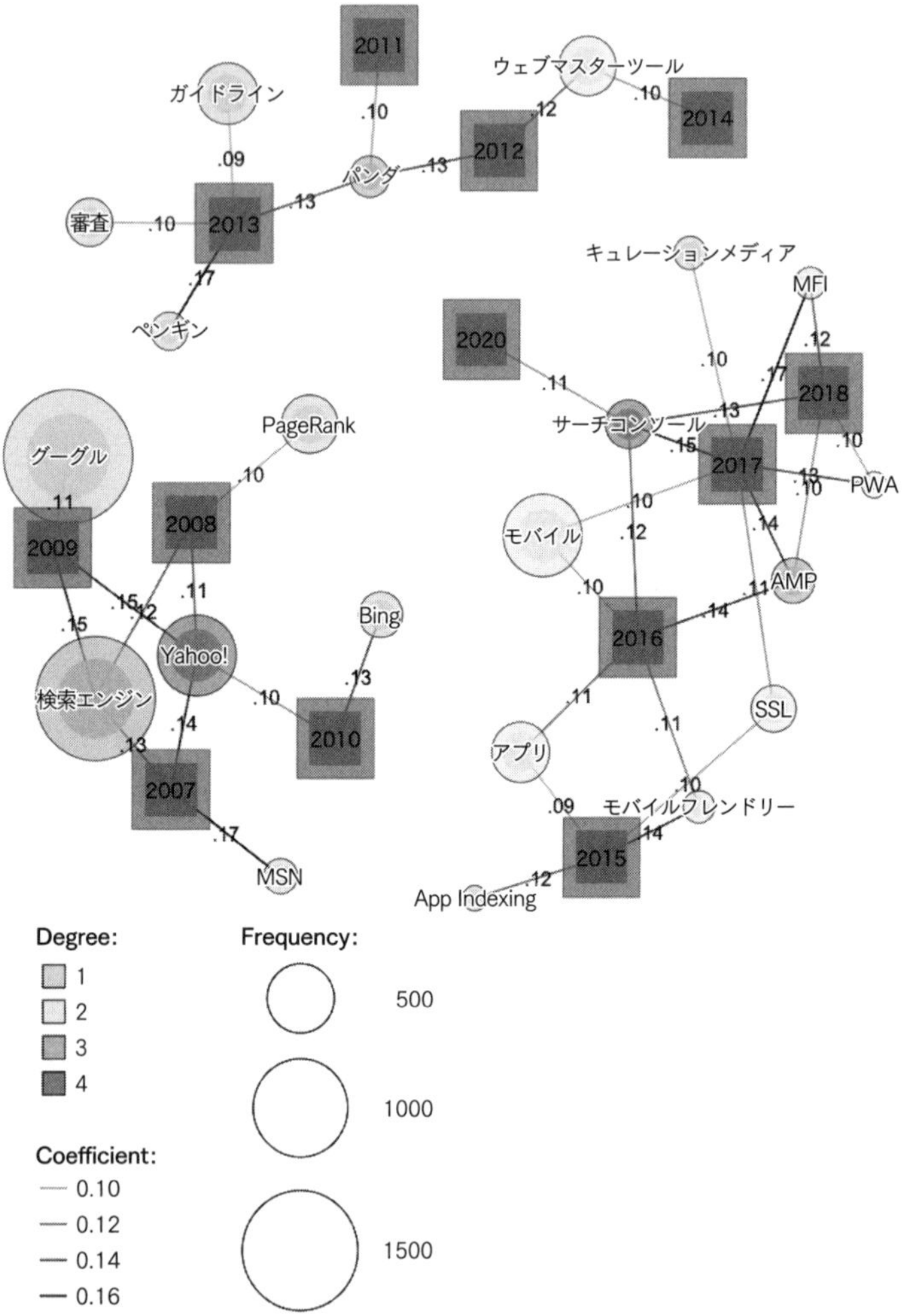

図4.6　共起ネットワーク図（KH Coder により筆者作成）

ル」「Yahoo!」「MSN」「Bing」などが特徴的である。[15] 第二は二〇一一年から一四年であり、出現コードとして「パンダ」「ペンギン」「ガイドライン」「審査」などが挙げられる。そして第三は二〇一五年から二〇年であり、「モバイル」「アプリ」「モバイルフレンドリー」「MFI」「サーチコンソール」などのコードによって特徴づけられる。

このように、「Web担当者Forum」のトピックの遷移は①二〇〇六―一〇年、②二〇一一―一四年、③二〇一五―二〇年の三期に区分することが可能である。そして、コードの分布から、それぞれの時期には次のような特徴があることが推測できる。

第一期は、コード「検索エンジン」「グーグル」「Yahoo!」「Bing」「MSN」「PageRank」に特徴づけられる。これらの特徴から、この時期は複数検索エンジンのSEO対策がトピックとして出現し、それがグーグルへと一元化されていく時期と考えられる。すなわち「送り手＝創り手」であるウェブマスターが、複数の計算論的な「選び手」にどのように選ばれるのか、それぞれの「選び手」の向こう側にいる「受け手＝探し手」の「量」を考慮しつつ、複雑な対応が求められた時期だと推察できる。

第二期は、コード「パンダ」「ペンギン」「審査」「ガイドライン」「ウェブマスターツール」に特徴づけられる。これらの特徴から、この時期はSEOの対象がグーグルに一元化・集中化し、そのグーグルが提示する基準が強い影響力を発揮した時期と考えられる。すなわち唯一の「選び手」になったグーグルが、「受け手＝探し手」の唯一のインターフェイスを果たす代弁者となり、どのような「送り手＝創り手」が望ましいかという「ガイドライン」を提示し、従わない者にペナルティを与えることでその支配力を高めた時期だと推察できる。

そして第三期は、コード「モバイル」「アプリ」「モバイルフレンドリー」「App Indexing」「AMP」「PWA」「SSL」「MFI」「サーチコンソール」「キュレーションメディア」に特徴づけられる。これらの特徴から、この時期はスマートフォンの登場によって「受け手＝探し手」と「送り手＝創り手」のインターフェイスが多様化し、「選び手」もその多様化に対応するために多くの技術的な対応をおこないながらも、それが複雑化したために第二期の「秩序」が必ずしも維持されなかった時期だと推察される。

次章以降ではこの時代区分に従い、それぞれの時期に特徴的なコードが付与された記事の内容を定性的に分析することで、これらの仮説をより詳細に検証する。第一期については第5章、第二期については第6章、第三期については第7章にそれぞれの分析の結果を示す。

注

（1）本章の分析の一部は、次の既発表の論文でその中間的な結果を公表している。宇田川敦史「検索プラットフォームの生態系」、水嶋一憲／ケイン樹里安／妹尾麻美／山本泰三編著『プラットフォーム資本主義を解読する――スマートフォンからみえてくる現代社会』所収、ナカニシヤ出版、二〇二三年、五一―六二ページ

（2）Grimmelmann, op. cit.

（3）Gillespie, op. cit., p. 64.
（4）ブルーノ・ラトゥール『科学が作られているとき――人類学的考察』川﨑勝／高田紀代志訳、産業図書、一九九九年、七ページ
（5）Star and Ruhleder, op. cit.
（6）デビッド・ヴァイス／マーク・マルシード『Google誕生――ガレージで生まれたサーチ・モンスター』田村理香訳、イースト・プレス、二〇〇六年、一二九―一三四ページ
（7）SimilarWeb「ウェブサイトパフォーマンス」（https://pro.similarweb.com/#/website/worldwide-overview/webtan.impress.co.jp/*/999/1m?webSource=Total）［二〇二二年九月二十七日アクセス］。類似のウェブサイトでは、同じくＩＴ系出版社である翔泳社が運営する「Markezine」は約四十九万、ＳＥＯコンサルタント鈴木謙一氏が運営する「海外ＳＥＯ情報ブログ」は約二十六万となっている。
（8）「インターネットマガジン」二〇〇六年五月号、インプレス、一三〇―一三一ページ
（9）同誌一三一ページ
（10）一つの記事が複数のウェブページに分割されている場合は一件とカウントしている。
（11）ここでは樋口耕一（『社会調査のための計量テキスト分析――内容分析の継承と発展を目指して 第2版』ナカニシヤ出版、二〇二〇年）が推奨する手順に従い、KH Coderの機能を活用して、「未知語」に分類されている専門用語や英単語、およびひとかたまりの語として解釈すべき用語を「強制抽出語」として定義し、抽出の対象となる品詞を「名詞」「サ変名詞」、および「強制抽出語」を意味する「タグ」の三品詞に絞り込んだ。さらに、「Web担当者Forum」などのメディアの名称やコーナー名など、記事内容に無関係に頻出する語は「使用しない語」として定義した。その結果、抽出された異なる語数は四万四千四百九十二語だった。

(12) 同書一八〇ページ

(13) 樋口の整理によれば、コンピューターを用いたテキスト型データの計量的分析にはDictionary-based と呼ばれる意味論的なアプローチと、Correlational アプローチと呼ばれる計算論的なアプローチがある。そのうえで樋口は、「接合アプローチ」という二つの方法を相補的に併用する手法を提案している。すなわち、Correlational アプローチによってデータ全体を要約・提示したうえで、コーディングルールを公開するという手順を踏めば、データ全体のなかから、どの部分、あるいはどの側面がコーディングルールによって取り上げられたのかを第三者が把握できるようになる。本章はこの「接合アプローチ」に基づいて分析することで、「Web 担当者 Forum」のトピックの意味的な変化を定量的に解釈することを試みる(同書一七―一九ページ)。

(14) CNET Japan「Yahoo が検索エンジンを自社開発した理由」「CNET Japan」二〇〇四年五月二十四日(https://japan.cnet.com/article/20067563/)[二〇二二年九月二十七日アクセス]

(15) 公開年「二〇〇六年」が共起ネットワーク図に出現していないのは、「Web 担当者 Forum」の開設が二〇〇六年七月であり、記事数が少なく相対的に共起が弱いためである。ここでは、図に表れないコードの傾向もふまえ、〇六年を第一期に含むものとする。

第5章　並列するSEO
――複数検索エンジンへの対応(二〇〇六―一〇年)

1　第一期(二〇〇六―一〇年)の特徴コード

本章以降では、第4章の共起ネットワーク分析で抽出した特徴コードが付与された記事の言説を時代順にたどり、定性的な分析をおこなう。第4章で示した「Web担当者Forum」の共起ネットワークを、二〇〇六年から一〇年までの時期に限定して再掲したものが図5・1である。

この期間の公開年との共起関係が相対的に強いコードとして、「検索エンジン」「グーグル」「Yahoo!」「PageRank」「Bing」「MSN」の六つが抽出されている。このうち「Yahoo!」は、二〇〇七年から一〇年までのすべての公開年と共起関係があり、この期間全体を通して言及されるコードだとわかる。第4章でも分析したとおり、一〇年以前には「Yahoo!」だけでなく「MSN」

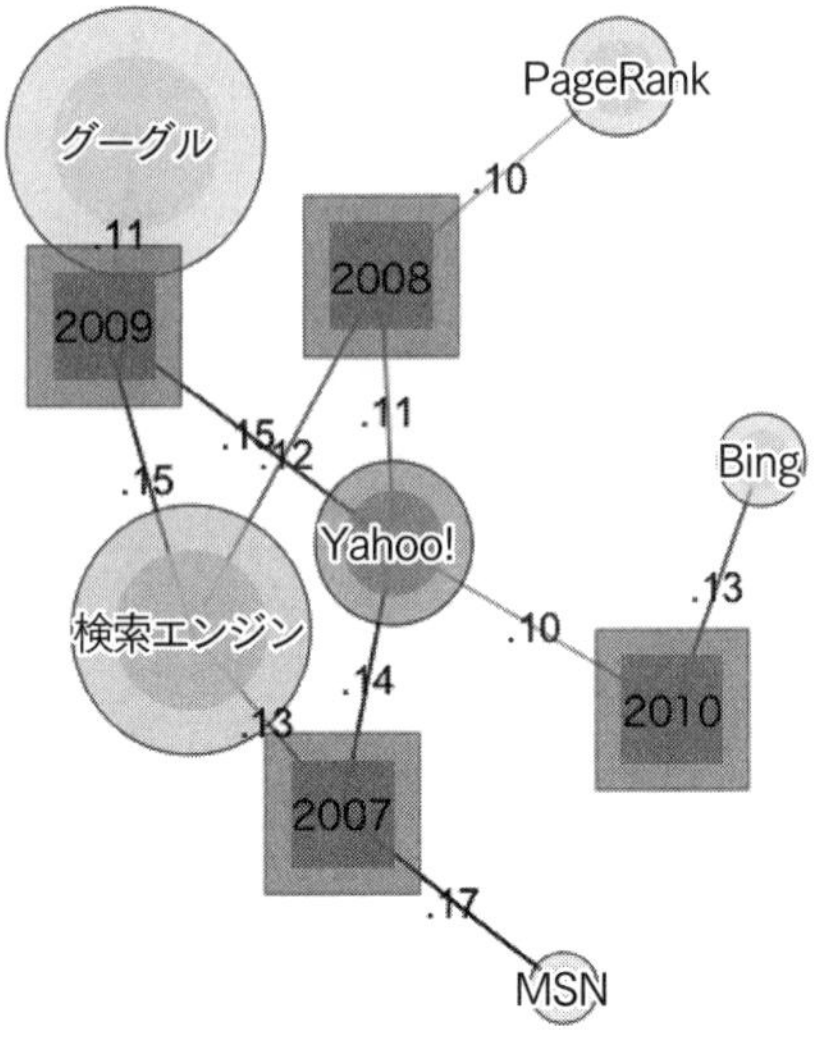

図5.1　共起ネットワーク（2010年までの共起関係を抜粋）

「Bing」などグーグル以外の検索エンジンを比較するコードが出現し、また検索エンジンというコード自体も共起するなど、複数検索エンジンへの対応が相対的に重要なトピックだったと考えられる。

ここで、第4章で示した、検索エンジンカテゴリーの出現頻度のヒートマップを再掲する（図5・2）。

二〇〇六年当初から「グーグル」が最も高い頻度を示しているものの、〇六年の時点では「グーグル」と「Yahoo!」の差は小さい。〇七年から〇九年にかけては「グーグル」が約六〇％であるのに対して、「Yahoo!」が三〇％から四〇％程度と「グーグル」の頻度が高くなり、一〇年に、「グーグル」「Yahoo!」の双方が上昇したのち、一一年から「Yahoo!」が急下降している。これは前述のとおり、一〇年にYahoo! Japan がグーグルの検索エンジンを採用することになったためだと考えられる。

『インターネット白書２００６』によれば、二〇〇六年の「利用している検索サービス（複数回答）」では、Yahoo! Japan の利用率が八九・九％、グーグルの利用率が七一・六％と、この二つを併用しているユーザーが多数を占めていたことがわかる。[1] 第3章でも示したとおり、Yahoo! Japan

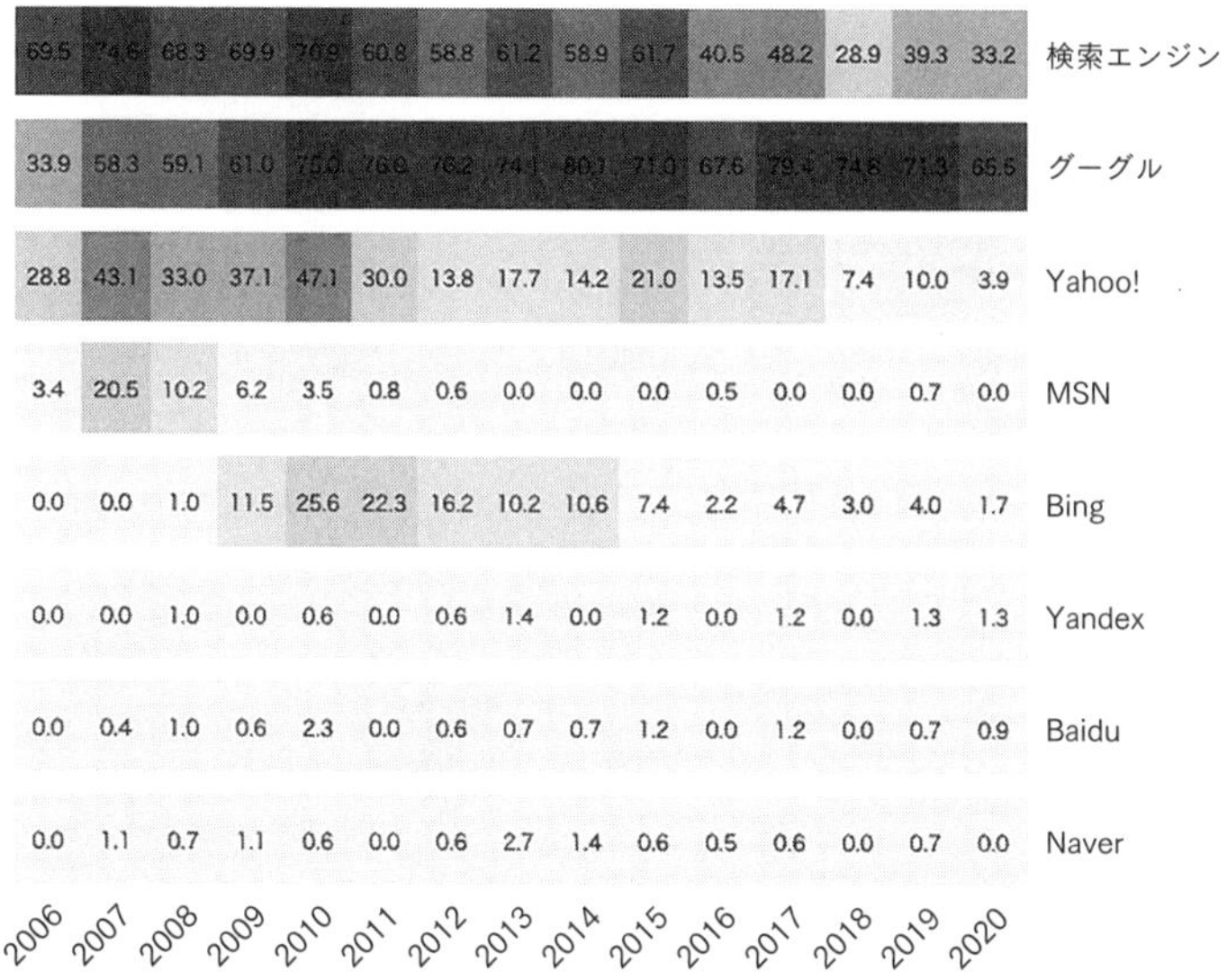

69.5 74.6 68.3 69.9 70.9 60.8 58.8 61.2 58.9 61.7 40.5 48.2 28.9 39.3 33.2 検索エンジン
33.9 58.3 59.1 61.0 75.0 76.9 76.2 74.1 80.1 71.0 67.6 79.4 74.8 71.3 65.5 グーグル
28.8 43.1 33.0 37.1 47.1 30.0 13.8 17.7 14.2 21.0 13.5 17.1 7.4 10.0 3.9 Yahoo!
3.4 20.5 10.2 6.2 3.5 0.8 0.6 0.0 0.0 0.0 0.5 0.0 0.0 0.7 0.0 MSN
0.0 0.0 1.0 11.5 25.6 22.3 16.2 10.2 10.6 7.4 2.2 4.7 3.0 4.0 1.7 Bing
0.0 0.0 1.0 0.0 0.6 0.0 0.6 1.4 0.0 1.2 0.0 1.2 0.0 1.3 1.3 Yandex
0.0 0.4 1.0 0.6 2.3 0.0 0.6 0.7 0.7 1.2 0.0 1.2 0.0 0.7 0.9 Baidu
0.0 1.1 0.7 1.1 0.6 0.0 0.6 2.7 1.4 0.6 0.5 0.6 0.0 0.7 0.0 Naver
2006 2007 2008 2009 2010 2011 2012 2013 2014 2015 2016 2017 2018 2019 2020

図5.2　検索エンジンカテゴリーのヒートマップ（図4.3の再掲）

の出自はウェブディレクトリという意味論的な「選び手」であり、このころは唯一生き残ったポータルとして、メールやニュース、ショッピングなどのサービスに独自の「キーワード検索」を組み合わせた様態になっていた。一方のグーグルは、計算論的なロボット型検索エンジンとしてその地位を確立していた。

では、「Web担当者Forum」発足時の読者像はどのようなものだったのだろうか。第4章でも述べたとおり、「Web担当者Forum」の前身は、一般向け総合雑誌の「インターネットマガジン」だった。最終号である二〇〇六年五月号に掲載された「TRACK BACK」という読者の声を紹介するコーナーには、次のような読者のブログ記事が紹介されている。

古くからのネットユーザーにとって、インターネットを始めるにあたってまず最初に手にしたのが『インターネットマガジン』だったのではないでしょうか。（略）

そんなネットユーザーのバイブルが創刊十二年目にして来月で休刊するというニュースを今日知りました。とても残念でなりません。少しばかり大袈裟な言い方をすれば、いまのこの国がインターネット先進国になったのも、ひとえにこの本があったこそと言えるでしょう。

それに、いま自分がＩＴ業界で働いているのも、この本があったからこそと言っても過言ではありません。心から感謝の言葉を贈りたいと思います。(2)

このように、初期からのネットユーザーだったパソコン雑誌の読者がそのままＩＴ業界で働くことになり、アマチュアからプロの「送り手＝創り手」へと変容している事例が示されている。このような読者の声を最終号で取り上げているということは、雑誌を購読しつづけた読者のうち一定の層が、そのままＷＷＷの「送り手＝創り手」の側にシフトしたことを示唆している。その結果新たに立ち上がった「Web 担当者 Forum」では、次のように「対象読者」を宣言している。

「Web 担当者 Forum」はどんな人向け？

「既存のニュースサイトは技術者向けやエンドユーザー向けで、欲しい情報がまとまっておらず、仕方なく個人ブログや海外の情報を調べるしかなかった、でも情報が多すぎて収拾がつかない」というウェブ担当者を中心の利用者として想定しています。

「Web担当者Forum」は、ビジネスの一チャンネルとしてウェブを活用したい企業／SOHO／ビジネスパーソン向けのサイトです。

Web2.0的なサイトを意識していたり、人が集まる・儲かるウェブサイトを企画・運営するウェブ担当者、ウェブマーケター、ウェブマスター、技術者や、そういった人たちと仕事を進める広告代理店やウェブサイト制作会社のスタッフやウェブディレクター、ウェブプロデューサーなど、幅広い人を《（ママ）》対象ユーザーとなります。また、そういったビジネスを目指す学生などにも有用でしょう。[3]

　この記述からは、当時プロフェッショナル化が急速に進行し、さまざまな企業や業種で一定の職種として確立しつつあったウェブマスターを読者として想定し、必要な情報を共有し交流を可能にする業界誌のようなメディアを目指していたことがわかる。そしてプロになったウェブマスターの多くは、初期のアマチュアＷＷＷのユーザー（「受け手＝探り手＝選び手＝創り手＝送り手」という多面的な役割を共存していたユーザー）であった状態から、そのまま「受け手」に特化するのではなく、「送り手＝創り手」としての役割を担いつづけた結果、それを仕事にするようになった人たちが一定数いると想定できる（筆者自身もその一人である）。したがって、特に初期のウェブマスターたちを中心とした「Web担当者Forum」の読者空間は、ＷＷＷを商売の道具として扱うだけでなく、その遊具としての原初的な体験を知るユーザーが混在するコミュニティとしての性格があったと考えられる。そこには自社のウェブページへのアクセス数を最大化し、収益を上げるというビジネス目標をもちながらも、ＷＷＷの技術的な特性やインターネット自体の発展に一定の遊具的な関心を残存させながら、インターネット全体をコミュニティとして盛り上げようという意識が共存する、重層的な職業倫理観が想定できる。このことは、たとえ競合他社同士であっても、ＳＥＯの技術的な対策や検索エンジンの動向などについて、積極的に情報共有しようとするというウェブマスターに特有の文化にも表れている。「Web 担当者 Forum」はそうした共有を媒介する主要なメディアの一つだった。

このような理解に立脚しながら、次節以降では共起ネットワーク分析で抽出した特徴コードのうち、「検索エンジン」「Yahoo!」コードが付与された記事の言説を順にたどり、適宜「ＭＳＮ」「Bing」コードの記事を参照しながら通時的に追っていく。そうして、このころのＳＥＯがウェブマスターの間でどのような文脈を共有していたのか、定性的な分析をおこなう。

2　一般名詞としての「検索エンジン最適化」

二〇〇六年の「Web 担当者 Forum」公開開始後、「ＳＥＯ」カテゴリーの最初の編集記事のタイトルは「成功と失敗を分けるＳＥＭの見極め力 第1回 ＳＥＯは自分でやる?それとも業者に頼むべき?」(4)というものだった。ＳＥＭとは「検索エンジンマーケティング（Search Engine Marketing）」の略で、ＳＥＯを含む検索エンジンを活用するウェブサイトへのユーザー誘導のための活動一般を指し、SEO以外に検索連動型広告などの活動も含み、SEOよりも一段広い概念である。この記事では、「検索エンジンが内部要因を評価する際には、「情報量の豊富さ（端的に言うとページ数が多いほうがよい）」も加味している」「検索エンジンがサイトを評価する採点基準を仮に、内部要因を五十点、外部要因を五十点の配分としてみる」のように、SEOの基本的な対策方針を述べているのだが、主語は常に「検索エンジン」である。このころはグーグルやYahoo!といった検索エンジンの固有名詞を使用せず、検索エンジンの一般論としてSEOを語っていることが特徴的である。

また、同時期の記事「ウェブマスター2.0の仕事術(1)——すべての業務を把握してバランスをとる」でも主語は検索エンジンであり、特定の検索エンジン名称への言及はない。

> 実際にウェブサイト管理者がSEOとしてするべきことは、「ユーザーニーズを反映したわかりやすいサイト構成」を突き詰めることだ。検索エンジンは「ユーザーの要求に合わせた結果をどうやって出すか」を考えて日々進化しているため、ユーザーにわかりやすいサイトは検索エンジンからも良い評価を得る可能性が高いのだ。(5)

これらの語法は、この時期のSEOがあくまで「検索エンジン最適化」であり、「グーグル最適化」ではなかったことを示唆している。

もちろんそれは、あらゆる検索エンジンに対して有効で一般的なSEOが可能だということを意味しない。たとえば、二〇〇七年六月五日の記事「アクセス向上99のワザ#12〜#50 SEOで検索エンジンから呼び込もう」では、「SEOの対象とする検索エンジンは、日本でよく使われている順に、ヤフー、グーグル、そして余力があればMSN（Liveサーチ）を選ぶのが一般的だ。オプトとクロス・マーケティングが二〇〇六年四月に発表した「検索エンジン利用状況実態調査」では、国内検索エンジンのシェアはヤフーが五九％、グーグルが二五％、MSNが四％という統計が出ている」(6)と述べており、SEOが対象にするべきものとしてまずYahoo!、次にグーグル、そして「余力があれば」MSN、という優先順位を示している。このころはYahoo!とグーグルを含む複数の検索エンジンを想定し、それぞれ個別化したSEOをおこなう必要があることが前提になっていたことがわかる。

「Web担当者Forum」では、前述のとおりアメリカの「Moz Blog」の記事の一部を翻訳して日本のウェブマスター向けに配信している。当時の翻訳記事の一つでは「SEOとインバウンドマーケティングの実践情報 4大検索エンジンのアルゴリズムの違いでわかってきたこと」と題して、「四大検索エンジン」としてグーグル、Yahoo!、Ask Jeeves、MSNの四つを挙げて、次のように記述している。

長い時間がかかったが、四大検索エンジンがランキングアルゴリズムの点から見てそれぞれ実際にどう異なるのか、だんだんわかり始めてきた。検索エンジンの中でYahoo!は、相変わらず最も秘密主義だ。Googleのますます複雑化するアルゴリズムについては、最もきちんと

文書化されてはいるものの、最も理解されていない。(7)

このように述べたうえで、それぞれの検索エンジンのアルゴリズムについて、たとえばグーグルの創業者らが執筆したPageRank論文などにふれながら解説している。二〇〇七年の時点では、アメリカでも複数の検索エンジンのアルゴリズムを理解したうえでのSEO対策が必要とされていたことがわかる。これは、「受け手＝探し手」にとってはすでにブラックボックス化していた検索エンジンのランキング・アルゴリズムが、「送り手＝創り手」であるウェブマスターにとっては探究の対象であり、その意味でSEOの活動は（少なくとも「送り手＝創り手」のパースペクティブにおいては）、ブラックボックスが閉じることを阻む役割を果たしていたといえるだろう。

同時期、二〇〇七年八月三十一日には、「成功と失敗を分けるSEMの見極め力 第7回 グーグルとヤフーを、じっくり比較～違いから逆に見えてくる〝SEOの一般法則〟」というタイトルの記事が掲載されている。

SEOについて〝ブラックボックスでよくわからない〟とか〝検索エンジンとのいたちごっこ〟という印象を持っている人が多いが、実際には、検索エンジンのサポートページにはSEOの基本的な方法が掲載されている。検索エンジンは、ユーザーのニーズにあった優良なサイトをしっかりと把握し、適切に検索結果に反映することが使命であるから、ウェブサイトの製作者にも適切なSEOを実施してもらいたいのである。せっかく優良なサイトであっても、ロボットがその良さを認識できないために上位表示されないのであれば、それは両者にとって、とても残念なことである。

というわけで今回は、グーグルとヤフーのサイト管理者向けヘルプに書かれている情報を確認しつつ、よくある代表的なSEOの質問について解答してみたい(8)。

ここでは、素朴な意味でのブラックボックス化を否定し、検索エンジンの側から基本的な方法が開示されていることを指摘する記述がされている。これは本書でいうブラックボックス化とは完全に一致するものではないが、それでもこの記事は、「受け手＝探し手」として素朴な感覚をもちあわせてもいるウェブマスター初心者に向けて、「送り手＝創り手」のパースペクティブに立つことでみえるものを示そうとする解説文として解釈することができる。さらにこの記事では、グーグルとYahoo! の上位表示のための対策について、それぞれの検索エンジンのヘルプを比較することで、一般法則を見いだそうとする試みがなされている。検索エンジンごとに異なる対策を実施することだけでなく、一般的な対策をとることが求められていたことは、当時のウェブマスターがすでに複数の検索エンジンに個別に対応することが難しくなりつつあったことを示唆しているだろう。

同様に、二〇〇七年十一月二十一日の翻訳記事「SEOとインバウンドマーケティングの実践情報　SEO施策は検索エンジンごとに実施するべき?(9)」では、「いくつかの検索エンジンそれぞれに合わせてページを最適化しなければならないなんてことはない」という意見と、「Google で上位十位以内のランクを獲得したい？　それなら、Google のことだけを考えてウェブサイトをデザインすればいい。Yahoo!でトップ10に入りたい？それなら、Yahoo!だけを視野に入れてウェブサイトを設計すべきだ」という意見の両論を併記して、適切なのは個別対応なのか共通対応なのかを議論している。

このように、二〇〇七年ごろのトピックとしては、複数の検索エンジンの併存を前提としながら、SEOの対象を「共通化するのか、個別化するのか」がウェブマスターの大きな関心事だったことが推察される。これは、個別最適をおこなえばその分リソースが必要になり、一般対策によって全体最適をおこなえば個別最適の総和よりも効果が低くなるというトレードオフに現場が悩まされていた、ということでもある。

3　計算論的な「選び手」への最適化

それでは当時のSEOとして、どのような対策が求められていたのだろうか。二〇〇八年五月二十七日の記事では「SEOで効く！検索エンジンが順位を決定する57個の要因 日米SEOプロ60人のグーグル&ヤフー対応版」(10) として、五十七項目ものSEO対策について、グーグルとYahoo!にそれぞれ必要な対策を、「日米のSEOプロ60人」が解説するという大きな特集を組んでいる。たとえば、ウェブページのタイトルにキーワードを含めることがどの程度重要かといった項目について、「日米SEOプロ」がグーグルとYahoo!それぞれについてコメントし重要度を評価している。

これが全五十七項目にわたって評価され、その評価結果は、「ＳＥＯ重要要因ランキング（Yahoo! JAPAN版）[11]」（二〇〇八年六月十七日）、「ＳＥＯ重要要因ランキング（Google版）[12]」（二〇〇八年六月二十三日）、「ＳＥＯ重要要因ランキング（Google＋Yahoo! JAPAN総合版）[13]」（二〇〇八年六月二十六日）の三つのランキングにまとめられている。

「ＳＥＯ重要要因ランキング（Yahoo! JAPAN版）」「ＳＥＯ重要要因ランキング（Google版）」それぞれのうち、「プラス要因トップ20」とされている項目を抜粋したものが図５・３である。ここでは多くの項目が重なっているものの、重要度の順位が異なっていたり、「Yahoo! JAPAN版」には「Yahoo!ディレクトリへの登録」という「Google版」にはない項目が入っているなど、それぞれの特徴が分析されている。

この「ＳＥＯ重要要因ランキング（Yahoo! JAPAN版）」のページに掲載されたコラムで加藤学は、グーグルとYahoo! Japanの検索エンジンのアルゴリズムについて、技術的な分析を交えて解説しており、ウェブマスターが両者の違いをどのように理解し、どのように対応しようとしていたのかがわかる。

たとえば、Yahoo! Japanの場合、ある程度テキストボリュームやサイト構造が出来上がっていないと上位表示がされにくく、単なるテキスト広告的な被リンクに対する耐性はあるものの、知識を持った者が巧みに施す大量の被リンクに対しては無防備なままだと感じています。

一方で、もともと外部リンク主体の印象が強かったGoogleですが、その弱点はかなり克服

プラス要因トップ20（Yahoo! JAPAN）

1. titleタグ内でのキーワード使用
2. 被リンクのアンカーテキスト
3. サイト全体でのリンクポピュラリティ
4. 本文でのキーワード使用
5. Yahoo!ディレクトリへの登録
6. サイト内部構造としてのリンクポピュラリティ
7. リンク元サイトのサイト全体でのリンクポピュラリティ
8. サイト開設からの経過時間
9. 被リンクの話題関連性
10. サイトの主要テーマと検索の関連性
11. リンク元ページとの話題の関連性
12. 被リンク増加率
13. 本文のコンテンツとキーワードの（トピック分析による）関連性
14. インデックス可能なテキストコンテンツの量
15. h1タグ内でのキーワードの使用
16. 話題コミュニティ内でのリンクポピュラリティ
17. リンク元サイトとの話題の関連性
18. リンク設置からの経過時間
19. 文書公開からの経過時間
20. リンク周辺のテキスト

プラス要因トップ20（Google）

1. titleタグ内でのキーワード使用
2. 被リンクのアンカーテキスト
3. サイト全体でのリンクポピュラリティ
4. サイト開設からの経過時間
5. サイト内部構造としてのリンクポピュラリティ
6. 被リンクの話題関連性
7. 話題コミュニティ内でのリンクポピュラリティ
8. 本文でのキーワード使用
9. リンク元サイトのサイト全体でのリンクポピュラリティ
10. 被リンク増加率
11. 外部サイト／ページへのリンクの質や関連性
12. リンク元ページとの話題の関連性
13. リンク元サイトの話題コミュニティ内でのリンクポピュラリティ
14. 本文のコンテンツとキーワードの（トピック分析による）関連性
15. 文書公開からの経過時間
16. h1タグ内でのキーワードの使用
17. インデックス可能なテキストコンテンツの量
18. リンク設置からの経過時間
19. サイトの主要テーマと検索の関連性
20. リンク元サイトとの話題の関連性

図5.3　各対策項目の「プラス要因トップ20」
（出典：「Web担当者Forum」2008年6月17日〔https://webtan.impress.co.jp/e/2008/06/17/3132〕・23日〔https://webtan.impress.co.jp/e/2008/06/23/3134〕［2022年8月30日アクセス］）

されており、被リンクを巧みに構築して上位表示を実現しようという考えは、かなり大規模かつ実際のユーザーに有益なものでなければ難しいといえます[14]。

また、このページに「企画段階から進めるSEO施策」と題するコラムを寄稿している安川洋は次のように述べている。

> まずウェブサイトの企画の段階で、どのようなターゲットユーザーを対象にするのかを検討するのと同様に、どのようなキーワード群を対象にするのかも検討していく必要が出てきます。このキーワード群はサイトによって、またビジネ

ス目標によって大きく異なり、さまざまな広がりを持ちます。

たとえば、花のバラを通販するフラワーショップと「バラ」を検索しているユーザーは一対一でマッチングできるわけではありません。バラの育て方を調べているユーザーも含まれますから。もしサイト運営者が花のバラ関連の商品を扱うガーデニングショップだったら、バラの切り花ではなく苗や肥料、薬などを販売することが目的であるため、「バラ」よりも「バラ苗」や「バラ　育て方」などのほうが、よりターゲットユーザーに近いかもしれません。さらに、「バラ　病気」を検索しているユーザーは非常に困っているため、有効な解決策を提示できればユーザーとそのサイトとの距離は近づくと考えられるでしょう。したがって、バラの育て方に関するオーソリティコンテンツや、バラの病気に関するCGMコンテンツ（質疑応答のようなものをここでは考えます）を用意することにより、有効なSEO施策とすることができます。(15)

このコラムでは、ウェブサイトの構成やウェブページの制作にあたって、企画段階から検索キーワードを想定することの重要性が説かれている。前述した「プラス要因トップ20」においても「キーワード」に関する項目はいくつか上位に含まれており、ウェブページのリンクなどの外的要因だけでなく、タイトルや本文中にどのようにキーワードを含めるかといった、内的要因と呼ばれるページのコンテンツそのものに「SEO対策」が施されていることがうかがえる。

ここで重要なのは、ウェブページのテキストが、読者＝人間にとっての読み物としてのテキストというだけではなく、検索エンジン＝機械が評価するテキストであることを「企画段階から」考慮しなければならないものとして扱われていることだ。ただ、それは検索エンジンのアルゴリズムに、人間の感覚を適合させるような単純な最適化ではない。「「バラ」よりも「バラ苗」や「バラ　育て方」などのほうが、よりターゲットユーザーに近いかもしれません」と例に挙げているとおり、「探し手」の探し方をあらかじめ想定することで、それに応じたテキストを「創り手」が考慮する、ということである。ここには複雑な循環がある。「探し手＝受け手」は自分が望む情報に到達するためのクエリーを、検索エンジンという「選び手」のアーキテクチャに適応するかたちで入力することに誘導される。たとえば「バラ　育て方」などは人間同士の会話で発する質問の形式をとっておらず、検索エンジンのアーキテクチャに沿って構築されたクエリーである。一方「創り手＝送り手」は、そのような「探し手＝受け手」のクエリーの構築を意識しつつ、アルゴリズムという「選び手」に選ばれると同時に、「探し手＝受け手」の意図に接続できるようにコンテンツを創作する。SEOという最適化は、「選び手」に対する計算論的な変数設定が中心化しながらも、「探し手」が構築するクエリーから想定される検索意図の意味論的な解釈とのハイブリッドによって成立しているのである。

また、前述の「SEO重要要因ランキング」の記事のなかで特徴的な項目に「コンテンツの（アルゴリズム評価による）質」というものがある（図5・4）。これは、アルゴリズムが計算論的に評価する「質」と、「探し手＝受け手」の検索意図に対する意味論的な妥当性が合致するかどうか、という観点に基づいて記述されたものである。この項目には、「探し手＝受け手」の意味論的な要求に応えるコンテンツを創作することと、それが計算論的なアルゴリズムという「選び手」に選ばれることが矛盾なく統合されることへの「創り手＝送り手」の期待が込められているとも考えられるだろう。しかし、この時点での「コンテンツの（アルゴリズム評価による）質」は、アルゴリズムが評価している／できている項目とは見なされておらず、重要度は相対的に低い二・九と判定されている（図5・4）。

図5.4 「コンテンツの（アルゴリズム評価による）質」（出典：「Web担当者Forum」2008年5月30日〔https://webtan.impress.co.jp/e/2008/05/30/3133〕［2024年12月24日アクセス］）

「専門家」の評価コメントによると、「検索エンジンがコンテンツの質をアルゴリズムで判断できるなら、決定的な要因になるだろう。しかし、現時点ではあり得ない」「ウェブサイトにとってコンテンツの質は最も重要だと思いますが、現状アルゴリズムでそこまで評価はできていないように思います」[16]などと「質」の重要性を認めながらも、当時のアルゴリズムでは意味論的な評価が不可能だと見なされているために、ＳＥＯとしても重要度を上げられないというジレンマが記述されている。

逆にいえば、計算論的な「選び手」のアルゴリズムが、意味論的な評価を十分になしえないからこそ、入力変数への介入による最適化という行為が有効なものになり、そのために「送り手＝創り手」がSEOという特定の活動を遂行しなければならないと考えられているのである。

4　ブラックハットとホワイトハット

前節の議論は「創り手」でもあり「送り手」でもあるウェブマスターにとっての、SEOという活動におけるある種のコンフリクトを象徴している。すなわち、「創り手」として、「探し手」が求めるコンテンツの「質」に純粋に注力することが、「選び手」に適切に選ばれることと合致すると信じられるのであれば、「選び手」のアルゴリズムに合わせて最適化する必要はない。しかし、現実にはアルゴリズムの評価は計算論的なものであり、「創り手」の意味論的な評価とは異なる。その差異が、本来は意味論的には価値が低いコンテンツでも、入力変数の操作によって計算論的な評価を高める余地を生む。だからこそ、質が高いコンテンツを「創る」こととは異なる活動としてのSEOという実践に、多くのウェブマスターが強い関心を抱き多くの資源を投入することになるのだ。そのとき問題になるのは、意味論的な質の追求を放棄して計算論的な操作に集中するのか、意味論的な質と計算論的な操作の両立を図るのか、という選択である。このような状況を象徴するのが、このころの複数検索エンジンの比較の文脈で議論されていた「ブラックハット／ホワイトハッ

真っ白（明らかにOK）	使用戦術	クッキー検知、JavaScript
	目標／意図	ランディングページ最適化／ユーザーのログイン情報や行動に応じたコンテンツ表示
概ね白	使用戦術	上記＋ユーザーエージェント
	目標／意図	ジオターゲティング／ブラウザの種類によるターゲティング／ボットによる帯域使用の最小化
やや灰色	使用戦術	上記＋ユーザーエージェント／IPアドレス参照
	目標／意図	リンクジュースの適切なリダイレクト／隠しコンテンツの表示
かなり灰色	使用戦術	何でもあり
	目標／意図	検索エンジン向けに最適化されていないコンテンツの表示／リンクジュースの不正誘導
真っ黒（明らかにNG）	使用戦術	何でもあり
	目標／意図	ユーザーの検索クリエに合致しないコンテンツへの不正誘導

図5.5　検索エンジンクローキング評価尺度
（出典：「Web担当者Forum」2008年8月6日〔https://webtan.impress.co.jp/e/2008/08/06/3682〕［2022年8月31日アクセス］）

ト」という区分だ。ここでの「ブラック」には、意味論的な価値追求を放棄する「裏技」という意味合いが込められ、一方の「ホワイト」には、意味論的な理性に基づく正統な実践であるという価値観が込められている。

二〇〇八年八月六日の記事「真っ白～真っ黒　5段階のクローキング／許されるクローキングと許されないクローキング」では、「クローキング」と呼ばれる検索エンジンに対する入力変数の操作について、「真っ白」から「真っ黒」の五段階で評価している（図5・5）。

この評価について、同記事ではグーグルやYahoo!などそれぞれの検索エンジンでの効果を解説しながら、次のように記述している。

ここで言いたかったのは、ブラックハットだとかグレーハットだとか言われているからといって、それだけの理由で、その戦術を使うのを恐れるな、ということだ。（略）

この記事から汲み取るべきは「サイトをクローキングすべし」などということじゃない。僕は単に、クローキングに関して、単純に黒か白かだけで判断する柔軟性のない態度は再考の余地があるんじゃないか、と言いたいだけだ。[17]

前述のとおり、ここでいうブラックハットな「送り手」とは、「探し手」のアテンションを得ることを主な目的とし、意味論的な価値よりも計算論的な評価を重視して「創り手」としての役割を放棄し、入力変数の操作に集中する者のことを指す。すなわち、「探し手＝受け手」にとって意味論的に有用であるかどうか、質が高いコンテンツかどうかを「創り手」として意識することなく、単により多くのアクセス数を集めようとして「送り手」に特化するようなウェブマスター像である（図5・6）。

このようなブラックハット的な態度は、「創り手」としての意味論的な価値を重視するウェブマスターからみれば非難の対象になる。一方で、その対極のホワイトハットとの間にはグレーゾーンがあり、許容範囲はどこまでか、という境界線を探りながら、自分のサイトを少しでも上位に表示したい（＝計算論的な評価を上昇させたい）という思惑が混在している。先ほどの記事には、こうした両義的な複雑な態度が表れているといえるだろう。

この当時ホワイトであることの重要性を強調しながらも、グレーであることを許容し、むしろク

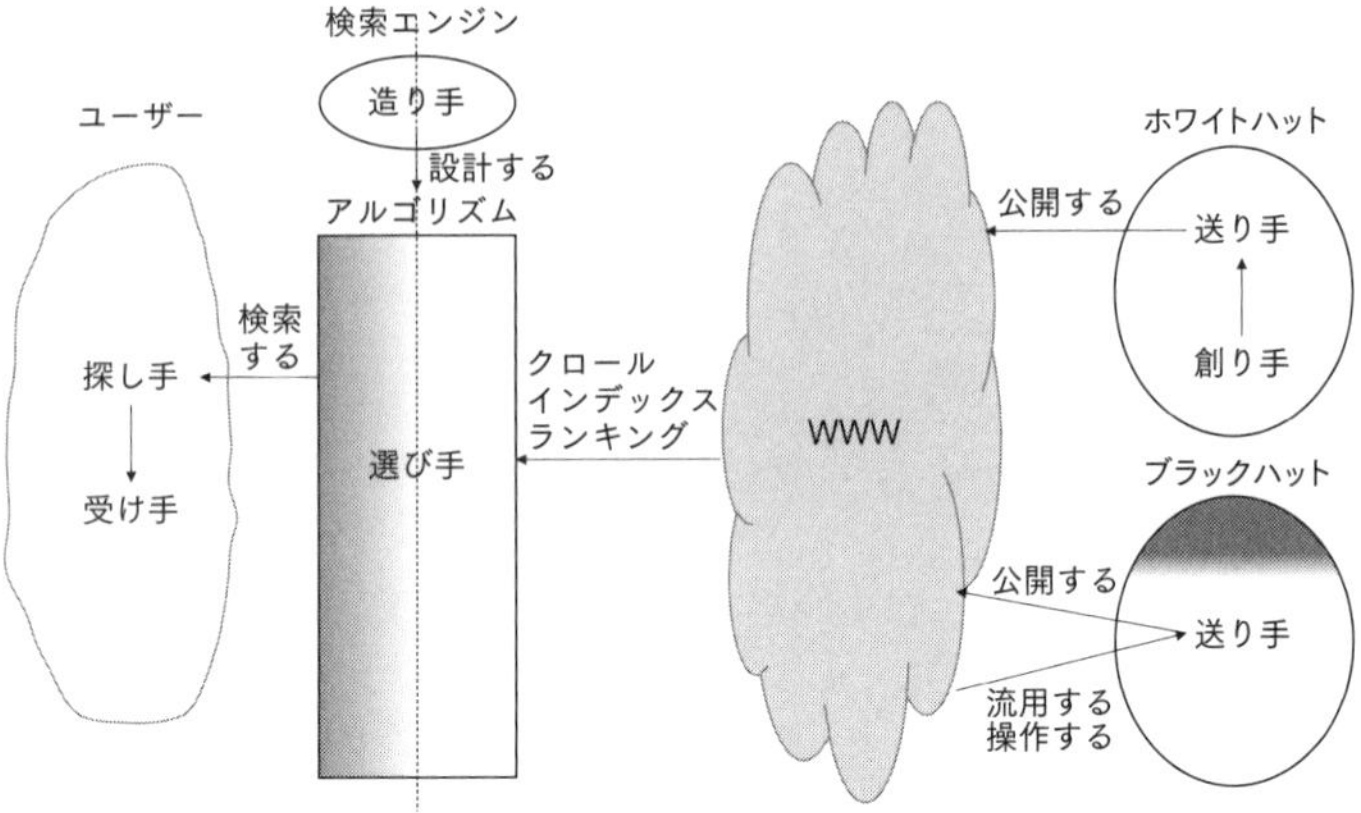

図5.6　ホワイトハット／ブラックハットの役割モデル図（筆者作成）

ローキングを是認するような姿勢がまだみられたことは、ウェブマスター側に検索エンジンのアルゴリズムに対する不満があったことも関係している。たとえば二〇〇八年八月六日の記事「グーグルもヤフーもSEOスパム対策が足りてないことを実例で示そう（前編）」では、検索エンジン側が不正と主張するブラックハットを十分に取り締まれていないという不備に対してクレームをつけている。

結局のところ、検索エンジンが、検索結果に対する操作的な行為を取り締まり、「ホワイトハット」的手法は容認できるが不正な操作を伴う手法で検索結果の上位を獲得することは認めないと主張するのであれば、SEOサービスを探している人たちのための検索結果に最大の注意を払わなければならない。もし注意を怠り、不正行為に手を染めた連中のサイトやページが検索上位を獲得するようになれば、操作的行為をするのは実は当然のことなんだという印象を与えてしまう可能性がある（いや、与えてしまうだろう）。
だから、グーグルで「SEO Company（ＳＥＯ企業）」というクエリに対して次のような検索結果が返ってきたのを見て、僕はがっかりしてしまった。[18]

ただ当時、このクレームにある内容は、ウェブマスター側の一方的な主張ではなく、「選び手」の「造り手」である検索エンジン設計者との間で実際に議論が交わされるようなトピックでもあった。すなわち、このような不備を含む検索エンジンの設計について、ウェブマスター自身が各々の検索エンジンの「造り手」であるエンジニアに直接質問することで情報を共有していたことが記事に示されている。同時期の翻訳記事「検索エンジンの中の人が明かしたＳＥＯ六つの教訓――ＵＲＬ／サイトマップ／PageRank スカルプティング etc」では、イベントのレポートとして、「造り手」である各検索エンジンのエンジニアの見解を公開している。

検索マーケティング関連のイベント Search Marketing Expo East（SMX East）の最終日、僕とニックはとてもおもしろいセッションに参加したんだ。司会のダニー・サリバン氏が選んだ聴衆からの質問に、グーグル、ヤフー、マイクロソフトの検索エンジニアが答えるという内容だった。[19]

このようなイベントで、複数の検索エンジンのエンジニアが一堂に会し、ＳＥＯに関する質問にパネラーとして回答していくセッションが実施されていたこと自体、注目すべき事実だろう。そこでは、グレーとされていた最適化操作について次のように、直接技術的な議論がされている。

「(nofollowを使わずに) リンクジュースを引き渡すリンク」を利用したアフィリエイトプログラムは、ガイドラインに反するか、それとも、無視されるのかについて単刀直入に訊くと、なんと、エンジニア全員がヤフーのショーン・サクター氏の主張を支持したんだ。

サクター氏ははっきりと言っている。アフィリエイトリンクが価値、関連性、信頼度の高いところからきている場合、つまり、ブロガーが製品やアフィリエイトなどの価値が高いと認めている場合は、リンクアルゴリズムがこれを無視することはない、とね。

グーグルのアーロン・デスーザ氏とマイクロソフトのネイサン・ブジア氏の二人も、質の高いアフィリエイトリンクは検索エンジンによってちゃんとカウントされ、nofollow属性など、リンクの価値を損なってしまうような方法でそれらを区別する必要はないと指摘している。(20)

このように、ウェブマスターが実際におこなっているSEO施策が検索エンジンからどのように評価されるのかを確認するようなイベントで、複数の検索エンジンの「選び手」としてのアルゴリズムの違いや、「造り手」であるエンジニアの価値観を浮き彫りにするようなディスカッションが交わされているのだ。このような「送り手」と「造り手」が対話するようなイベントの報告はこの記事だけではないため、このイベントが特異な事例だったわけではない。このような議論の場があり、しかもそれがメディアで広く共有されていたということは、検索エンジンのアルゴリズムが、少なくとも「送り手＝創り手」であるウェブマスターのパースペクティブにとってはブラックボックス化していなかったことを指し示しているだろう。

5　アメリカから始まった検索エンジンの再編

このようなオープンともいえる対話の環境が実現したのは、複数の検索エンジンがいまだ競合関係にあったことが一つの要因であり、そのことは当時のウェブマスターにも強く意識されていた。第3章でも論じたとおり、複数の検索エンジンが並立している状況では、それらの計算論的・技術的な相違が前景化するため、アルゴリズムのブラックボックス化は進行しづらい。しかし二〇〇九年ごろになると、このような競争環境で優位になりつつあったグーグルの地位について、懸念が出てくるようになる。たとえば〇九年一月二十八日の「Googleによる市場独占はどんな問題をもたらすのか」という記事では、実際にグーグルのシェアがかなり大きくなっていることをデータで示しながら、次のように述べている。

独占は市場のルールを左右する。
有料リンク、クローキング、データ収集、アルゴリズム計算に関するグーグルの姿勢が気にくわなければ、お気の毒にと言うほかない。町に娯楽が一つしかなかったら、それで我慢するか遊ぶのを諦めるかのどちらかしか道はないんだから。

市場独占によって不公正な処分が（大変容易に）行われる可能性がある。グーグルのガイドラインから一歩でも外れたら、直ちにインデックスから削除されるか、検索順位が下がるというペナルティを受けることになりかねない。通常ならば、こうした力の行使は公平に行われる（必ずしもそうではないし、同意しかねる人もいるのは確かだけど）。しかし独占状態では、グーグルのウェブスパム担当チームが、個人的な偏見や私怨をサイトにぶつけることも簡単にできるようになる。相手の規模が大きかろうと小さかろうとね。[21]

このように、今後グーグルが独占することによってもたらされるであろう弊害を予言的に記述している。この時点ではまだペナルティによる実害が多く発生していたというわけではないが、第6章で論じるように、グーグルの独占によるペナルティは、以後大きなトピックになっていく。

そのような懸念が表明されていた二〇〇九年、七月に入ると、アメリカの Yahoo! がマイクロソフトと提携して Bing の検索エンジンを Yahoo! に採用することが発表される。「Web 担当者 Forum」では、このトピックに関して分析した SEO Moz の記事を翻訳し三回にわたって掲載している。そのうち「マイクロソフトとヤフーの提携でSEOに起きる10の変化（後編）」（二〇〇九年九月九日）という記事では、当時のグーグルのトラフィックのシェアが八〇％から八五％程度で、Yahoo! と Bing のシェアは合わせて一五％程度になると予測したうえで、次のように記述している。

Bingを対象としたSEOは、最適化作業に組み入れる価値あり
市場調査で示されたシェアの最小値が実際の数字だったとしても、検索市場の一五％を占めるとなれば、最適化作業に取り組む価値は十分ある。（略）
Bingのコアとなっている関連性は、グーグルやヤフーの場合よりも不正操作によるリンクパターンの標的になるおそれが高いんだが、新たなクエリ候補の提示や、結果表示の速さなどでは良い仕事をする場合が多い[22]。

このように、Bingへの対応が重要になることを指摘したうえで、今後のYahoo!については、「ヤフーの重要なサービスがなくなるかもしれない」「ヤフーはコンテンツ面での競争力を強める」などと、検索エンジン以外のサービスへのシフトを予測している。また、ウェブマスターにとって、Bingは「最適化作業に取り組む価値は十分ある」対象だが、その技術はグーグルやYahoo!と比べて「不正操作」に弱い未熟なところもあると認識され、うまく付き合っていく必要があるという姿勢がみられる。そして重要なのは、このテキストが前提とするウェブマスターの立ち位置だろう。この時点ではまだ最適化すべき検索エンジンが複数あり、したがって対策をとる検索エンジンを選別する主導権がウェブマスターの側にあると認識されているのだ。すなわちBingを最適化の対象とするのかは、ウェブマスター自身が主体的に選択できると表象されたからこそ、このような記事が成立しえたのである。

この記事を「Web担当者Forum」が翻訳し掲載したのは、SEOという活動でアメリカの動向を知ることが重要であると同時に、日本市場にどのような影響が及ぶのかを早めに見極めたいというウェブマスターの需要があると判断したためだろう。実際、二〇〇九年七月二十九日付の日本国内についての別記事「Yahoo! とMicrosoft、検索・広告事業の提携」では、「検索エンジン業界のパラダイムシフト」と題して次のように記述していて、アメリカの動向を強い関心をもって注視していることがわかる。

アメリカからの技術や情報が日本に伝わり、日本の検索市場に影響が出るのは一体どれくらいからなのか？　そして、この提携によってGoogle対策は万全になるのか？　はたまたGoogleはこの事態を黙って見ているのか？

今年の夏は色々な意味で暑くなってきましたね！(23)

このあとに掲載された「SEOなタイトルの作り方5つのポイント、ヤフーTrustRankなど10記事（海外&国内SEO情報）」では、Yahoo! Japanのデザイン変更について、「日本のヤフーも、バックエンドの検索システムとしてBingを採用する可能性が高い。しかし、そうなった場合でもフロントエンドのインターフェイスはヤフーが管理するはずなので、ユーザービリティの向上には継続して取り組んでいくのだろう(24)」と推測する記述がある。この時点ではまだBingの日本語版は公開されておらず、Yahoo! Japanとの提携についても公表されていた情報は何もなかったが、日本のウェブマスターの間でも近いうちにYahoo! Japanの検索エンジンがBingになるという見方が強かったことがうかがえる。

しかしその後の二〇一〇年七月二十七日には、Yahoo! Japanが、Bingではなく、グーグルの検索エンジンを採用することが発表される。「Web担当者Forum」は、ニュースサイトというより業界コミュニティの色彩が強いため、発表当日の速報記事は多くないが、この日は発表当日に「Yahoo! JAPANがGoogleの検索エンジンと検索連動型広告配信システムを採用」という記事を配信し、次のとおり述べている。

ヤフー株式会社は、Yahoo! JAPANにおける検索エンジンと検索連動型広告の配信システムとして、グーグルのシステムを採用し、近々切り替えることを七月二十七日に発表した。これにより、Yahoo!検索においても、グーグルのアルゴリズム検索が採用されることになる。[25]

当時の「Web担当者Forum」では、直前までBingとYahoo! Japanの提携を推測する記事が発信されており、グーグルとの提携はほとんど予期されていなかった。Yahoo! Japanとグーグルの提携が発表されるとその当日のうちに速報記事を配信したことからも、ウェブマスターの間では一定の驚きをもって受け止められた発表だったことがわかる。

その二週間後、二〇一〇年八月十日には早速「ヤフー＋グーグル提携のSEO／リスティング担当向けポイントまとめ[26]」という記事が配信され、「Web担当者Forum」の初代編集長の安田が自ら、

- **インデックス登録は片方だけでOK？**　グーグルに登録されていれば、ヤフーでも表示されることになります。
- **スパム報告も片方だけでOK？**　グーグルで削除されれば、ヤフーでも削除されることになります。
- **グーグル八分でグーグルの検索結果から削除された場合は？**　ヤフーでも表示されません。ただし、ヤフー独自のブレンド検索部分では表示されます。
- **グーグル側でのペナルティで評価を下げられたらヤフーでも反映される？**　されるはずです。
- **Yahoo! Site Explorerは？**　未定だが、なくなるかもしれないとのこと。もしなくなるとすると、非常に残念ですね。
- **Yahoo!検索プラグインなどの米ヤフーの技術は？**　引き続き米ヤフーから技術供与を受けて使えるようにする予定とのこと。
- **ヤフーではオーガニック検索に関して独自のフィルタは？**　不適切なオーガニック検索結果は独自にフィルタすることも考えているとのこと。
- **検索結果に表示されるタイトルやスニペットの文字数は？**　まずはいまのヤフーのスタイルで行くつもりだが、今後変えていくかもしれないし、技術的な制約から変更する必要があれば変更するとのこと。
- **Yahoo!ビジネスエクスプレスの事業は？**　まだ議論していないが、やめる理由がないので継続していくはずだとのこと。

結論　SEO担当者はグーグル向けSEOを中心に行うことになりますが、ブレンド検索部分への露出に関してはヤフー向けに行う必要があります。

SEOに関連するヤフー＋グーグル提携のポイント

検索エンジン自体はグーグルのものを採用しますので、インデックスも共通になり、オーガニック検索部分の検索結果もグーグルと同じものになります。

ただし、ヤフーの検索結果ページでは、そこに独自のブレンド検索（ヤフーのサービス関連の情報など）を追加しますので、検索結果ページの内容全体でいうとヤフーとグーグルでは異なることになります。

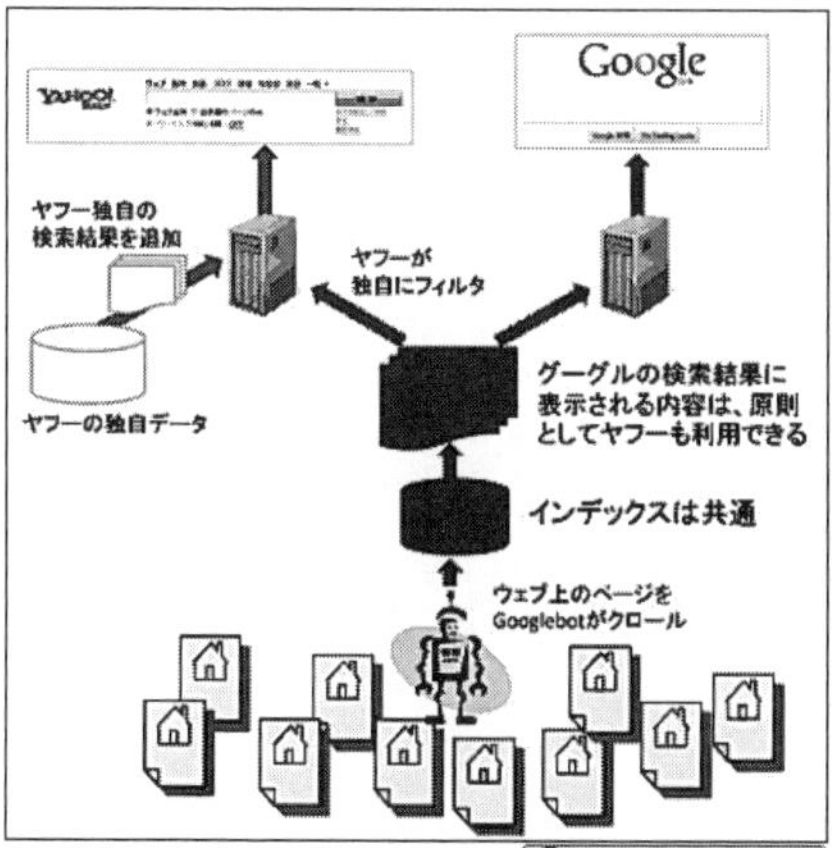

クリックで画像を拡大

オーガニック検索は、ヤフー＋グーグル提携後どうなるのか

▸ **ヤフーがグーグルから受けるのは検索結果のどこまで？**　ブレンド検索の内容も含めて、グーグルの検索結果に表示できるものは、原則としてすべてヤフーは表示できます。ただし、グーグルと情報提供元の間の契約によってはヤフー上で出せない場合もありますし、すべてのブレンド検索の内容をヤフーが表示するとは限りません。

図5.7　「ヤフー＋グーグル提携の SEO ／リスティング担当向けポイントまとめ」
（出典：「Web 担当者 Forum」2010年8月10日〔https://webtan.impress.co.jp/e/2010/08/10/8575〕［2022年8月31日アクセス］）

Yahoo! Japan の井上社長に取材して記事を執筆している。その記事では、SEOを実施しているウェブマスターに必要な情報が端的にまとめられている（図5・7）。

この時点ではまだYahoo! Japan の検索エンジン切り替えのタイミングは未定とされていたため、ウェブマスターたちは、いつ切り替えが起こってもいいように、グーグルでの掲載順位を最適化して備えることが重要視された。また、当然の帰結としてBing に関する対策の重要度は大きく下がることになる。このため、これまで並行しておこなわれてきたグーグルとYahoo! Japan へのSEO対策の優先度のバランスが大きく変化し、グーグル対策に集中していく方向性が明確になっていく。そしてこの提携によって、ウェブマスターの側が最適化の対象とする検索エンジンを主体的に選別するという自由の余地はほとんど失われ、「検索エンジン最適化」は事実上「グーグル最適化」と同一視されることになるのだ。その結果、ウェブマスターが求めるSEOに関する情報も、複数の検索エンジンに対する技術的・複合的な対策から、グーグルという特定の「選び手」の評価基準に特化した対策にシフトしていく。

6　グーグル「ガイドライン」の出現

このようなウェブマスターの「期待」に対応するように、グーグルの日本法人は「日本語版 検索エンジン最適化（SEO）スターターガイド」の更新版を、英語版の公開よりも早い二〇一〇年九月二十七日に公開している。このことは直後に「Web担当者Forum」でも取り上げられ、「グーグル公認ＳＥＯガイドでGooglebotくんと学ぼうなど10＋３記事（海外&国内ＳＥＯ情報）」では、「グーグル日本のサーチクオリティチームが「日本語版 検索エンジン最適化（ＳＥＯ）スターターガイド（PDF）」の更新版の日本語版を、英語版より一足早く公開した。グーグルの公認ＳＥＯガイドといったところだ。／「Googlebotくん」という名前のかわいらしいキャラクタがグーグルが推奨するＳＥＯを案内してくれる。ヤフーのグーグル採用が間近に迫っているという噂もあるのでグーグル公認のＳＥＯをしっかり学んでおこう[27]」と紹介し、まさにこの「公認ガイド」（図５・８）がウェブマスターにとって重要な情報だと受け止められていたことが示唆されている。

この事態は、検索エンジンの「造り手」であるグーグルが、自ら「正しいＳＥＯ」のあり方（すなわちホワイトハット）について「ガイドライン」を示すに至ったことを意味している。

なお、この公認ガイドは二〇〇八年十一月十二日にアメリカで初版が公開され、日本語版の初版は〇九年六月五日に公開されていた。初版公開時のグーグル公式ブログでは、グーグルがこのガイドを作成した意図について、次のように記述している。

　フォーラムやカンファレンスなどで、ウェブマスターの方々からよくいただくのは、「どうしたら簡単にGoogleの検索結果におけるサイトのパフォーマンスは上げられるの？」というご質問です。その質問に対する答えにはとても色々な可能性があり、実際、インターネットには、検索エンジン最適化（ＳＥＯ）に関する情報が氾濫しているので、ウェブマスターになり

▸ Googlebotくんと学ぶグーグル公認SEOガイド

（Googleウェブマスター向け公式ブログ）

グーグル日本のサーチクオリティチームが「日本語版 検索エンジン最適化（SEO）スターターガイド（PDF）」の更新版の日本語版を、英語版より一足早く公開した。グーグルの公認SEOガイドといったところだ。

「Googlebotくん」という名前のかわいらしいキャラクタがグーグルが推奨するSEOを案内してくれる。ヤフーのグーグル採用が間近に迫っているという噂もあるのでグーグル公認のSEOをしっかり学んでおこう。

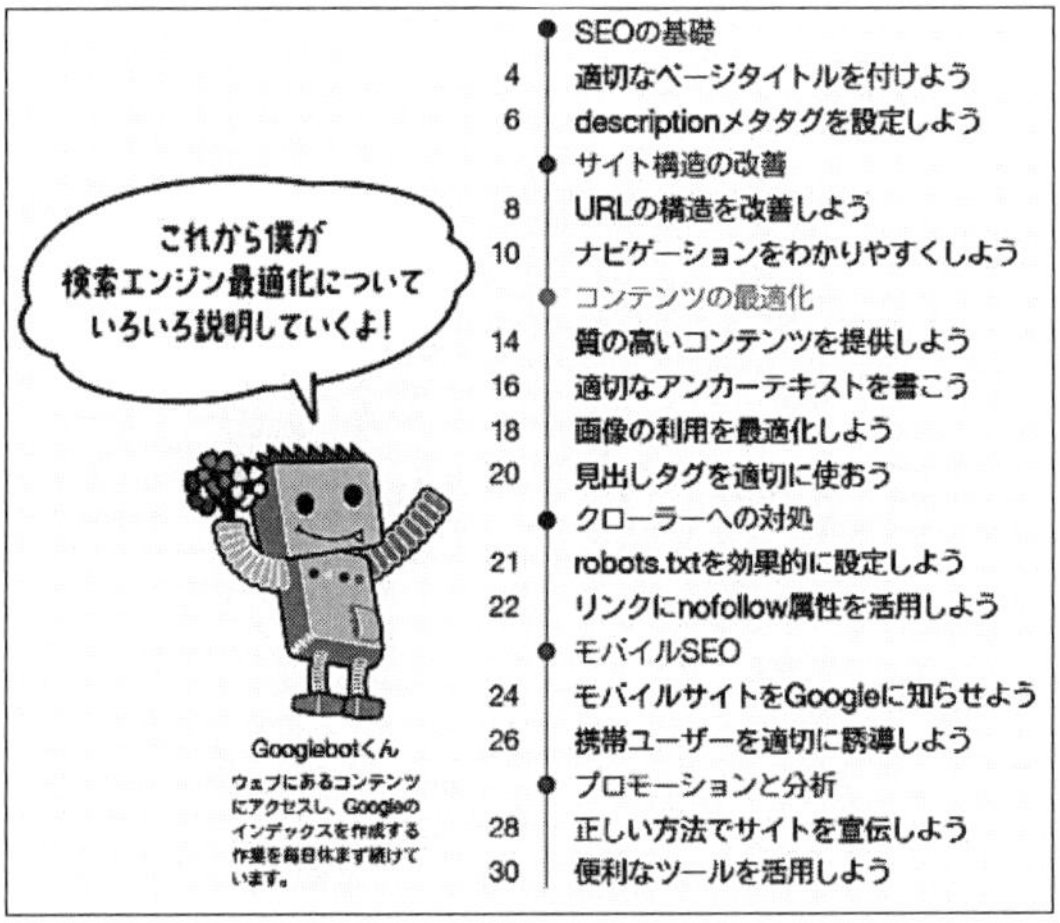

図5.8 「Web 担当者 Forum」に掲載されたグーグル公認ガイドの画像
（出典：「Web 担当者 Forum」2010年10月1日〔https://webtan.impress.co.jp/e/2010/10/01/8947〕［2022年8月31日アクセス］）

たての方や、この話題にまだ馴染みのない方は、最初はびっくりしてしまうかもしれません。
サイトのクローラビリティやインデックスの状態を改善するうえで、参考になるベストプラクティスを紹介するガイドがあれば、ウェブマスターの方々や、Google社内の別のチームの仲間にも参考になるかもしれないと思い、このたび、Google検索エンジン最適化スターターガイドを作成しました。(28)

グーグルとしても、「インターネットには、検索エンジン最適化（SEO）に関する情報が氾濫」している状況に対して自ら「参考になるベストプラクティスを紹介」することで、グーグルアルゴリズムに対するブラックハット的なハックを抑制したいという意図が読み取れる。それに対し、ウェブマスター側のメディアである「Web担当者Forum」が「グーグル公認のSEOをしっかり学んでおこう」と応答していることは、「選び手」である検索エンジンと「送り手＝創り手」であるウェブマスターの間のパワーバランスが微妙に変化し、「選び手」側の評価基準に沿ってウェブページを最適化するほうが（計算論的な不備を突く変数操作よりも）望ましいという規範が優勢になってきたことを示しているだろう。そこでは、これまで議論されてきたグーグルによる独占を警戒する言説は薄れ、グーグルを中心とする「ガイドライン」の生態系を支持し、歓迎さえするようなウェブマスターのコミュニティの規範が少しずつ構築されつつあった。

7 Yahoo! Japanのグーグル化

ウェブマスターの次の大きな関心事は、Yahoo! Japan の検索エンジンの切り替えのタイミングがいつになるか、ということだった。二〇一〇年十月二十九日の記事「ヤフー検索は年内にはグーグルに？——切り替え状況と予測など10＋2記事（海外&国内SEO情報）」では、次のように報じている。

ヤフー株式会社の井上社長は、検索システムのグーグルへの切り替えを、予定通り年内に完了する方針だと二〇一〇年九月中間決算の発表の場で明らかにしたとのこと。すでに一部のユーザーに対して切り替えのテストを行っているものの、全面切り替えには至っていない。いったいいつになるのかとやきもきしているウェブ担当者やウェブマスターが多いことだろう。
サイバーエージェントの木村氏が言うように、ある時点を境に完全に切り替えるのではなく、グーグルを採用した検索の比率を徐々に増やしていき、いつのまにかすべてがグーグル化していたという可能性も考えられる。いずれにせよ、あと二か月程度のことだ。楽しみに待ちたい。(29)

ここでは「やきもきしているウェブ担当者やウェブマスターが多い」と述べている一方で、「楽しみに待ちたい」とも書いている。ウェブマスターとして自分のウェブサイトのトラフィックが受ける影響への不安を抱える一方で、新しい変化に期待する心理もうかがえる。そこには業界の構造や必要とされる技術要件が変化することへの純粋な期待（「遊具的」な期待）を含む一方で、これまでYahoo! Japanとグーグルの複数の検索エンジンの対策を別個におこなわなければならなかった状況から、グーグルだけに集中すればいいというSEOの省力化への期待（「道具的」な期待）もあったと推察される。

同じ時期に、グーグルによる著作権違反サイトへの対応（DMCAと呼ばれる）について報じた記事「DMCAとは／あなたの著作物をパクったサイトをGoogle八分に追いやる正しい手順」には、次のような記述がある。

> このDMCAレポートはかなり前からあったのですが、あえてこのタイミングで紹介するのは、もちろんYahoo! JAPANの動きが理由です。ヤフーがグーグルのエンジンを採用したあとは、この方法でグーグルのインデックスから著作権侵害コンテンツを消し去れば、ヤフーでも表示されなくなるというわけです。（略）
>
> ヤフーがグーグルの検索エンジンを採用したら、ヤフーもグーグルも同じインデックスを参照することになります。管理は楽になるのですが、こうした「グーグル八分」の影響は大きくなるので、注意が必要ですね。[30]

このように、Yahoo! Japan の検索エンジンがグーグルに統合されることで「管理は楽になる」と述べる一方で、「違法」コンテンツへの対応という観点では、そのサイトの存在を実質的に「消し去る」ことになるとも指摘している。ウェブマスターの間では、検索エンジンの事実上の一本化が、技術的な先進性や省力化といったメリットを歓迎する一方で、「グーグル八分」のような支配力の増大に伴うリスクと裏表であることへの警戒感も残存していたことがわかる。

この約二カ月後、二〇一〇年十二月三日に掲載された記事では「祝!ヤフー検索がついにグーグルへの移行完了かなど10＋1記事（海外&国内SEO情報）」と、タイトルに「祝!」をつけて、Yahoo! Japan の切り替え完了を報じている。ただ、タイトルでは歓迎の意を表してはいるものの、ここでの記事内容は冷静である。

ヤフーがグーグルの検索システムを採用することになっても、ヤフーとグーグルで検索結果が完全に一致するわけではない。グーグルのパーソナライズはグーグルにしか影響しないし、ヤフーの検索結果だけに現れる情報も存在する。(31)

このように、検索エンジンのシステム統合後も、Yahoo! Japan が独自の編集をおこなっていることに注意が向けられている。しかしながら図5・2でも示したとおり、実際にはこのあとの二〇一一年以降、「Web 担当者 Forum」で「Yahoo!」コードの出現数は大きく減少していく。切り替え当初は Yahoo! の独自性に気を配っていたが、ウェブマスターの関心を次第に集めなくなり、一一年以降の言説はグーグル対策へと集中していくことになる。Yahoo! Japan はその中身の検索エンジンが入れ替わることによって、「送り手＝創り手」のパースペクティブから無色透明化してしまうことになるのだ。

同じ記事では、検索エンジンの統合に伴うペナルティのリスクへの言及もみられる。

ヤフーのグーグル化にともなって注意しなければならないことの一つに「ペナルティの回避」がある。グーグルでペナルティを受けるということは、ヤフーの検索結果にも反映するはずだ。(32)

このように、グーグルに対するSEO、特にグーグルの「ガイドライン」に従った「正しい」SEOの重要性を強調しながら、前述の「グーグル八分」の指摘と同様にペナルティに対する警戒感も示されている。こうした「歓迎」と「懸念」の共存は、移行期のウェブマスターの複雑な心境を表すものといえるだろう。

また、Yahoo! Japan が無色透明化していく一方で、ここでのグーグルへの関心の集中はグーグル検索エンジンの技術要素への再注目をもたらした。「Web 担当者 Forum」でもしばらく言及がなかった、PageRank の解説記事がこのタイミングで再び掲載されているのだ。二〇一一年二月四日の「グーグル PageRank 徹底解説など10＋1記事（海外&国内SEO情報）」では、グーグルのアルゴリズムをあらためて知る、という文脈において次のように記述している。

グーグルが検索順位を決めるために使うもっとも有名なアルゴリズムといえばPageRankであろう。ただ有名ではあるが、PageRankについてあなたはどこまで理解しているだろうか。論文で知ることができる理論上のPageRankとグーグルが実際に採用しているPageRankは別ものであろうとも思われる。(33)

ここでは、ペイジらの元論文との差異も含めて、PageRankの「解説」が記述されている。このようにグーグルへの一元化を契機として、ウェブマスターの間ではあらためてその技術要素への注目が高まった。しかし、初期のように複数の検索エンジンの特性をふまえてその入力変数を操作するというハックの要素は後退している。それは、グーグルの支配力の高まりに応じてグーグルへ依存せざるをえず、グーグルが提供するアルゴリズムに従わざるをえないという現実に向き合った結果だろう。ここでのグーグルは、その弱点をついてハックする対象というよりも、公式の「ガイドライン」に従うことでペナルティを受けないように「恭順」する対象として表れることになる。

本章では、第4章で定量的に抽出した時代区分に基づいて、第一期（二〇〇六年から一〇年）の特徴コードを付与された記事を時系列に沿って確認した。その結果、「Web担当者Forum」での主要なトピックが「複数検索エンジンへの対応」から「グーグルへの一元化」へと移り変わり、「送り手＝創り手」としてのウェブマスターの関心も、アルゴリズムに対する入力関数のハックから

「ガイドライン」に基づくアルゴリズムの評価基準への迎合へと変容していったことが明らかになった。また、この時期の検索エンジンのアルゴリズムは、「送り手＝創り手」のパースペクティブにとっては必ずしもブラックボックス化していたわけではなく、特に複数の検索エンジンが競争環境を維持していた前半の時期には「造り手」との直接的な対話の場でアルゴリズムについて議論するなど、むしろオープンなものとして捉えられることもあった。

一方で、複数の検索エンジン・アルゴリズムの技術的な要素についての細かな最適化を継続することは、ウェブマスターにとって負担でもあった。そのためYahoo! Japanの検索エンジンがグーグルに統一されることは、さまざまな懸念が表明される一方で「歓迎」もされるような事態だった。そこでの懸念の一つは、「ガイドライン」に従わない「送り手」が「グーグル八分」にあって排除されるといったものだったが、ウェブマスター同士のコミュニティでも「ガイドライン」に反する操作的なハックはブラックハットとしてラベリングされ、排除の対象になりうるものとして扱われてもいた。そのような「秩序」の構築は、グーグル側が一方的に「ガイドライン」を制定したというよりも、競争環境にあった検索エンジン、ウェブマスターの双方を含む複数のアクターの相互作用によって結果的に特定の「ガイドライン」が支持され、ブラックハットが「ガイドライン」に沿わないものとして区別されるというプロセスによって構築されたと考えるべきだろう。

注

（1）インターネット協会監修『インターネット白書２００６』インプレス、二〇〇六年、七〇ページ

（2）前掲「インターネットマガジン」二〇〇六年五月号、一二九ページ

（3）「Web担当者Forumについて」「Web担当者Forum」二〇〇六年七月二十四日（https://webtan.impress.co.jp/about）［二〇二三年五月二十七日アクセス］

（4）小林範子「成功と失敗を分けるSEMの見極め力 第1回 SEOは自分でやる？ それとも業者に頼むべき？」「Web担当者Forum」二〇〇六年七月二十日（https://webtan.impress.co.jp/e/2006/07/20/7）［二〇二二年八月三十日アクセス］

（5）長谷川敦士「ウェブマスター2.0の仕事術(1)――すべての業務を把握してバランスをとる」「Web担当者Forum」二〇〇六年七月二十七日（https://webtan.impress.co.jp/e/2006/07/27/97）［二〇二二年八月三十日アクセス］

（6）秋元裕樹「アクセス向上99のワザ＃12～＃50 SEOで検索エンジンから呼び込もう」「Web担当者Forum」二〇〇七年六月五日（https://webtan.impress.co.jp/e/2007/06/05/879）［二〇二二年八月三十日アクセス］

（7）Moz「4大検索エンジンのアルゴリズムの違いでわかってきたこと」「Web担当者Forum」二〇〇七年八月三日（https://webtan.impress.co.jp/e/2007/08/03/1747）［二〇二二年八月三十日アクセス］

（8）小林範子「第7回 グーグルとヤフーを、じっくり比較～違いから逆に見えてくる〝SEOの一般法則〟」「Web担当者Forum」二〇〇七年八月三十一日（https://webtan.impress.co.jp/e/2007/08/31/1601）［二〇二二年八月三十日アクセス］

（9）Moz「SEO施策は検索エンジンごとに実施するべき?」「Web担当者Forum」二〇〇七年十一月二十一日（https://webtan.impress.co.jp/e/2007/11/21/2235）［二〇二二年八月三十日アクセス］

（10）Web担編集部「キーワード使用の要因——グーグル&ヤフーのSEO 57要因 日米プロの重要度&コメント付き」「Web担当者Forum」二〇〇八年五月二十七日（https://webtan.impress.co.jp/e/2008/05/27/3131）［二〇二二年八月三十日アクセス］

（11）Web担編集部「SEO重要要因ランキング（Yahoo! JAPAN版）——日米SEOプロ60人が評価した重要度」「Web担当者Forum」二〇〇八年六月十七日（https://webtan.impress.co.jp/e/2008/06/17/3132）［二〇二二年八月三十日アクセス］

（12）Web担編集部「SEO重要要因ランキング（Google版）——日米SEOプロ60人が評価した重要度」（https://webtan.impress.co.jp/e/2008/06/23/3134）［二〇二二年八月三十日アクセス］

（13）Web担編集部「SEO重要要因ランキング（Google＋Yahoo! JAPAN総合版）——日米SEOプロ60人が評価した重要度」（https://webtan.impress.co.jp/e/2008/06/26/3130）［二〇二二年八月三十日アクセス］

（14）加藤学「コラム　GoogleとYahoo! Japanの違い」、前掲「Web担当者Forum」二〇〇八年六月十七日

（15）安川洋「コラム　企画段階から進めるSEO施策」、前掲「Web担当者Forum」二〇〇八年五月二十七日

（16）Web担編集部「ページ属性の要因——グーグル&ヤフーのSEO 57要因 日米プロの重要度&コメント付き」「Web担当者Forum」二〇〇八年五月三十日（https://webtan.impress.co.jp/e/2008/05/30/3133）［二〇二四年十二月二十四日アクセス］

(17)Moz「真っ白～真っ黒 5段階のクローキング／許されるクローキングと許されないクローキング(後編)」「Web担当者Forum」二〇〇八年八月六日(https://webtan.impress.co.jp/e/2008/08/06/3682)［二〇二二年八月三十一日アクセス］
(18)Moz「グーグルもヤフーもSEOスパム対策が足りてないことを実例で示そう(前編)」「Web担当者Forum」二〇〇八年十一月十三日(https://webtan.impress.co.jp/e/2008/11/13/4380)［二〇二二年八月三十一日アクセス］
(19)Moz「検索エンジンの中の人が明かしたSEO六つの教訓――URL／サイトマップ／PageRankスカルプティングetc」「Web担当者Forum」二〇〇八年十一月四日(https://webtan.impress.co.jp/e/2008/11/04/4294)［二〇二二年八月三十一日アクセス］
(20)同記事
(21)Moz「Googleによる市場独占はどんな問題をもたらすのか」「Web担当者Forum」二〇〇九年一月二十八日(https://webtan.impress.co.jp/e/2009/01/28/4865)［二〇二二年八月三十一日アクセス］
(22)Moz「マイクロソフトとヤフーの提携でSEOに起きる10の変化(後編)」「Web担当者Forum」二〇〇九年九月九日(https://webtan.impress.co.jp/e/2009/09/09/6465)［二〇二二年八月三十一日アクセス］
(23)ペペロンチーノ「Yahoo!とMicrosoft、検索・広告事業の提携」「Web担当者Forum」二〇〇九年七月二十九日(https://webtan.impress.co.jp/u/2009/07/29/6208)［二〇二二年八月三十一日アクセス］
(24)鈴木謙一「SEOなタイトルの作り方5つのポイント、ヤフーTrustRankなど10記事(海外&国内SEO情報)」(https://webtan.impress.co.jp/e/2009/09/18/6557)「Web担当者Forum」二〇〇九年九月十八日［二〇二二年八月三十一日アクセス］

(25) 安田英久「Yahoo! JAPAN が Google の検索エンジンと検索連動型広告配信システムを採用」「Web 担当者 Forum」二〇一〇年七月二十七日（https://webtan.impress.co.jp/n/2010/07/27/8474）［二〇二二年八月三十一日アクセス］
(26) 安田英久「ヤフー＋グーグル提携のＳＥＯ／リスティング担当向けポイントまとめ」「Web 担当者 Forum」二〇一〇年八月十日（https://webtan.impress.co.jp/e/2010/08/10/8575）［二〇二二年八月三十一日アクセス］
(27) 鈴木謙一「グーグル公認ＳＥＯガイドで Googlebot くんと学ぼうなど10＋3記事（海外&国内ＳＥＯ情報）」「Web 担当者 Forum」二〇一〇年十月一日（https://webtan.impress.co.jp/e/2010/10/01/8947）［二〇二二年八月三十一日アクセス］
(28) Google「Google 検索エンジン最適化スターターガイド」二〇〇九年六月五日「Google 検索セントラルブログ」（https://developers.google.com/search/blog/2008/11/googles-seo-starter-guide）［二〇二二年八月三十一日アクセス］
(29) 鈴木謙一「ヤフー検索は年内にはグーグルに？――切り替え状況と予測など10＋2記事（海外&国内ＳＥＯ情報）」「Web 担当者 Forum」二〇一〇年十月二十九日（https://webtan.impress.co.jp/e/2010/10/29/9103）［二〇二二年八月三十一日アクセス］
(30) 安田英久「ＤＭＣＡとは／あなたの著作物をパクったサイトを Google 八分に追いやる正しい手順」「Web 担当者 Forum」二〇一〇年十一月十六日（https://webtan.impress.co.jp/e/2010/11/16/9201）［二〇二二年八月三十一日アクセス］
(31) 鈴木謙一「祝！ヤフー検索がついにグーグルへの移行完了かなど10＋1記事（海外&国内ＳＥＯ情報）」「Web 担当者 Forum」二〇一〇年十二月三日（https://webtan.impress.co.jp/e/2010/12/

03/9306)〔二〇二二年八月三十一日アクセス〕
（32）同記事
（33）鈴木謙一「グーグル PageRank 徹底解説など10＋1記事（海外&国内ＳＥＯ情報）」「Web 担当者Forum」二〇一一年二月四日（https://webtan.impress.co.jp/e/2011/02/04/9680）〔二〇二二年八月三十一日アクセス〕

第6章　中心化するSEO
――グーグルによる秩序化（二〇一一―一四年）

1　第二期（二〇一一―一四年）の特徴コード

本章では、第5章に引き続き、第4章で定量的に抽出した時代区分の第二期（二〇一一―一四年）について、その特徴コードに基づき定性的な分析をおこなう。第5章でも論じたとおり、日本では、二〇一〇年にYahoo! Japanがグーグルの検索エンジンを採用したため、検索プラットフォームは事実上グーグルへと一元化されることになった。このこともあって、一一年以降の共起ネットワークでは、共起しているコードが大きく変容する。第4章で示した「Web担当者Forum」の共起ネットワークを、一一年から一四年までの時期に限定して抜粋したものが図6・1である。

第4章でも述べたとおり、「パンダ」「ペンギン」とは、アルゴリズム・アップデートを示すグー

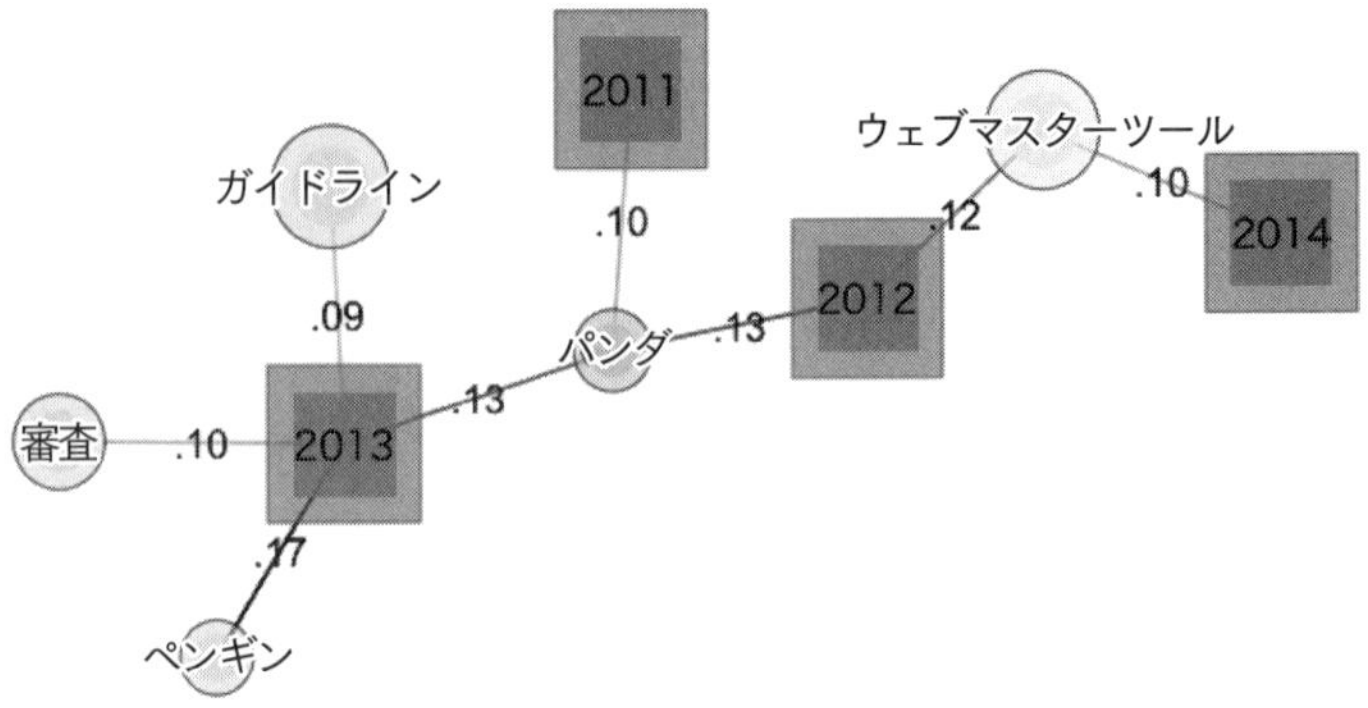

図6.1　共起ネットワーク（2011-14年の共起関係を抜粋）

グル内部のコードネームである。また、「ウェブマスターツール」はグーグルがウェブマスター向けに公開している評価ツールであり、グーグルがそれぞれのウェブページをどこまでクローリングし、どのようにインデックスしているかを調査できるものである。このツールには、グーグルが提示する「ガイドライン」に合致しているかも一定程度判定できる機能が備わっており、グーグルによる審査のリクエストやその結果の伝達にも利用される。このように、この時期のウェブマスターの言説は、グーグルに関連するコードに絞られており、第5章でみられたYahoo! JapanやBingなどの複数の検索エンジンへの関心が失われ、あらゆるSEOがグーグルという単一の検索エンジンに中心化していく傾向が顕著にみられる。

第5章で述べたとおり、二〇一〇年にYahoo! Japanの検索エンジンの移行が完了し、ウェブマスターとして最適化すべき対象がグーグルにシフトしたことで、グーグルの技術要素に再び注目が集まるようになった。第4章で分析した各コードの出現頻度のうち、この時期に特徴がみられるグーグル

	2006	2007	2008	2009	2010	2011	2012	2013	2014	2015	2016	2017	2018	2019	2020
PageRank	3.4	18.0	19.5	16.6	20.3	19.2	12.5	19.7	6.4	5.6	10.8	7.1	3.0	10.0	1.7
パンダ	0.0	0.0	0.0	0.0	0.0	20.8	24.4	24.5	13.5	16.7	3.8	4.7	2.2	2.0	0.9
ペンギン	0.0	0.0	0.0	0.0	0.0	0.0	12.5	29.3	13.5	15.4	6.5	7.1	3.7	4.0	1.3
MFI	0.0	0.0	0.0	0.0	0.0	0.0	0.0	0.0	0.0	0.0	4.3	23.5	19.3	8.0	6.9
AMP	1.7	0.7	1.3	2.2	2.3	3.1	1.9	1.4	1.4	3.7	25.9	26.5	23.7	14.0	9.5
モバイルフレンドリー	0.0	0.0	0.0	0.0	0.0	0.0	0.0	0.0	2.1	20.4	15.7	7.6	8.9	5.3	2.2
App Indexing	0.0	0.4	0.7	0.8	0.6	0.8	0.0	1.4	3.5	14.8	9.7	1.2	0.0	0.7	0.4
PWA	0.0	0.0	0.0	0.0	0.0	0.0	0.0	0.0	0.0	0.0	5.9	15.9	13.3	5.3	0.9
SSL	0.0	0.7	0.0	0.6	4.1	5.4	12.5	6.1	12.8	21.6	17.8	21.8	20.0	6.0	5.6

図6.2　グーグル要素技術カテゴリーのヒートマップ（図4.4の再掲）

要素技術カテゴリー（図6・2）と、グーグル品質管理カテゴリー（図6・3）のヒートマップをそれぞれ再掲する。

共起ネットワークにおいても抽出されていたとおり、二〇一一年から一四年にかけて特に頻度が高いコードは「パンダ」「ペンギン」「ガイドライン」「ウェブマスターツール」であり、相対的に頻度は低いもののほかの期間には出現しないコードに「審査」がある。本章ではこれらの五つのコードが付与された記事を時系列にたどり、グーグルに一元化されたこの時期のSEOについて分析する。

また、共起ネットワークのJaccard尺度には強い特徴が出ていないが、同じ時期に出現頻度が高いコードには「ペナルティ」もある。この「ペナルティ」は〇八年にも二〇％を超える出現率になってお

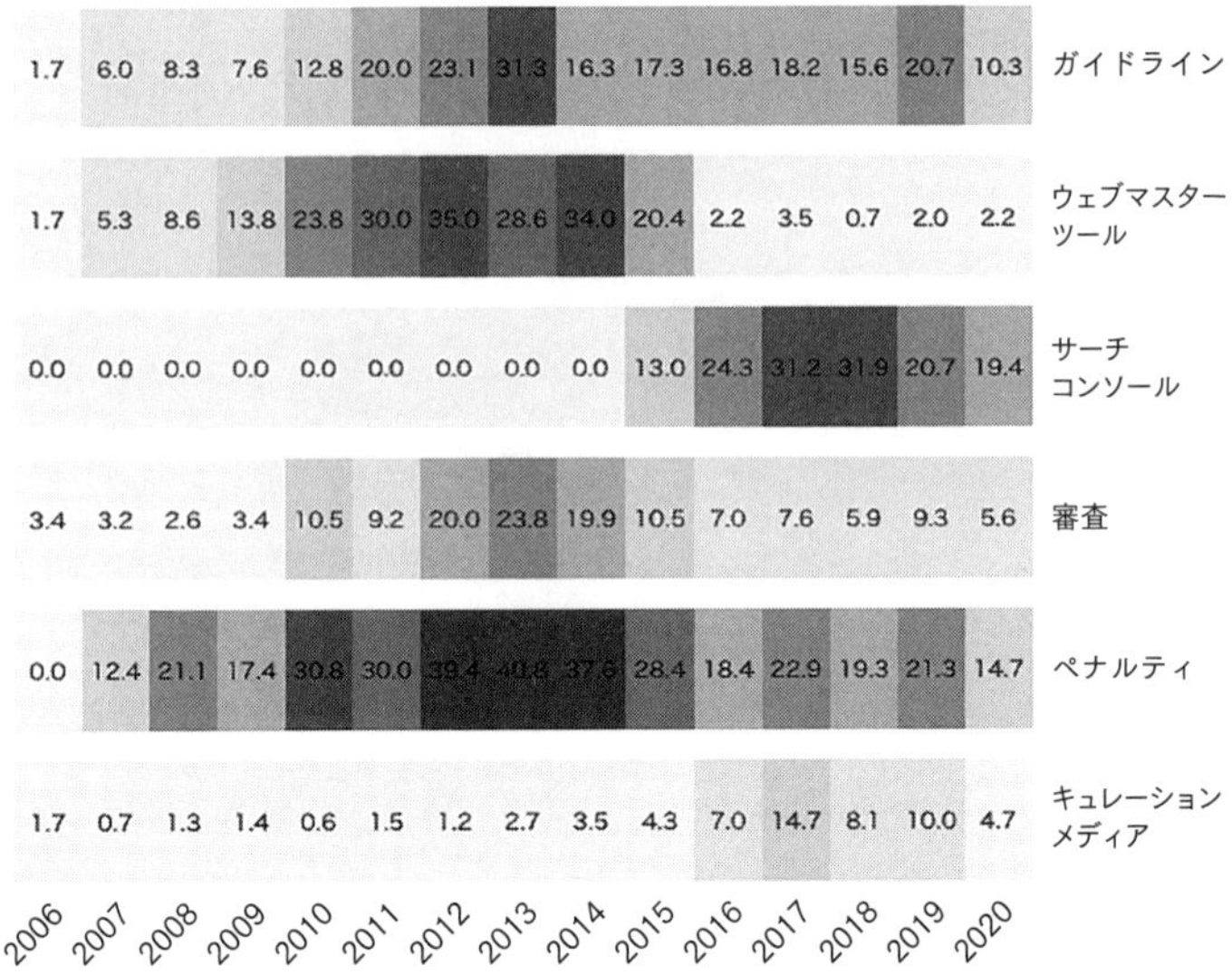

図6.3　グーグル品質管理カテゴリーのヒートマップ（図4.5の再掲）

り、検索エンジンのグーグルへの一元化に伴って増加したというよりも、〇八年ごろからみられた「ホワイトハット／ブラックハット」議論に関連するコードだと考えるべきだろう。第5章でも論じたとおり、このころから、検索エンジン側が望ましいと見なすホワイトハットな「正しいＳＥＯ」をすることで、ブラックハットなウェブサイトが不当な利益を上げないようにするべきだと主張されていた。そしてそれは、「グレー」はどこまで許容されるのか探るような議論とセットで展開してきた。このことと連動して、検索エンジンという「選び手」は、審査によって「選ぶべきでない」と判定したウェブサイトに対して「ペナルティ」を与える役割をもつものと考えられるようになったのだ。検索エンジンは「選び手」から一歩踏み込んで、「裁き手」

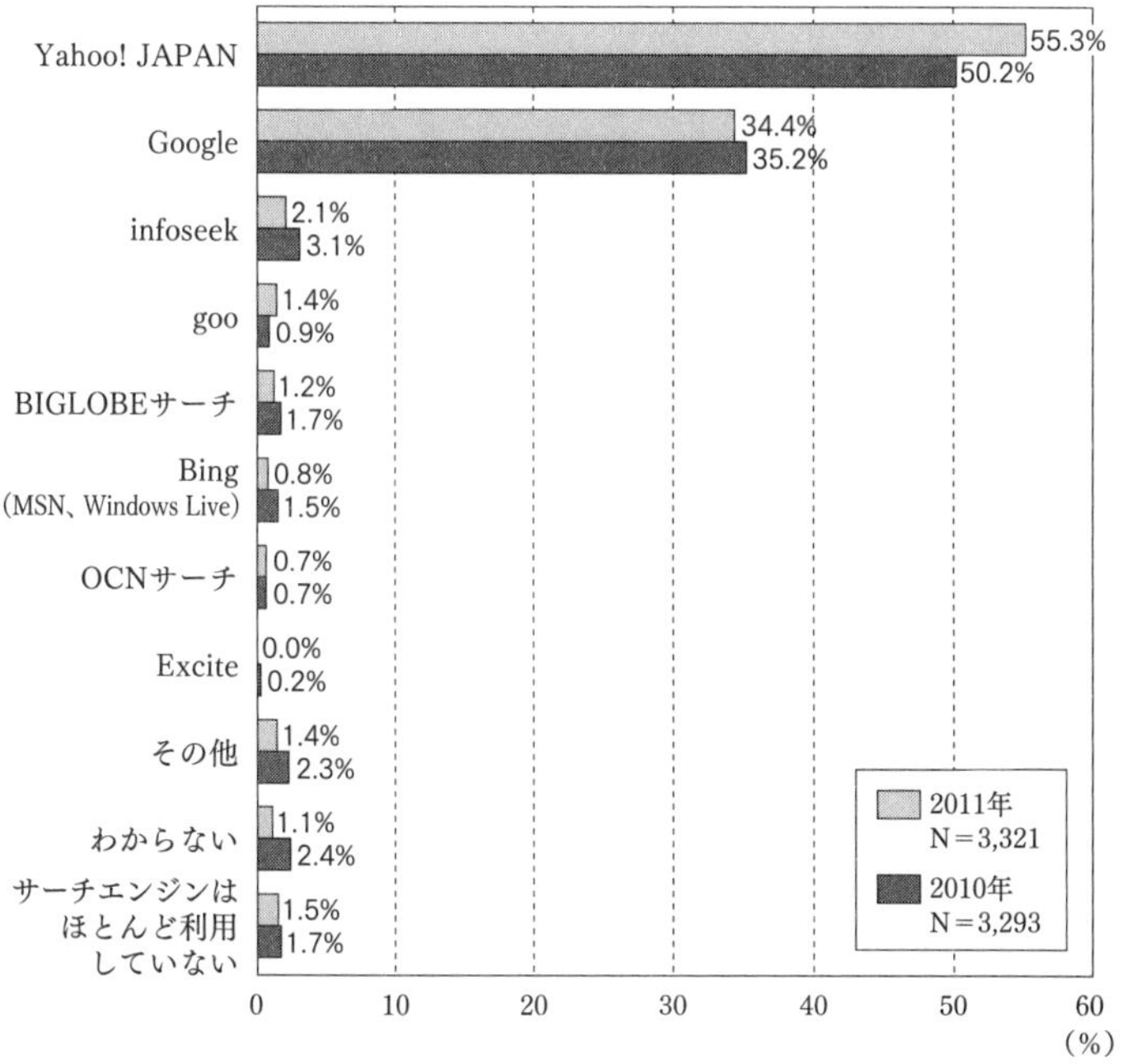

図6.4　最も利用している検索サービス（単一回答）
(出典：『インターネット白書2011』インプレス、2011年、191ページ)

ともいうべき役割をも担うようになったと考えるべきだろう。その意味では、検索エンジンのアルゴリズムを設計・開発する「造り手」は、まさしくレッシグがいう意味での「法」＝「コード」の「造り手」になったかのように振る舞うのである。[1]

一方、『インターネット白書２０１１』によれば、検索エンジンの利用シェアにおいて、必ずしもグーグルの占める割合が増加しているわけではない。

図６・４に示したとおり、ユーザーが実際に利用しているのは引き続き Yahoo! Japan であり、そのシェアは二〇一〇年から一一年にかけてむしろ五ポイ

ント増加し、五五・三％になっている。グーグルはわずかではあるがシェアを減らし、三四・四％である。(2)「送り手＝創り手」であるウェブマスターの間で大きな話題となったYahoo! Japanの検索システムの統合については『インターネット白書』の調査レポートでも言及がなく、いわゆる一般ユーザーだけでなく企業やシンクタンクなどを含むと想定される『インターネット白書』の読者層（多くは「受け手＝探し手」）にとっては重要なことだと見なされていないことがわかる。Yahoo! Japanの検索エンジンは、その中身であるアルゴリズムが入れ替わっても「受け手＝探し手」のパースペクティブにおいては関心をもたれることがなく、まさしくブラックボックスのままだったということである。

2 「裁き手」としての検索エンジン

前述のとおり、グーグルという「選び手＝裁き手」（とその「造り手」）が提示する「ガイドライン」は「正しいＳＥＯ」（すなわちホワイトハット）を明文化するルールブックであり、ウェブマスターが遵守するべき規範として扱われることになる（図6・5）。

注意が必要なのは、「Web担当者Forum」というメディアでは、その性質上、いわゆるブラックハットＳＥＯをおこなうようなウェブマスター（「創り手」であることを放棄し「送り手」に特化した発信者）があらかじめ読者から排除されているかのように扱われていることだ。したがって、「ガ

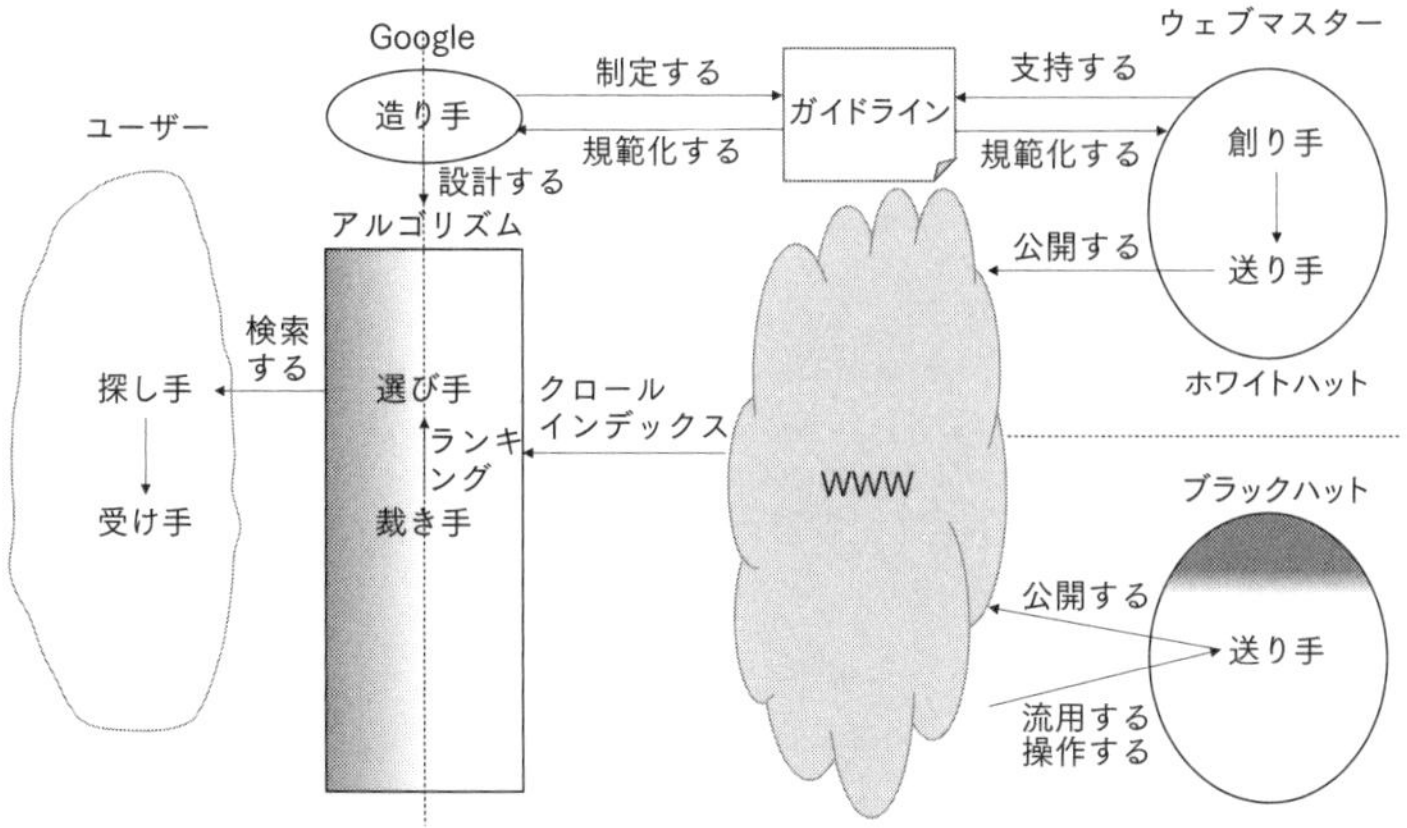

図6.5　「裁き手」と「ガイドライン」の役割モデル図（筆者作成）

イドライン」を規範として正統化するこうした傾向は、「Web 担当者 Forum」の読者内のマジョリティにおける共通認識であった可能性が高く、当時のウェブマスター全体のマジョリティも同じだったと断言できるわけではない。しかし一方で、グーグルという「裁き手」がもつペナルティの力と、それを支持し、場合によっては「通報」するホワイトハット・ウェブマスターたちの協力関係によって、実際にブラックハット・ウェブマスターたちは「グーグル八分」にされ、結果として「送り手」としても排除されていったとする推論もまた妥当だろう。すなわち、ブラックハットと表象される「送り手」は当初から少数だったとはいえないものの、ホワイトハット・ウェブマスターがグーグルの「ガイドライン」の支持者として振る舞うことで規範の実効性が高まり、ペナルティの発動によってブラックハットのウェブマスターが撤退せざるをえない環境を結果的に許容あるいは積極的に構築するに至った、ということである。

第5章で論じた第一期では、そのような状況でも「グレー」の境界線を探る議論がみられたが、第二期になると、むしろ明確なブラックハットだけでなく「グレー」に近い施策を提案するSEO業者への批判が増加することも、それを傍証しているといえるだろう。たとえば二〇一一年一月七日の記事「IP分散はSEOに効果絶大↑ダマされないで!!など10＋2記事（海外&国内SEO情報）」では、当時一部のSEO業者が喧伝していたとされる外部リンクの「IPアドレス分散」という計算論的な操作手法を、「都市伝説」として断罪している。

「IP分散はSEOに効果あり」はSEO都市伝説

被リンク元のサーバーのIPアドレスを分散させることでリンクの価値が高まり、結果として上位表示に貢献するというまことしやかなSEOノウハウが出回っている。Web担でおなじみの渡辺隆広氏が、IP分散によるSEO効力がいかに〝正しくない〟か、詳細に解説している。少し長い記事だが、情報が詰まっているので最後までしっかり読んでほしい。（略）

IPアドレス分散を気にしなければいけない状況だということは、何らかの形で検索エンジンからペナルティをくらう可能性がある施策に手を染めている（SEOとして「正しくない」）ということだ（IPアドレスを分散しようがしまいが）。[3]

このように、IPアドレス分散という手法がなぜ「正しくない」かが論点になり、「ペナルティをくらう」ことを避けるには、そうした方法をとる業者を信じずに「正しい」SEOをおこなうという、きわめて説得的なメッセージになっている。また、この記事の直後の二〇一一年二月十八日には、「グーグルのペナルティの与え方と解除の仕方など10＋2記事（海外&国内SEO情報）」というタイトルの記事が公開され、次のように淡々と解説がされている。

グーグルがペナルティを与えるのは、二とおりのパターンがある。

・一つは手動によるペナルティ
・一つはアルゴリズム（自動）によるペナルティ

手動によるペナルティは、スパムレポートを受けて対応したり、トピックと無関係のポルノなどの場合に与えたりするもので、グーグルのスパムチームの人間が処理する。（略）
あなたのサイトがアルゴリズム（自動処理）によってペナルティを受けたのならば、どんなペナルティであるにせよ違反箇所を修正すれば、ほとんどの場合は一定の時間が経過すると、再クロール・再インデックスされてアルゴリズムで再処理され、ペナルティは自動的に解除され、順位は元に戻るだろう。(4)

このように、ペナルティのパターンにはグーグルのスパムチームの人間が対応する「手動」のものと、アルゴリズムによる「自動」のものの二種類があったことがわかる。「裁き手」の役割は、人間と機械のハイブリッドによって実現されていることになる。とはいえ、ここで重要なことは、グーグルが自ら定めた「ガイドライン」を逸脱するウェブページに対して「裁き手」としてペナルティを与えることを、「送り手＝創り手」の側がまるで当たり前のこととして淡々と語っていることだ。二〇一〇年以前にみられたような、検索エンジンの支配を警戒したり批判したりする言説はほとんどみられず、すでにウェブマスター自身も、グーグルの規範に従うことの「正しさ」を内面化しつつあったことがわかる。この事態は、「ガイドライン」という明文化された「規律」がペナルティによって実効性を発揮し、ウェブマスターたちがそれに従うことで「訓練」され、その規範を少しずつ内面化していったと解釈すべきである。つまり「選び手」としてのアルゴリズムは、その「裁き手」としての正統性を「ガイドライン」という規律によって与えられており、その実効性は「送り手＝創り手」がその規範を支持しつつ内面化するコミュニティの一員として行為することで構築されている。それは、「選び手＝裁き手」として設計されたアルゴリズムが、その設計に基づいて計算論的に「管理＝制御」するのとは異なる、意味論的な水準での規範の構築が前提になっている。逆にいえば、機械としてのランキング・アルゴリズムは、「送り手＝創り手」によるSEOという行為を「管理＝制御」するアーキテクチャとして十分に機能しているとはいえない。だからこそ、「裁き手」は人間と機械のハイブリッドであり、その規範は意味論的な「ガイドライン」という明文によって示されているのだ。つまりグーグルという「選び手＝裁き手」の規範は、アーキテクチャとしての「管理＝制御」というよりも、むしろ規律的な統治の様式を含んでいるのである。

このことは、二〇一一年三月四日の記事「Google 検索結果 順位ごと1位～10位のクリック率データ3種など10＋2記事（海外&国内SEO情報）」の記述からもうかがえる。

早く取り締まってほしい有料リンク

グーグルはガイドラインでランキングを操作するためのリンクの売買を禁止している。つい最近も「有料リンクでガイドライン違反にならないために」というエントリをウェブマスター向け公式ブログで公開したばかりだ。しかしグーグルに見つかることなく、上位表示に大きく貢献している有料リンクがいまだに存在している。

そんな有料リンクの一例を、Web in the morningさんが暴露している。具体的なサイト名やどこの会社がこの枠を販売しているのかは伏せられているが、もし本当にランキングを不正に操作する有料リンクであるならば、いずれ、だれかがグーグルに通報し、この広告を掲載しているサイトがペナルティを受けることになるのだろう。世知辛い世の中だ。[5]

このように、自分たちは「ガイドライン」を守っているのだから、むしろグーグルにブラックハットを「早く取り締まってほしい」という姿勢をとるようになる。そして、このような不正を誰かが通報することでペナルティが発動することも当然のことのように記述されることになる。ただ、一方で「世知辛い世の中」という表現のとおり、そのような規律の強化をウェブマスター自身も窮屈に感じており、しかしそれを受け入れざるをえないという複雑な心境も垣間見える記述になっている。

3 「パンダ」の出現と「排除」の論理

第二期の特徴コードとして特に重要なのは「パンダ」である。前述のとおり「パンダ」とは、アルゴリズム・アップデートを示すグーグル内部のコードネームである。本節では「パンダ」コードが付与された記事を時系列で分析する。

「パンダ」コードが記事に初めて出現したのは、二〇一一年三月十八日の「オーソリティサイトになるための7つの条件など10＋11記事（海外&国内SEO情報）」である。この記事では、まずはアメリカのSEOの動向として、次のように報じている。

グーグルが大規模なアルゴリズム変更を二月二十四日に行った。「ファーマー・アップデート」または「パンダ・アップデート」と呼ばれる変更だ。検索全体の約一二％に影響を与えるとのグーグルの公式アナウンスどおりに、導入された米グーグル（Google.com）では大きな順位変動が発生した。

パンダ・アップデートが日本のグーグルにも導入されるかどうかは不透明だったが、筆者が先日参加したSMX Westでグーグルのマット・カッツ氏に直接質問したところ、日本をはじめとする米国以外のグーグルにも導入予定であると回答を得た。ただし、まだ評価段階であり具体的な導入時期は決まっていないとのこと。また米グーグルで問題になっていた「コンテンツファーム」対策のためのアルゴリズム変更なので、米国ほど大きなインパクトは与えないだろうとも言っていた。

無駄に騒ぐ必要はないが、パンダ・アップデートが排除対象にしている「低品質なサイト」としてみなされないように少しずつ準備を進めていってもいいだろう。(6)

このように、アメリカのグーグルでの「大規模なアルゴリズム変更」として「パンダ・アップデート」を紹介して、日本への導入予定があると確認したことを報告している。この時点では具体的な変更の詳細は解説しておらず、「無駄に騒ぐ必要はない」という記述にとどまっている。この記述の背景には、少なくともグーグルの公式の「ガイドライン」に従った正しいSEOを実施していればば大きなインパクトはない（ペナルティを受けるリスクが低い）という想定があるものと解釈すべきだろう。つまり、アルゴリズムによる計算論的な「管理＝制御」が、「ガイドライン」という規律に基づき正しく遂行されることへのある種の信頼が（全面的なものではないにせよ）構築されているのだ。

この理解は、次の記事でさらに明確になる。二〇一一年四月十五日の記事「時間をかけるだけムダな「都市伝説SEO技」16選など10＋2記事（海外&国内SEO情報）」では、パンダ・アップデートについて「低品質のコンテンツを持つページが検索結果に出ないようにするグーグルの検索アルゴリズムの変更」と説明し、「日本語向けにもパンダが導入されるのが待ち遠しい(7)」と述べている。つまり、「低品質」のコンテンツは排除されるべきだという点でグーグルの姿勢は支持されており、その「低品質」の判断をグーグル自身が裁くことに対する批判はみられない。

二〇一一年六月三日の記事「キーワード出現頻度を話題にするのはもう止めない？ by Googleなど10＋2記事（海外&国内SEO情報）」でも、パンダ・アップデートの日本語導入のタイミングに合わせた対策の必要性について、次のように述べている。

パンダ・アップデートの導入いかんにかかわらず、グーグルが求める「質の高い」コンテンツを作るのみである。

パンダ・アップデートのアルゴリズムを開発するときにグーグルが用いたという、「高品質なサイトかどうかを判断するための二十三の質問」の条件に当てはまるようなコンテンツ作りに注視しよう。(8)

このように、導入時期を気にせずに、グーグルの「ガイドライン」に従って「質の高い」コンテンツを作ることに集中することを勧めている。では、ここで言及している「質の高さ」、すなわち「パンダ」の評価対象となるコンテンツの品質とは、具体的にはどのようなことを指すのだろうか。この記事で言及している「高品質なサイトかどうかを判断するための二十三の質問」は、二〇一一年五月六日にグーグルが公式ブログで公表した次の内容を指す。

Googleのサイト品質アルゴリズムは、質の低いコンテンツの掲載順位を下げることで、「質の高い」サイトを見つけやすくすることを目指しています。最近行った「Panda」の変更では、ウェブサイトの品質をアルゴリズムで評価するという難しい課題に取り組みました。その話に入る前に、アルゴリズムの開発を先導するアイデアと研究について説明をしたいと思います。

ページや記事の品質を評価するために使用できるのが、下記の質問です。Googleは、サイトの品質を評価するアルゴリズムを作成する際に、これらの質問を自問自答します。ユーザーが望んでいると思うものをコードに落とす際に使う方法だと考えてください。（略）

・記事に掲載されている情報は信頼できるものであるか。
・記事は、トピックに関して明らかに充分な知識を持つ専門家や愛好家によって書かれているか。あるいは、内容の薄いものであるか。
・サイトに、同じトピックや類似のトピックに対してキーワードのバリエーションをわずかに変えただけの、重複している記事や冗長な記事が含まれているか。
・サイトにクレジットカード情報を登録することに抵抗はないか。
・スペルや文体の間違い、事実誤認がないか。
・トピックは、サイトの訪問者が本当に求めるものを提供しているか。検索エンジンで上位に表示されることだけを狙って作成されていないか。
・独自のコンテンツや情報、独自のレポート、独自の調査、独自の分析内容が記載されているか。

・検索結果に表示された他のページと比較して、より実質的な価値を提供しているか。
・コンテンツの品質管理はどの程度行われているか。
・記事は公平に書かれているか。
・サイトは、そのトピックの専門家として認知された機関が運営しているか。
・コンテンツが多数のクリエイターへの外部委託によって大量に制作されているために、または複数サイトの大規模なネットワークに拡散されているために、個々のページまたはサイトのプレゼンスが低下していないか。
・記事は適切に編集されているか。急いで制作されたような印象を与えていないか。
・医療関連のクエリの場合、サイトの情報が信用できるものであるか。
・サイトの名前を見て、信頼できるソースから提供されていると認識できるか。
・特定のトピックについて包括的または詳細に説明しているか。
・自明のことだけでなく、洞察に富んだ分析や興味深い情報を提供しているか。
・自らブックマークしたり、友人と共有したり、友人にすすめたくなるようなページか。
・主要なコンテンツを妨害したり注意をそらしたりするほどの大量の広告が掲載されていないか。
・印刷物としての雑誌、百科事典、書籍に掲載または引用されるような価値があるか。
・記事は、長さが短くないか、不完全でないか、有用な詳細情報が不足していないか。
・ページに、細部まで注意を払ったコンテンツと、注意を払っていないコンテンツが混在していないか。

・サイトのページを閲覧するユーザーからの不満が想定されないか。

ページやサイトの品質を評価するアルゴリズムの作成は難しいものです。上記の質問が、高品質のサイトと低品質のサイトを区別するアルゴリズムを、Googleがどのように作成しているかを理解するヒントになれば幸いです。(9)

このように、グーグルはどの項目が「パンダ」の対象なのかについては具体的な言及を慎重に避けながら、グーグルが考える「質の高さ」とは何かを説明している。「探し手＝受け手」の視点から考えればいずれも一般的といえる要求だろう。逆にいえば、このような「ガイドライン」をグーグルがわざわざ提示し、アルゴリズムの変更の方針について説明していたことは、これらの基準を満たさないウェブページがそれまでのアルゴリズムによってランキング上位に表示されることが実際に発生していたことを示している。注目すべきなのは、これらの記述がすべて人間による意味論的な解釈が前提になっている規範的な言表である点だ。さらに、これらの意味論的な言表が、アルゴリズムの計算論的な実装とどのような対応関係にあるのかは明らかではない。ここには、「造り手」としてのグーグルの計算論的な不備を、「裁き手」としての意味論的な説明によって隠蔽するというズレがある。

たとえば、このうち「内容が薄い」あるいは「独自のコンテンツ」「実質的な価値を提供」といった基準に抵触するウェブサイトとして、「薄っぺらいアフィリエイト」と呼ばれる例があった。

次の二〇一一年六月二十四日の記事「グーグルが嫌いなアフィリエイトサイトとは？　など10＋1記事（海外&国内SEO情報）」の記述をみてみよう。

“Thin affiliate”（薄っぺらいアフィリエイト）という表現を米国のグーグルはよく使うが、まさしく薄っぺらいコンテンツの例が出ている。

「アフィリエイトによる宣伝の部分がなければまったく中身がなくなってしまうようなサイトもあります。このようなアフィリエイトプログラムが提供したコンテンツしかないようなサイトは、ガイドラインに違反している可能性が高いといえるでしょう。」

こうしたことは、アフィリエイトに限った話ではない。パンダ・アップデートで「中身の薄いページを避けるべし」という意識をもっている人も多いかと思うが、「独自のコンテンツ」というのは、何でもいいので文章量を増やせばいいというものではない。

企業のWeb担当者がサイトでアフィリエイトを行うことは滅多にないだろうが、薄っぺらでないオリジナルなコンテンツを作るべきという注意事項は共通なので、元記事を入念に読んでほしい。(10)

「アフィリエイト」とはウェブページ上で商品やサービスを紹介し、そのリンクを経由して発生した売り上げに対して、商品やサービスの提供元企業が紹介者に一定の報酬を支払う広告のことを指す。ここで問題視しているのは、ただ「リンクを経由させる」ことで報酬を得ることを目的として、検索結果ランキングに表示させるようなウェブページである。つまり、この記事にある「薄っぺらい」コンテンツとは、レビューや商品紹介に関するオリジナルな記述がほとんどなく、アフィリエイトリンクと提供元の商品紹介のコピーだけが並んだページを大量に作成したものを指す。本書の分類でいえば、「創り手」としてオリジナルのコンテンツを創ることをせず、単に「送り手」として他者のコンテンツの流通経路に介入するようなウェブマスター、ということになるだろう。

この記事では、ほかのウェブページからのコピー&ペーストで埋められた「薄っぺらい」コンテンツは「ガイドライン」にも逸脱していて排除の対象になる、と警告しているわけだ。前述のとおり、これまでのウェブでは、十分なオリジナリティーをもっていない「薄っぺらい」コンテンツであっても、SEOの変数操作次第ではランキング上位に顔を出し、一定のトラフィックを確保してアフィリエイトなどの広告収入を得ることが可能だった。つまり、「パンダ」以前はこのようないわば「寄生」コンテンツも許容する、ある種の自由がWWWにはあった。しかしそうした自由は「探し手＝受け手」にとって無益であると抑止するような規範が、グーグルという「裁き手」の側から「ガイドライン」として提示され、ウェブマスターがそれを支持することによって実効性を帯びるという構造になっている。ここでのウェブマスターは、「ガイドライン」という規律を内面化すると同時に、その規律に対応するランキング・アルゴリズムによる「管理＝制御」に適応した最適化を遂行することで、グーグルに中心化したWWWの秩序を構築するアクターとして機能している。それは同時に、規律への違反者がブラックハットとして秩序の外部に排除されることを意味していた。このダイナミズムについては第4章でも確認したが、「パンダ」はそれを徹底した象徴的な事例といえるだろう。

この時期から、グーグルは「パンダ」以外にも次々とアルゴリズムのアップデートを重ねていく。たとえば、二〇一二年二月三日の記事「2ちゃんまとめブログ全滅か？　広告多すぎサイトにグーグルがペナルティなど10＋2記事（海外&国内SEO情報）」では、次のように記述されている。


ページのレイアウトを理解するアルゴリズムを改良したとグーグルは発表した。

このアルゴリズム変更により、ページのファーストビュー内に極端に広告が多すぎるサイトの評価が下がる。[11]

「ファーストビュー」とは、最初に表示され、スクロールしなくても閲覧できるページ領域のことである。対象となる広告については「ユーザーの閲覧を阻害するような数や大きさのレイアウトでファーストビューに設置されている過度な広告が対象」と記述されている。このように、ウェブマスター側の商業主義的な振る舞いが、「探し手＝受け手」のコンテンツ閲覧を阻害しているとグーグルが判定すれば、ペナルティとしてそのウェブページの掲載順位を下げるというアルゴリズムが導入されている。グーグルは、アメリカでも日本でも、事実上ウェブの標準を決定できる独占的な「裁き手」の地位についたことで、創業以来の社是でもあった「ユーザーに焦点を絞れば、他のものはみな後からついてくる」[12]をある意味では「忠実に」実行するようになったともいえる。

この例のように、アルゴリズム・アップデートのほとんどは、グーグルがいう「ユーザーの利益」を大義名分にしていた。グーグル自身の独占的な地位を維持するためには、「送り手＝創り手」からの支持を得るよりも、「探し手＝受け手」からのアクセス数を継続的に確保しつづけることが重要だからだ。ある意味で、これは皮肉な結果である。グーグルが独占を実現し、その独占を維持しようと意図するがゆえに、ウェブ上のコンテンツが「浄化」されていくことになるからだ。グーグルが「低品質」だと判断すれば「グーグル八分」にされてしまうことになるが、それはもはやウェブマスターから批判されるような不当な裁きではなく、「ガイドライン」を内面化したウェブマスターにとって、むしろブラックハットなウェブマスターを競争から排除してくれるありがたい存在へと転化していくのだ。

このような傾向は、日本だけではなかったようだ。アメリカのMozの記事を翻訳した二〇一二年五月七日の記事「「不自然なリンクに関するGoogleウェブマスターツールからのお知らせ」への対処法（後編）」では、かつてブラックハットである「ブログネットワーク対策（SEOのためだけに作られたリンク集サイトを通じて、複数のウェブページのランキングを上昇させるテクニック）」をおこなっていたウェブマスターが、「正しいSEO」へと転向していったことを記述している。

ホワイトハットSEO対ブラックハットSEOの「戦い」などという不愉快な絵空事にはまったく興味がない。ユーザーに新しい価値を提供することを大事にするかどうかだが、パンダ・アップデートが実施され、リンクペナルティが現実のものとなったこの世界において、そうしないのは狂気の沙汰だ。

今こそ、ブログネットワークのような戦術と企みをやめるべき時だ。そのようなリンクは、ずっと前から価値が低かったが、今や受け入れがたいリスクまではらんでいるのだから。(13)

このように、すでに「パンダ」が導入されていたアメリカでは「パンダ」や「ペナルティ」の実施によって、「ユーザーに新しい価値を提供することを大事にする」ことが避けられないという認識のもと、グーグルのアルゴリズムをハックするよりもグーグルの「ガイドライン」を積極的に受け入れ、それに従うことを選択する（せざるをえない）というように態度を変化していることが見て取れるのだ。

4　「ペンギン」の出現と「ガイドライン支配」の確立

続いて、第二期の特徴コードとして挙げられるのは、「パンダ」とは別のグーグルのアルゴリズム・アップデートを指す「ペンギン」である。「ペンギン・アップデート」は、「パンダ」の日本導入がまだ確認されていない二〇一二年前半のタイミングで、新たに話題になった。グーグルの公式ブログでは一二年四月二十五日に「良質なサイトをより高く評価するために」と題して、次のような記事が公開されている。

ホワイトハットSEO（ウェブマスター向けガイドラインに違反しないSEO）は多くの場合、サイトの使い勝手の改善や、素晴らしいコンテンツ作成の助長、サイト表示の高速化など、ユーザーと検索エンジンの両方に良い効果をもたらします。（略）

〝ホワイトハット〟SEOの反対は〝ブラックハットSEO〟や〝ウェブスパム〟と呼ばれるものです。（メールのスパムと区別するために、〝ウェブスパム〟と呼んでいます）。掲載順位を上げることやトラフィックを増やすことを追求する中で、まったくユーザーのためにならない裏技や抜け道のような手法を使用してそのサイトに本来適切な掲載順位より高い掲載順位を得ようとしているようなサイトのことです。私たちは、サイトの掲載順位を少しでも高く操作するために行われるキーワードの詰め込みやリンクプログラムへの参加など、様々なウェブスパムを毎日確認しています。

検索ユーザーが素晴らしいサイトを見つけて情報を得る、その手助けのために Google は多くの検索アルゴリズム変更を行っています。私たちはまた、検索アルゴリズムだけの為でなく、ユーザーの為に優れたサイトを作っている方々の努力が、きちんと報われてほしいと考えています。

そこで今回 Google は、ウェブスパムをターゲットにした重要な変更を検索アルゴリズムに施しました。これまでも良質なサイトを適切に評価するために様々なアルゴリズムの変更を実施してきましたが、今回の変更では、Google の品質に関する「ガイドライン」に違反しているサイトについて、その掲載順位を下げるような対策を実施します。このアルゴリズムの変更は、ウェブスパムを削減し、良質なコンテンツを促進するための私たちの新たな試みです。変更の詳細を明かすことは、抜け道をくぐり抜けたサイトが検索結果にあふれ検索ユーザーの利便性を損なう可能性があるためできませんが、ウェブマスターのみなさんにお伝えしたいことは、ユーザーにとって利便性の高い良質なサイトを作ることに専念し、ウェブスパムを駆使することなく〝ホワイトハット〟SEOを心がけてください、ということです。(14)

ここでは「パンダ」のときとは異なり、「ペンギン」というコードネームを示すことなく、「Googleの品質に関するガイドラインに違反しているサイトについて、その掲載順位を下げるような対策を実施します」と宣言している。そのうえで、「検索ユーザーの利便性」を理由に、変更の詳細を非公開としている。この記事は、グーグルが自らの立場を次の三点において明確に宣言している点で重要である。第一は、自らが設定した「ガイドライン」こそが検索ユーザーの利便性に資するものであり、それに従うSEOを「ホワイトハット」、それへの違反を「ブラックハット＝ウェブスパム」として明確に排除していること。第二に、その「ウェブスパム」の「掲載順位を下げる」ようにアルゴリズムを実際に変更していること。第三に、アルゴリズム更新の詳細は、「抜け道をくぐり抜けた」サイトの増加を抑止するために明かされず、そのことが「検索ユーザーの利便性」を損なわないための措置であること。これまでに論じてきたとおり、「裁き手」たるグーグルは「ユーザーの利便性」を大義名分として正統性を主張することで、ウェブマスターをホワイトハットとブラックハットに区別し、自らの「ガイドライン」に従う前者を優遇することで、WWWの競争環境そのものを秩序化しようとしていることがわかる。そして、このような宣言が明文化されていること自体が、「ガイドライン」と同様、「規律＝訓練」的な秩序化の要素になってもいる。一方で、この「ガイドライン」に基づいて実際にアルゴリズムを更新し、それによって実際にランキングを下げるという行為は「コード」を「法」として作動させるアーキテクチャ的な規制といえる。この時期のグーグルが構築した秩序は、このような二重の（両義的な）構成によって可能になっていたのである。

それでは、ここで「非公開」とされた「ペンギン」アップデートは、ウェブマスターにどのように受け止められたのだろうか。「Web担当者Forum」で「ペンギン」コードについて言及する記事が最初に現れるのは、直後の二〇一二年五月十一日の「ペンギン・アップデート情報——ペンギンは不自然リンクを嫌うなど10＋4記事（海外&国内SEO情報）」である。この記事では、次のように「ペンギン」を紹介している。

　グーグルは、ウェブスパムを犯しているサイトを検索結果から排除するために「ペンギン・アップデート」と呼ぶアルゴリズム更新を実行した。ペンギン・アップデートによりスパム行為が見つかり評価を下げられたサイトがすでに続出しているようだ。[15]

「ペンギン」はアメリカでの導入とほぼ同時期に日本でも導入されたため、日本では「ペンギン」が「パンダ」をいわば追い越すような形で先に導入された点には注意が必要だ。同じ記事では、

「ペンギン」の影響を分析したアメリカの記事を引用して、次のように解説している。

同じサイト管理者が運営する二つのサイトのうち、一つはペンギンにやられたがもう一つは影響を受けなかった。違いは隠しテキストやキーワードの詰め込みだったようだ。背景色に似せたテキストやキーワードリンクを詰め込んだブロックを設置していたらしい。

本人はユーザーに隠すつもりや検索エンジンをだますつもりはまったくなかったと言い張っているが、問い詰めるとユーザーには見せる必要がないから外見上は目立たなくしたと白状した。

結局のところ、「検索エンジンのランキングを上げるため」、ただそれだけの理由で取り入れた手法はウェブスパムに該当する確率がきわめて高いのだ。心当たりがないか振り返ってみてほしい。ペンギンに捕獲されてからでは遅い。[16]

この記事からは、「ペンギン」に対するスタンスも「パンダ」に対するスタンスも、基本的には同じ方向性であることがわかる。グーグルが宣言する「ユーザー利便性」に対抗するような言説はここにもみられず、「ペンギンに捕獲」されないために「検索エンジンをだます」ような行為を慎もう、というメッセージが明確である。すなわち、検索エンジンの裏をかくようなブラックハットが割に合わないものとして実効性を失い、「ガイドライン」に従うホワイトハットであることこそが合理的だという結論に、最適化に関する議論を収束させているのだ。ここに至って、グーグルの

「ガイドライン」という規律を訓練し、内面化することを（その完遂までには至らないまでも）、「Web担当者Forum」のようなメディアが説得的に促進していく役割を果たすようになったことがわかる。

では、「ペンギン」とは具体的にはどのようなアルゴリズム・アップデートなのだろうか。二〇一二年六月十四日の記事「パンダとペンギン——グーグルのアルゴリズム更新の正体と対処法」では、次のような解説がみられる。

パンダとペンギン。この二つは何を扱っているのか？　違いはどこにあるのか？　どう対処すれば検索結果表示ページ（SERP）で高い順位を取れるのだろうか？

簡単にいえば、次のようなものだ。

▼パンダはコンテンツの質を問題にする。

▼ペンギンが焦点を当てるのはリンクプロファイルの質だ。

どちらのアップデートも、（白黒をハッキリさせて）SERPにスパム的な検索結果が紛れ込むのを減らし、検索ユーザーにより良い検索結果を提供することを目的としている。(17)

前述のとおり、「パンダ」はコンテンツの質を対象とするアルゴリズムの更新だった。一方で「ペンギン」は、リンクの質を対象にしているという。では、リンクの質とは何か。同じ記事では、「ペンギン」について次のように推定している。

サイトのリンクプロファイルに、かなり質の低いサイトからのリンクが平均よりずっと多く含まれているとなれば、過度にSEOが行われた可能性のあるサイトとして目を引くかもしれない。つまり、「購入したリンクが多いのではないか」と疑われるのだ。だが、これが絶対とはいえないのはもちろんだ。

ウェブサイトに張られたリンクの半分以上のリンクテキストに、君のサイトにとっていちばん価値が高いキーワードが含まれているとなると、これは危険信号だ。君の方からキーワードを各サイトに伝えて望ましいリンクを張ってもらい、その代わりに何らかの見返り（現金かもしれないし、報酬を支払って投稿してもらう価値の低い短いブログ投稿といったものかもしれない）を与えるという形でリンクビルディングをしている可能性があるとみなされる。

いずれにせよ、ペンギン・アップデートの基本的な考え方は、リンクプロファイルに操作が目立つサイトを排除しようというものだ。[18]

ここでいう「リンクプロファイル」とは、そのウェブページがほかのウェブページから張られたリンク（これを被リンクという）がどのような構成になっているか、を指す。つまり、検索結果ランキングで上位を得ることを目的として、自然な形での被リンクではなく、報酬を払うなどによって人為的にリンクを張ってもらう「購入したリンク」が含まれていないか、が評価の対象になっているのだ。このような「リンクビルディング」と呼ばれる手法も、PageRankアルゴリズムがリンクの数を手がかりにランキングを評価するため、以前からよく知られた操作手法だった。しかしこれが、「ペンギン」アップデートでは「質が低い」ものとして明確にペナルティの対象とされたのである。つまり、「パンダ」では排除しきれなかった、リンクに関するブラックハットをおこなう「送り手」を「ペンギン」を加えることで排除し、コンテンツとリンクの両面について「ガイドライン」に基づく秩序化を遂行したのだ。

その「ペンギン」の議論と前後して、二〇一二年七月十八日、グーグルは公式ブログで「パンダ」が日本語と韓国語にも適用されたことを発表した。[19]「Web担当者Forum」では、その約一週間後の七月二十七日に「パンダアップデート日本導入から一週間、影響は？　対策は？　など10＋4記事（海外&国内SEO情報）」というタイトルの記事を公開し、次のように記述している。

パンダアップデートは、低品質なコンテンツを検索結果から排除するためのアルゴリズム更新で、質が低いコンテンツが含まれているとサイト全体が影響を受ける。開発の中心となったエンジニアの名前にちなんで「Panda」と名づけられたということだ。

二〇一一年二月に米グーグルで英語での検索にまず導入され、二〇一一年八月には全言語に展開した。しかし日本語と韓国語、中国語の三言語は依然として対象外だった。日本語への導入は、「遂に」と言っていいだろう。（略）

竹内氏のアクセス解析では壊滅的なダメージを受けたサイトはなかったようだ。しかし実際には、大きく順位を下げて圏外に飛んでしまったサイトも存在するようだ。愛らしい動物のパンダとは違い、グーグルのパンダはやはり怖かった。[20]

これまで論じてきたとおり、従前から早期導入を期待する論調が多かっただけに、この記事では「遂に」という表現が用いられている。すでに「低品質」の意味については解説記事が出回っていたこともあり、具体的な対策というよりも初動の影響の分析が中心になっている。これまでグーグルが示す「ガイドライン」を「遵守すべき」という立場をとってきた方向性と合致するように、「大きく順位を下げて圏外に飛んでしまった」サイトに対しては突き放すような記述になっている。そのような「低品質」なコンテンツの「送り手」が、ブラックハットとして排除されることはもはや当然の前提とされており、そのようなウェブマスターは、グーグルの「ガイドライン」からも、「Web担当者Forum」の想定読者からも排除されるという構造が確立しつつあったといえるだろう。

なお、これらの「パンダ」や「ペンギン」といったアルゴリズム更新は、必ずしもあらゆる「ウェブスパム」を排除できたわけではない。たとえば、「パンダ」が日本で導入されて三カ月後の二〇一二年十月五日の記事「不自然リンクで裏をかくSEO手法にグーグルは永遠に勝てないのか？など10＋4記事（海外&国内SEO情報）」では、次のような記述がある。

ランキングを不正に操作する目的で張られた不自然リンクに、グーグルは対処できるようになるのだろうか。それとも、裏をかく手法は永遠になくならないのだろうか。（略）

「ただ、こと不自然リンクの問題に関しては、思ったより解決に時間がかかっているなあ、と思うのも事実。Googleさんにはもっと頑張ってほしいものです」

自作リンク・有料リンクを最終的にグーグルが見抜けるかどうかの問題に関して、「まだまだ時間がかかりそうだから行けるところまで行ってみよう」ではなく、Web担の読者には「もはや時間の問題だからいっさい近づかないほうがいい」と解釈してほしいものだ。(21)

この記事でも説明しているとおり、「ペンギン」による「不自然リンク」への対処は、あくまで「ガイドライン」の特定の項目への違反の有無を、一定の範囲内で外形的に判定する計算論的なアルゴリズムを導入し、そのアルゴリズムの更新を続ける、というものであった。この記事には「まだまだ時間がかかりそうだから行けるところまで行ってみよう」とする態度を戒める記述があるが、逆にいえばそのようなグレーゾーンをねらうSEOがなくなったわけではなく、引き続き実施しようとするウェブマスターが存在したことを示しているだろう。「Web担当者Forum」は、あくまでホワイトハットに正統性を見いだし、グーグルの（意味論的な）「ガイドライン」に従うことを積極的に推奨する態度をとっている。一方で、グーグルの（計算論的な）アルゴリズム自体の精度については無条件に信頼するわけではなく、現時点での限界を認識したうえであえて「Googleさんにはもっと頑張ってほしいものです」と評している点は、メディアの立ち位置として興味深い。

グーグルによる「ガイドライン」という規律は、それが「探し手＝受け手」の利益を考慮したものであり、ウェブマスターからみても正当なものだと理解されたからこそ、正統性をもつものとして扱われた。一方でアルゴリズムのアーキテクチャが、その「ガイドライン」の理想を十分に遂行する能力がないと見なされれば、そのアルゴリズムはアップデートされるべき対象として理解される。「もっと頑張ってほしい」とは、グーグルが自ら設定した意味論的な「ガイドライン」の規律に対し、計算論的なアルゴリズムの「管理＝制御」が追いついていないことを指摘する言説として理解すべきだろう。つまりここでのウェブマスターは、グーグルという「裁き手」の盲信的な支持者というわけでは決してなく、むしろ「法の支配」ならぬ「ガイドラインの支配」が適正になされているかをチェックするような役割を担ってもいたのである。

5 「ガイドライン」を徹底させるメディア

「ペンギン」アップデートなどの不自然なリンクへの審査にも関連する、この時期の共起コードに「ウェブマスターツール」がある。第4章でもふれたとおり「ウェブマスターツール」とは、グーグルが提供するウェブマスター向けの登録・設定ツールのことである。もともとはGoogle Sitemapと呼ばれ、ウェブサイト内のURLをグーグルがクローリングするための情報を確認するツールとして、二〇〇五年に公開された。[22] その後いくつかの機能が追加され、ちょうど「Web担当者Forum」が開設された直後にあたる二〇〇六年八月に「Google Webmaster Tools」と名称を変更している。[23] ウェブマスターはこのツールに登録することで、自身のウェブサイトのページがグーグルに期待どおりにインデックスされているか、何らかのエラーや「不正」と見なされるような問題は発生していないかなどを確認できる。「Web担当者Forum」でも高頻度で言及されており、SEOを実施しているウェブマスターのほとんどに知られているツールだった。
　ではこの「ウェブマスターツール」について、特にこの時期に言及が増加しているのはなぜか。それは、グーグルが「ガイドライン違反」と見なすウェブページに対して「ウェブマスターツール」を通じて警告を出し、従わなければペナルティを科すという運用を頻繁におこなうようになったためだと考えられる。たとえば「ペンギン」アップデート導入の直前の時期にあたる二〇一二年四月二十日の記事「グーグルから不自然リンク警告を受けたサイトは21日後に死ぬなど10＋4記事（海外&国内SEO情報）」には、次のような記述がある。

　アルトフト氏は、最近不自然リンク警告を受けたりペナルティを受けたりしたと思われる五十以上のサイトを観察して得た経験をブログで公開した。
　ウェブマスターツールに警告が送られてきた後、数週間以内にペナルティを受けるだろう。警告を受けたちょうど二十一日後にペナルティを与えられたケースがいくつかあった。警告なしでペナルティを受けたサイトもある。ペナルティの後に警告が届くこともあった。(24)

　ここでは、「ウェブマスターツール」での「警告」に続いて科されるペナルティについて、経験談をもとにした分析を紹介している。そのうえで、「ウェブマスターツール」に登録し、「警告」が出た場合はそれに従うことを推奨している。

このコーナーでも何度か伝えていることだが、グーグルからウェブマスターツールに警告を受けたときは、速やかに対処すべきという鉄則に変わりはない。「警告はよく送られてくるものなので無視していい」と誤った指示をするSEOコンサルタントがいるが、無視すべきなのはそのSEOコンサルタントの指示だ。

そして、もしあなたがまだ自分のサイトをウェブマスターツールに登録していないのならば、今すぐに登録しておくことをオススメする。(25)

これまでみてきたとおり、グーグルの「ガイドライン」の強制力は、アルゴリズムの動作による直接的なランキングの低下というペナルティによって実効性が担保されているわけだが、どのようなページが、どのような理由で「ガイドライン」違反と見なされるのかを（完全ではないにせよ）可視化する「ウェブマスターツール」は、グーグルとウェブマスターとのコミュニケーションを媒介するメディアとして機能していたことがわかる。

前述のとおり、グーグルは「ガイドライン」が重要な規律であることを主張しながらも、ランキング・アルゴリズム自体の「管理＝制御」の能力が必ずしも「ガイドライン」の完遂を実現しているとはいえないことを理解していた。したがって、アルゴリズムによるペナルティの発動は必ずしも一方的なものではなく、「ウェブマスターツール」という一定のコミュニケーション回路を設けることによって、ウェブマスターとの調整の余地を残していたと考えられる。また、「ウェブマスターツール」は、グーグルの「ガイドライン」がどのように適用されるのかを具体的に示すことで「ガイドライン」の正当性を伝え、正統性を強化するメディアでもあった。さらに「ウェブマスターツール」は、「ガイドライン」という規律に基づいて、個々のウェブページに対してアルゴリズムの適否を示すアーキテクチャとしても作動していく。ウェブマスターは、「ウェブマスターツール」の警告に従ってウェブページを修正するという行動に否応なく促されることになるからだ。ここでも、グーグルの「裁き手」としての統治が、「ガイドライン」という規律と、アルゴリズムという「管理＝制御」の二重の「権力」によって両義的に構築されていることがわかる。

グーグルがこのころウェブマスターとのコミュニケーションに積極的になりつつあったことは、次の記事からも推察できる。二〇一三年三月十五日の記事「「うちのサイトはグーグルに正しく認識されてる?」を三分チェックなど10＋4記事（海外&国内SEO情報）」は、グーグルの日本法人のサーチクオリティチームがウェブマスターたちとビデオチャットをおこなったことを述べている。

日本のグーグルサーチクオリティチームによる二回目のハングアウト（ビデオチャット）が実施された。録画がYouTubeで公開されている。今回のテーマは「再審査リクエスト」だ。再審査リクエストの概要を説明したあとに、事前に募集した質問に答えている。たとえば次のような質問への回答だ。

・グーグルはどうやってガイドラインに違反したサイトを見つけ出しているのか

・不自然なリンクに対する手動対応も一定期間を経過すると未対応でも取り消されるのか
・再審査リクエストの返信で詳しい違反内容を教えてくれないのはなぜか
・不自然リンクを見つけるにはウェブマスターツールのデータだけで十分か
・順位が下がったが警告は届いていない、それでも再審査リクエストを送るべきか

筆者にとってはこのハングアウトで価値ある新たな情報をいくつか手にできた。開始時間が遅れるなど進行に対する不満の声も出ていたようだが、十分に満足できる内容だった。まだ二回目である。良い点・改善点をフィードバックして協力しながら回数を重ねて洗練させていけばいいと筆者は思う。(26)

このとき、グーグルの日本法人の社員がウェブマスターからの質問に直接答え、「ガイドライン」やペナルティの運用の実態について「ウェブマスターツール」ではわからないことについてまでコミュニケーションがなされていたことがわかる。記事にあるとおりこれは二回目の開催だったが、このようなビデオチャットの機会は「ウェブマスター オフィスアワー」と題して、二〇二四年現在まで続いている。

第二期の「パンダ」「ペンギン」が象徴するアルゴリズム更新や、「ガイドライン」によるペナルティの強化は、結果的には「Web 担当者 Forum」に代表されるホワイトハットなウェブマスター

たちの直接的・間接的な支持と、それに違反するウェブマスターをブラックハットと見なして排除することで実現された。その支持の背景には、グーグルの支配的な地位を前提としながらも、「ガイドライン」が「探し手＝受け手」の利益を代弁するものとしての正当性をもつとウェブマスターたちに認識されたことによって、共有すべき規範として一定の範囲で内面化され、グーグルとウェブマスターたちの間にある種の秩序が構築されたことによる。

一方でその「ガイドライン」を実際に適用する計算論的なアルゴリズムは、「ガイドライン」を完全な形で遂行できないという認識から、「送り手＝創り手」に対してのアーキテクチャとしての「管理＝制御」は弱いものにとどまり、むしろそこに意味論的な「ガイドライン」との矛盾があれば批判の対象となる余地があった。逆にいえば「選び手＝裁き手」としてのグーグルの正統性は、「送り手＝創り手」としてのウェブマスターが「ガイドライン」とその遂行能力を支持しなければ維持することが困難になる不安定なものであり、その遂行能力はアルゴリズムの実際のパフォーマンス、すなわちブラックハットを適切に排除できているかどうかによって常にテストされていた。「ウェブマスターツール」や「オフィスアワー」は、両者の緊張関係を調整するためのコミュニケーションの回路として、正統性を維持したい「選び手＝裁き手」と、創作物が正統性を得られるのか確認したい「送り手＝創り手」の双方から必要とされたメディアだった。

二〇一五年以降のSEOは、モバイルの生態系と交錯することによって、この緊張関係が拡大し変容することになる。次章では、その複雑化する様相について分析する。

注

（1）前掲『CODE Version 2.0』

（2）インターネット協会監修『インターネット白書２０１１』インプレス、二〇一一年、一九一ページ

（3）鈴木謙一「ＩＰ分散はＳＥＯに効果絶大↑ダマされないで!! など10＋２記事（海外&国内ＳＥＯ情報）」「Web 担当者 Forum」二〇一一年一月七日（https://webtan.impress.co.jp/e/2011/01/07/9494）［二〇二二年八月三十一日アクセス］

（4）鈴木謙一「グーグルのペナルティの与え方と解除の仕方など10＋２記事（海外&国内ＳＥＯ情報）」「Web 担当者 Forum」二〇一一年二月十八日（https://webtan.impress.co.jp/e/2011/02/18/9772）［二〇二二年九月四日アクセス］

（5）鈴木謙一「Google 検索結果 順位ごと1位～10位のクリック率データ３種など10＋２記事（海外&国内ＳＥＯ情報）」「Web 担当者 Forum」二〇一一年三月四日（https://webtan.impress.co.jp/e/2011/03/04/9873）［二〇二二年八月三十一日アクセス］

（6）鈴木謙一「オーソリティサイトになるための7つの条件など10＋11記事（海外&国内ＳＥＯ情報）」「Web 担当者 Forum」二〇一一年三月十八日（https://webtan.impress.co.jp/e/2011/03/18/9948）［二〇二二年八月三十一日アクセス］

（7）鈴木謙一「時間をかけるだけムダな「都市伝説ＳＥＯ技」16選など10＋２記事（海外&国内ＳＥＯ情報）」「Web 担当者 Forum」二〇一一年四月十五日（https://webtan.impress.co.jp/e/2011/04/15/10099）［二〇二二年八月三十一日アクセス］

（8）鈴木謙一「キーワード出現頻度を話題にするのはもう止めない？　by Google など10＋２記事（海

外&国内ＳＥＯ情報)」「Web担当者Forum」二〇一一年六月三日(https://webtan.impress.co.jp/e/2011/06/03/10375)[二〇二二年八月三十一日アクセス]

(9)Google「質の高いサイトの作成方法についてのガイダンス」二〇一一年五月六日「Google検索セントラルブログ」(https://developers.google.com/search/blog/2011/05/more-guidance-on-building-high-quality)[二〇二二年八月三十一日アクセス]

(10)鈴木謙一「グーグルが嫌いなアフィリエイトサイトとは?　など10＋1記事(海外&国内ＳＥＯ情報)」「Web担当者Forum」二〇一一年六月二十四日(https://webtan.impress.co.jp/e/2011/06/24/10519)[二〇二二年八月三十一日アクセス]

(11)鈴木謙一「2ちゃんまとめブログ全滅か?　広告多すぎサイトにグーグルがペナルティなど10＋2記事(海外&国内ＳＥＯ情報)」「Web担当者Forum」二〇一二年二月三日(https://webtan.impress.co.jp/e/2012/02/03/12075)[二〇二二年八月三十一日アクセス]

(12)Google「Googleが掲げる10の事実」(https://about.google/philosophy/?hl=ja)[二〇二二年九月二十八日アクセス]

(13)Moz「「不自然なリンクに関するGoogleウェブマスターツールからのお知らせ」への対処法(後編)」「Web担当者Forum」二〇一二年五月七日(https://webtan.impress.co.jp/e/2012/05/07/12644)[二〇二二年八月三十一日アクセス]

(14)Google「良質なサイトをより高く評価するために」二〇一二年四月二十五日「Google検索セントラルブログ」(https://developers.google.com/search/blog/2012/04/another-step-to-reward-high-quality?hl=ja)[二〇二二年八月三十一日アクセス]

(15)鈴木謙一「ペンギン・アップデート情報——ペンギンは不自然リンクを嫌うなど10＋4記事(海外

&国内SEO情報)」「Web担当者Forum」二〇一二年五月十一日（https://webtan.impress.co.jp/e/2012/05/11/12712)［二〇一二年八月三十一日アクセス］

(16) 同記事

(17) Moz「パンダとペンギン――グーグルのアルゴリズム更新の正体と対処法」「Web担当者Forum」二〇一二年六月十四日（https://webtan.impress.co.jp/e/2012/06/14/12899)［二〇一二年八月三十一日アクセス］

(18) 同記事

(19) Google「Google検索が、高品質なサイトをよりよく評価するようになりました」二〇一一年七月十八日「Google検索セントラルブログ」（https://developers.google.com/search/blog/2011/08/high-quality-sites-algorithm-launched?hl=ja)［二〇一二年八月三十一日アクセス］

(20) 鈴木謙一「パンダアップデート日本導入から一週間、影響は？ 対策は？ など10＋4記事（海外&国内SEO情報)」「Web担当者Forum」二〇一二年七月二十七日（https://webtan.impress.co.jp/e/2012/07/27/13278)［二〇一二年八月三十一日アクセス］

(21) 鈴木謙一「不自然リンクで裏をかくSEO手法にグーグルは永遠に勝てないのか？など10＋4記事（海外&国内SEO情報)」「Web担当者Forum」二〇一二年十月五日（https://webtan.impress.co.jp/e/2012/10/05/13808)［二〇一二年八月三十一日アクセス］

(22) Google「Just getting started...」二〇〇五年八月八日「Google Search Central Blog」（https://developers.google.com/search/blog/2005/08/just-getting-started)［二〇一二年八月三十一日アクセス］

(23) Google「New name better reflects our commitment to communicate with you」二〇〇六年八月四日「Google Search Central Blog」（https://developers.google.com/search/blog/2006/08/new-name-

better-reflects-our)［二〇二二年八月三十一日アクセス］

（24）鈴木謙一「グーグルから不自然リンク警告を受けたサイトは21日後に死ぬなど10＋4記事（海外＆国内ＳＥＯ情報）」「Web 担当者 Forum」二〇一二年四月二十日（https://webtan.impress.co.jp/e/2012/04/20/12617）［二〇二二年八月三十一日アクセス］

（25）同記事

（26）鈴木謙一「「うちのサイトはグーグルに正しく認識されてる？」を三分チェックなど10＋4記事（海外＆国内ＳＥＯ情報）」「Web 担当者 Forum」二〇一三年三月十五日（https://webtan.impress.co.jp/e/2013/03/15/14902）［二〇二二年八月三十一日アクセス］

第7章　脱中心化するSEO

――モバイルによる秩序の揺らぎ（二〇一五―二〇年）

1　第三期（二〇一五―二〇年）の特徴コード

本章では、第4章で定量的に抽出した時代区分の最後にあたる第三期（二〇一五―二〇年）について、その特徴コードに基づき定性的な分析をおこなう。前章で論じた第二期は、「ガイドライン」とペナルティによってグーグルの「秩序」が構築された時期だった。グーグルによる「ガイドライン」は二〇一五年以降、スマートフォンウェブやアプリへとその対象を広げていく。第4章で示した「Web担当者Forum」の共起ネットワークを、一五年から二〇年の時期に限定して抜粋したものが図7・1である。

第三期の共起コードは、「モバイル」コードおよび「アプリ」コードに特徴づけられるように、グーグルの主にスマートフォンに関する技術要素が多く、複雑なネットワークになっている。「モバイルフレンドリー」「App Indexing」「AMP」「PWA」「MFI」は、いずれもグーグルの技術要素や標準の名称を指している。また、「サーチコンソール」は第6章でふれた「ウェブマスターツール」のアップデート版の名称である。「キュレーションメディア」は、第1章でふれた「キュレーションメディア事件」に対応するグーグルのアルゴリズム更新関連語を含むコードである。このように、この時期はモバイルに関する技術を中心としたトピックがかなり多いことがわかる。

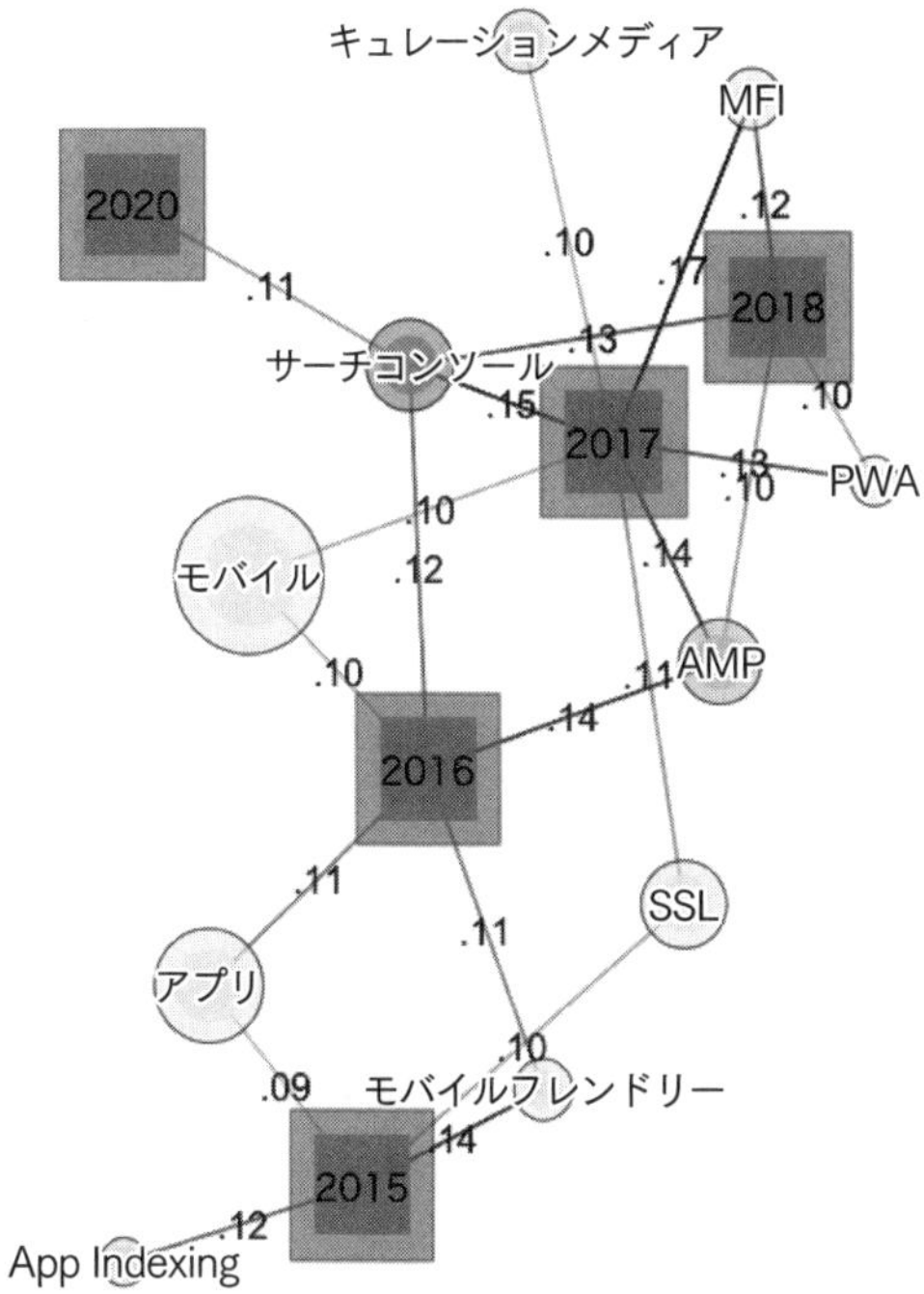

図7.1　共起ネットワーク（2015-20年の共起関係を抜粋）

　ここでグーグル要素技術カテゴリーのヒートマップを再掲する（図7・2）。図7・1とあわせて確認すると、それぞれの要素技術がいつ言及され、どの時期に最も注目されていたのかについてのおおまかな傾向を読み取ることができる。

　モバイル端末でのグーグルによる検索が一般化するのは、二

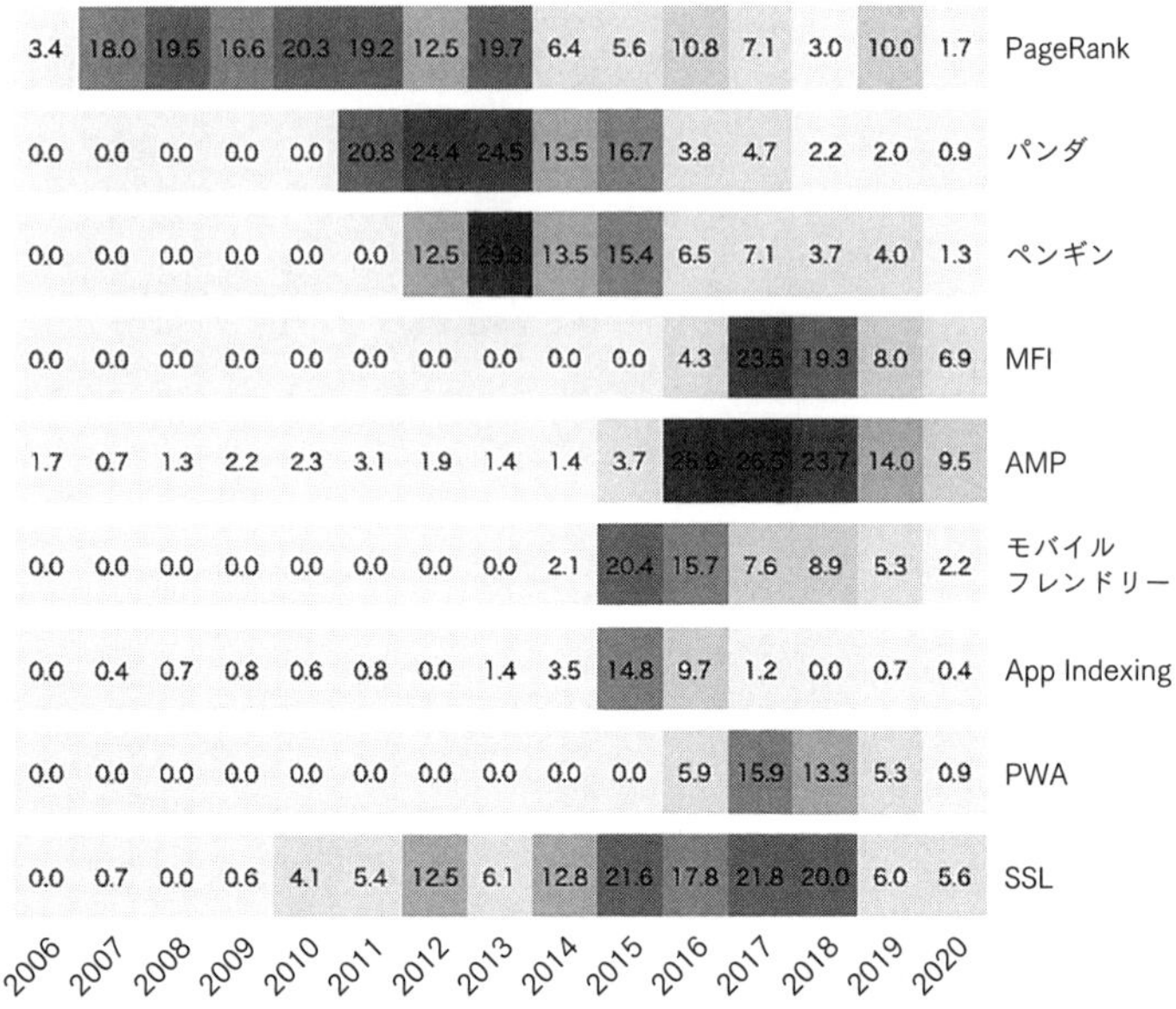

3.4 18.0 19.5 16.6 20.3 19.2 12.5 19.7 6.4 5.6 10.8 7.1 3.0 10.0 1.7 PageRank
0.0 0.0 0.0 0.0 0.0 20.8 24.4 24.5 13.5 16.7 3.8 4.7 2.2 2.0 0.9 パンダ
0.0 0.0 0.0 0.0 0.0 0.0 12.5 29.3 13.5 15.4 6.5 7.1 3.7 4.0 1.3 ペンギン
0.0 0.0 0.0 0.0 0.0 0.0 0.0 0.0 0.0 0.0 4.3 23.5 19.3 8.0 6.9 MFI
1.7 0.7 1.3 2.2 2.3 3.1 1.9 1.4 1.4 3.7 26.9 26.5 23.7 14.0 9.5 AMP
0.0 0.0 0.0 0.0 0.0 0.0 0.0 0.0 2.1 20.4 15.7 7.6 8.9 5.3 2.2 モバイルフレンドリー
0.0 0.4 0.7 0.8 0.6 0.8 0.0 1.4 3.5 14.8 9.7 1.2 0.0 0.7 0.4 App Indexing
0.0 0.0 0.0 0.0 0.0 0.0 0.0 0.0 0.0 0.0 5.9 15.9 13.3 5.3 0.9 PWA
0.0 0.7 0.0 0.6 4.1 5.4 12.5 6.1 12.8 21.6 17.8 21.8 20.0 6.0 5.6 SSL
2006 2007 2008 2009 2010 2011 2012 2013 2014 2015 2016 2017 2018 2019 2020

図7.2　グーグル要素技術カテゴリーのヒートマップ（図4.4の再掲）

〇〇七年に登場したアップルのiPhoneに代表されるスマートフォンの普及以後である[1]。スマートフォンは、〇九年に発売されたiPhone 3Gにソフトバンクが対応したことが端緒になり、日本でも本格的に導入された。スマートフォンが普及する以前は、フィーチャーフォンと呼ばれる従来型携帯電話に各携帯通信会社がｉモードなどのインターネット接続サービスを個別に展開していた。そのころ、携帯端末の検索はそれぞれの携帯通信会社が提供するポータルサイトによって提供されていた。これはパソコンのＷＷＷの生態系とは異なる独自の生態系であり、いわゆる「ガラパゴス・ケータイ（ガラケー）」の生態系だった。スマートフォンの登場によって、パソコンの生態系にモバイル端末が入り込んでくることにな

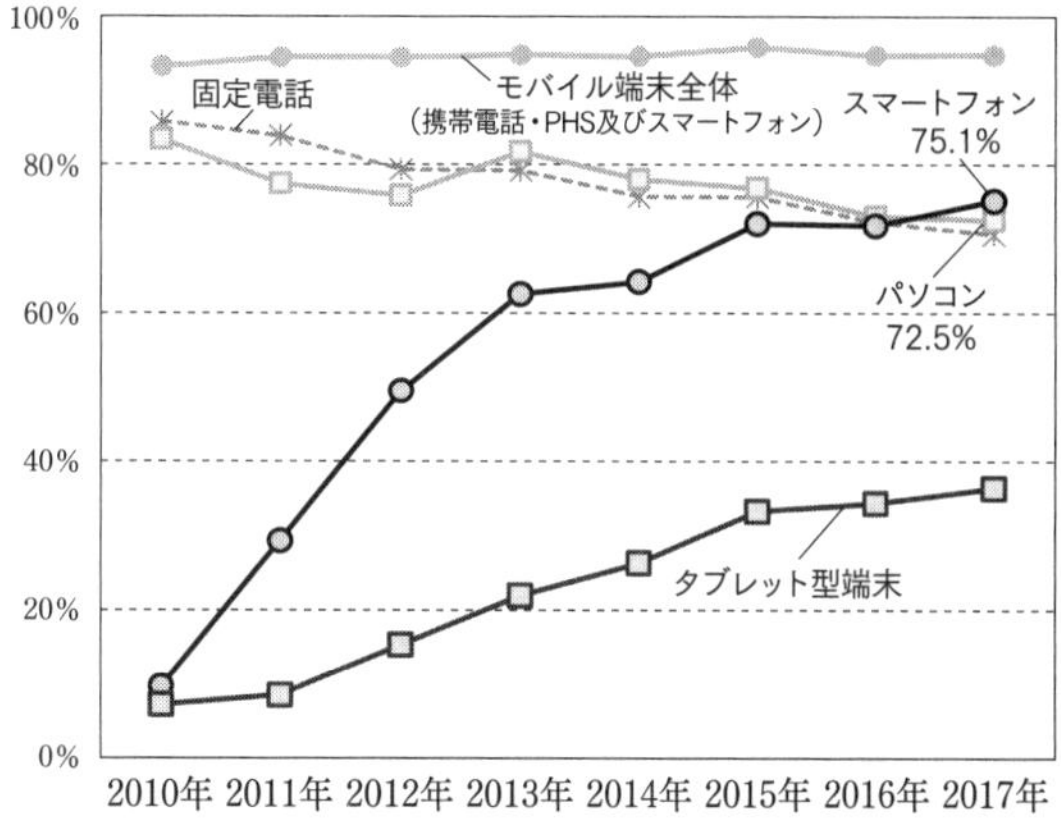

	2010年	2011年	2012年	2013年	2014年	2015年	2016年	2017年
固定電話	85.8	83.8	79.3	79.1	75.7	75.6	72.2	70.6
パソコン	83.4	77.4	75.8	81.7	78.0	76.8	73.0	72.5
スマートフォン	9.7	29.3	49.5	62.6	64.2	72.0	71.8	75.1
モバイル端末全体	93.2	94.5	94.5	94.8	94.6	95.8	94.7	94.8
タブレット型端末	7.2	8.5	15.3	21.9	26.3	33.3	34.4	36.4

図7.3　主な情報通信機器の保有状況（世帯）
（出典：総務省「平成29年通信利用動向調査ポイント」2018年6月22日〔https://www.soumu.go.jp/main_content/000558952.pdf〕［2024年12月25日アクセス］）

るのだが、日本でのスマートフォンの普及は〇九年のiPhone 3G発売以降、急速に進行したわけではない。総務省の「通信利用動向調査」によれば、スマートフォン端末の世帯普及率（図7・3）は、一〇年末の時点では九・七％であり、それが過半数に達し従来型の携帯電話を上回るのは一三年末（六二・六％）、パソコンを逆転し七五・一％に達するのは一七年である[2]。したがってモバイル端末でグーグルが存在感をもってくるのは、おおむね一三年ごろからスマートフォンの影響力が従来型の「ガラケー」を上回るころからである。一七年ごろからは、さらにパソコンよりもスマートフォン経由の利用が上回ることで、ＳＥＯが対応すべき端末が変容していくことになる。

このように、第三期はスマートフォンが普及しはじめ、グーグルを含むウェブの生態系がこれまでのパソコン中心のものからモバイル端末を含む複合的な環境へと移行していく時期にあたると考えることができるだろう。

2　多重化する最適化

ここであらためて、デバイス・プラットフォームカテゴリーの出現頻度のヒートマップを図7・4に再掲する。「モバイル」コードは従来型携帯電話に関する言及も含むため、二〇〇九年以前も一定程度出現しており、一一年から増加し、一四年から一七年にかけてピークを迎えることがわかる。それとの比較の文脈で言及されるという意味で「ＰＣ」コードも同様に出現頻度が増加しているのが特徴だ。

「モバイル」コードに関しては言及数が多いこともあって、共起ネットワークで示した二〇一四年と一五年の断絶は明確なものではない。本節では、第6章で扱った時期と一部重複するものの、一四年以前の「モバイル」コードの記事も分析の対象とし、その複雑化する歴史を捉えることを試みる。

スマートフォンが少しずつ普及しはじめた二〇一一年ごろ、「Web 担当者 Forum」の中心的なト

	2006	2007	2008	2009	2010	2011	2012	2013	2014	2015	2016	2017	2018	2019	2020
PC	16.9	12.7	14.2	18.0	20.9	23.8	25.0	21.1	29.1	34.6	30.8	31.8	28.9	16.7	23.3
モバイル	18.6	8.5	9.2	10.4	15.7	23.8	30.6	31.3	43.3	42.6	43.2	46.5	46.2	28.0	25.0
アプリ	0.0	5.3	6.3	4.8	7.0	10.8	13.8	13.6	21.3	28.4	30.8	21.8	21.5	15.3	13.8
SNS	1.7	17.3	18.8	13.5	18.0	34.6	31.2	27.9	27.7	26.5	17.3	10.0	11.9	14.7	12.1
ツイッター	0.0	0.7	5.6	20.2	30.8	42.3	20.6	25.9	31.9	27.2	26.5	28.8	25.2	29.3	17.2
フェイスブック	0.0	4.6	5.3	6.7	8.1	26.9	13.1	21.1	12.8	12.3	11.9	12.9	8.9	12.0	5.6
インスタグラム	0.0	0.0	0.0	0.0	0.0	0.0	0.0	0.7	0.0	0.0	0.0	0.6	1.5	1.3	0.0
YouTube	1.7	2.8	6.3	9.3	10.5	17.7	12.5	21.1	14.2	8.0	9.2	11.2	10.4	11.3	11.6

図7.4　デバイス・プラットフォームカテゴリーのヒートマップ（図4.2の再掲）

ピックは第6章で分析したとおり「パンダ」や「ペンギン」だったが、「モバイル」コードが付与された記事も増加しつつあった。一一年九月三十日の記事「リンクが集まる施策・集まらない施策×10など10＋2記事（海外&国内ＳＥＯ情報）」では、次のように解説している。

グーグルは現在スマートフォンをデスクトップＰＣと同等に扱い、スマートフォンユーザーにも通常のウェブ検索と（ほぼ）同じ結果を返す。ゆえに独自で行うべきＳＥＯ施策はないとのことだが、何点かのポイントが紹介されている。

まず、デスクトップＰＣとスマートフォン用に別々のページを提供しているときはＰＣサイト向けのページをインデックスさせることを推奨している。重複コンテンツの発生を防ぐためだ。

被リンクに関しては通常はPCサイトに張られるだろうからという理由で、特に対策する必要はなさそうである。[3]

この時点では「独自で行うべきSEO施策はない」と断言しており、パソコン向けが前提になっていたこれまでのグーグルに対するSEOをおこなっていればいい、という認識がみられる。前述のとおり、二〇一一年の時点ではまだ従来型携帯電話のほうが優勢だったという事情もあり、スマートフォンに特化した対策への意識はあまり強くないようにみえる。

しかし二〇一一年末の十二月十六日、グーグルがパソコン用とは別にスマートフォン用のクローラーを導入すると公式ブログで発表[4]すると、ウェブマスター側のスタンスが変化しはじめる。「Web担当者Forum」の一二年一月六日の記事「スマートフォン向けSEOの質問に答えますなど10＋2記事（海外&国内SEO情報）」では、早速ウェブマスター側からの疑問として、以下の項目を挙げている。

・Googleは、PC用サイトとスマートフォン用サイトをどのように区別・識別するのか？
・スマートフォン版Googlebot-Mobileに見せるコンテンツはスマートフォン版で良いのか？情報量はPC版のほうが豊富なため、PC版を見せたほうが検索ランキング的に有利ではないのか？

・ＵＡ判定をしてユーザーをＰＣ用またはスマートフォン用サイトにリダイレクトする場合、ステータスコード301と302のどちらを使えば良いのか？

・ＰＣ用サイトとスマートフォン用サイトを同一ＵＲＬで管理しており、ＵＡの判定によってレイアウトやフォントなどを切り替えている。このような場合にスマートフォンサイトを適切に検索エンジンに登録するにはどうすればいいか？

・ＰＣ用サイトとスマートフォン用サイトを別のＵＲＬで管理している。このような場合にスマートフォンサイトを適切に検索エンジンに登録するにはどうすればいいか？(5)

これまでのＳＥＯは、パソコン向けのウェブページをグーグルのクローラーに（特にパソコン用かスマートフォン用かの区別なく）認識させておけば、スマートフォンの検索結果に関しても同様に評価されることを前提としていた。そのため、スマートフォン用に最適化してパソコン用とは別にウェブページを制作した場合でも、そのウェブページについて追加のＳＥＯをおこなう必要はなかった。しかし、グーグルがスマートフォン用のクローラーを導入すると、その前提が崩れ、スマートフォン用のウェブページもＳＥＯ対策を個別におこなう必要が出てくる。グーグルのクローラーの対象として、これまでは一つの体系だったウェブサイトの構成が二つの体系になることを意味し、その複線化は、これまでとは異なる対応をウェブマスターに要求することになる。たとえば、前述の記事のとおり、パソコン用サイトとスマートフォン用サイトを同一のＵＲＬで切り替えている場合もあれば、パソコン用サイトとスマートフォン用サイトを別個のＵＲＬで管理し、「ＵＡ判定」(6)

という手法で端末を識別してリダイレクト（転送設定）をおこなっている場合もあり、それぞれの場合にグーグルのクローラーがどのようにコンテンツを識別するのか、などが問題になったのだ。

この話題は、「パンダ」アップデート時にも問題になったように、重複するコンテンツが異なるURLで提供されていた場合に「ガイドライン違反」と見なされることがあり、ウェブマスターたちが不本意なペナルティを受けるリスクに敏感になっていたことも背景にある。ここで重要なのは「URLを単一にするか別個にするか」という問題は、提供しているコンテンツの意味論的な評価とは無関係であり、計算論的なアルゴリズムの都合に合わせたものにすぎないことだ。したがって意味論的な次元でのコンテンツの質を規定する「ガイドライン」では十分に対象化されていない事項であるにもかかわらず、技術的な実装の選択によって計算論的なペナルティを受ける可能性が生じてしまうということのもつ潜在的なコンフリクトが問題視された。この記事が示すウェブマスター側の疑問は、このようなグーグルの「ガイドライン」の限界を指し示すものでもあったのだ。

二〇一二年二月二十四日の記事「「スマホ向けサイトはレスポンシブWebデザインで」グーグル社員が語るなど10＋2記事（海外&国内SEO情報）」では、前述のようなウェブマスター側の懸念に対して、「グーグル公式ヘルプフォーラム」の回答として次のように記述している。

デスクトップ用ページとスマートフォン用ページを提供しているサイトで、URLを同じにするか別々にするかはそれぞれにメリット・デメリットがありどちらが絶対的に優れているかを判断することは難しい。

スマートフォン用のＵＲＬが検索結果に表示され続けて困っているウェブ担当者に対して、グーグルのジョン・ミューラー氏は次のように公式ヘルプフォーラムでアドバイスしている。

「可能なら、ＣＳＳ３のMedia Queriesのような特別なスタイルシートを使い（レスポンスWebデザインを使って）、同じＵＲＬでスマートフォンに専用のコンテンツを見せるといい。こうすることの利点は、特別なＵＲＬを必要とせずクロールやインデックスについて考えなくていいし、スマートフォンユーザーをどのようにしてリダイレクトするかを考慮する必要もないことだ。」

ＳＥＯを最優先するなら同じＵＲＬを使うのがベストに思える。しかしMedia Queriesは、うまく使わないとスマートフォンなどでページの表示が遅くなる場合もあるため、モバイル優先の情報設計をしたほうがいい場合もあるのも事実だ。

ＰＣ向けＵＲＬとスマートフォン向けＵＲＬは、本当に悩ましい問題である。(7)

このように、同じコンテンツをパソコンとスマートフォンで出し分けるにあたっては、グーグルは「同じＵＲＬでスマートフォンに専用のコンテンツを見せる」ことを推奨すると明言している。これは、異なるＵＲＬで同一のコンテンツを切り替えた場合、グーグルのアルゴリズムが、端末ごとの切り替えを意図したものなのか、「ガイドライン」に抵触する重複コンテンツなのかを適切に判別できないことを示唆している。つまり、アルゴリズムが「ガイドライン」どおりに動作しない可能性があるために、ウェブマスター側に「ガイドライン」ではなくアルゴリズムの計算論的な都合に合わせるように推奨していることになる。この記事の最後に「悩ましい問題」という表現があるが、ほかのアルゴリズム・アップデートと異なり、この問題が、「ユーザー利益」を大義名分に正統化されてきた「ガイドライン」の意味論に従うかどうかではなく、グーグルの技術が「ガイドライン」の理想を実現できないという制約のためにウェブマスター側が計算論的な適応を強いられることへの悩ましさを含意しているだろう。

これはスマートフォンのウェブページに対する「創り手」としての最適化と、SEOという「送り手」としての最適化のコンフリクトでもある。「パンダ」や「ペンギン」アップデートの際に「ガイドライン」が規範として機能したのは、「ガイドライン」が「探し手＝受け手」の利益になることが共有され、「創り手＝送り手」がその正当性を支持したことと同時に、実際にアルゴリズム・アップデートがその「ガイドライン」に反するウェブサイトのランキングを下げ、「ガイドライン」に準拠するウェブサイトのランキングを上げるものとして動作したからだ。しかしいわゆる「スマートフォン最適化」はそもそも何らかの計算論的なアルゴリズムに対する最適化ではなく、「受け手」の閲覧環境に配慮した「創り手」のデザイン上の工夫として始まったものである。そしてスマートフォンがまだ新しいデバイスだったこともあり、この最適化はさまざまな試行錯誤が必要な状況でもあった。グーグルによるURLの同一化の推奨は、このような試行錯誤によるデザイン上の工夫の自由に制約をかけるものだった。ここが「悩ましい問題」の正体であり、「パンダ」や「ペンギン」のように、無批判に受け入れることができない理由だと考えられる。

実際、この問題をめぐる方針については、グーグルも試行錯誤している様子がうかがえる。二〇一二年六月十五日の記事「SEOを発注する前に必ず知っておくべきことなど11＋4記事（海外＆国内SEO情報）」では、「パンダ」や「ペンギン」と比べるとやや曖昧ともいえるグーグルの方針が記述されている。

グーグルはスマートフォンに最適化したサイトを構築する際の推奨ガイドを公開した。三つの構成をサポートしている。

1．レスポンシブ・ウェブデザインを使用しているサイト、すなわち、すべてのデバイスに単一のURLで同じHTMLを提供し、CSSを使用してデバイスごとにデザインを変更するサイトです。こちらがGoogleの推奨する設定方法となります。
2．すべてのデバイスに対し単一のURLで、ユーザーエージェントに応じてデスクトップ用かモバイル用かなどを判断して動的に異なるHTMLとCSSを提供するサイト。
3．モバイル用のサイトとデスクトップ用のサイトを別々に構築しているサイト。

レスポンシブウェブデザインが推奨されているが、他の二つの方法はNGだというわけではないので、自社サイトの環境や条件に応じて選ぶといいだろう。レスポンシブウェブデザイン以外の方法でも、適切にグーグルに情報を伝える方法はある。(8)

このように「レスポンシブ・ウェブデザイン」と呼ばれる、同一URLでのスタイルシート（CSS）によるデザイン切り替えをグーグルは推奨している一方で、異なるURLでの運用も「NGだというわけではない」と説明している。しかし推奨されていない方式を採用する場合、煩雑な設定が必要になってしまう。二〇一二年七月六日の記事「グーグル再審査リクエストの処理はただ今順番待ちなど10＋4記事（海外&国内SEO情報）」では次のように説明している。

> つまりGoogleの考え方は、デスクトップユーザーは（ブラウザの機能・性能的に）デスクトップ版・スマホ版両方にアクセスできるのだから、どのバージョンのサイトにアクセスするかはユーザーに選択権を与えないさい《（ママ）》、ということです。
> だからスマホ版サイトは、UAによって振り分けを行わない、デスクトップユーザーがスマホにアクセスした時には、スマホ版を表示させるようにする、という対応をとるのが現状ではGoogleの意向に沿ったものとなります。
> …なんて書きましたが、デスクトップユーザーにスマホ版にアクセスしてほしくない（最も適切なフォーマットのサイトを見せたい）と考えるウェブ担当者さんもいらっしゃるはずで。鈴木さんおっしゃる通り、Googleはまだこの変化の流れについていけていないんだと思います。[9]

ここでは、「Googleの意向に沿ったもの」にすると、デスクトップ（パソコン）向け、スマートフォン向けのそれぞれのコンテンツの構成やデザイン上の制約が大きくなってしまうが、その原因は「Googleはまだこの変化の流れについていけていない」ためと評している。

二〇一三年以降も、この問題をめぐる議論は複雑なまま続いていく。一三年十月十八日の記事「レスポンシブ・ウェブデザインは万能ではない。具体例を示そうかなど10＋5記事」では、たとえば次のような議論がなされている。

> グーグルがサポートするモバイルサイトの構成は三種類ある。そのなかでグーグルが推奨するのがレスポンシブ・ウェブデザインだ。メリットが多いからだ。
>
> しかし、レスポンシブ・ウェブデザインはあらゆる場面において、他の二つの構成よりも優れているのであろうか？　レスポンシブ・ウェブデザインが向かない状況を、WebmasterWorldフォーラムのベテランメンバーが自身の経験から語った。
>
> レスポンシブ・ウェブデザインのことを考える際にはまず、（PCやスマートフォン、タブレットなど）各デバイスでのユーザーの行動を把握しなければならない。それから、各デバイスのユーザーに対してコンテンツを適切に準備するやり方を考えるのだ。
>
> そうした検討をした結果、レスポンシブ・ウェブデザインが最適だとはいえない状況も出てくる。[10]

ただし、このような議論が起きながらも、グーグルのやり方に対して必ずしも強い反発が表面化しているわけではないところに、この時期のウェブマスターとグーグルの微妙な距離感が表れているといえるだろう。この記事のように、グーグルが推奨する同一URLでの「レスポンシブ・ウェブデザイン」には「メリットが多い」一方で、必ずしも「最適だとはいえない状況」もあると指摘しているものの、大勢としてはなるべく「レスポンシブ・ウェブデザイン」を採用する方向を目指していく。スマートフォン端末についてはウェブマスター側も試行錯誤が必要な段階であり、グーグルの推奨がその自由度を一定程度奪うものであることは認識しながらも、積極的に推奨外のやり方を主張する動機があるわけではなかった。

このことには、同時期に出現したHTMLの新しいバージョンであるHTML5がこのような実装に適していたという技術的な背景も影響している。二〇一三年八月三十日の記事「いま本当に知っておくべき大切な12個のSEO施策など10＋4記事」では、HTML5について次のように述べている。

> 採用率は低いが伸びている。HTML5を採用するサイトが増えるほど、標準になっていくだろう。HTML5ベースのサイトはまだ少数派だが、この新しい技術でできることの価値を伝える声が広がりつつある。レスポンシブ・ウェブデザインが、モバイル業界で、今年の流行語として大はやりだ。(11)

HTML5による「レスポンシブ・ウェブデザイン」について、グーグルの推奨だからという理由よりも、技術的に最新の規格であり優れているという理由を大義名分として、積極的に推奨するような記述とも解釈できる。

3　ペナルティのほころび

「パンダ」「ペンギン」アップデートによる秩序化が進んだ第二期以降のグーグルは、スマートフォンの生態系に対してさまざまな動きを同時並行的に打ち出している。図７・１で示した共起ネットワークの出現コードの複雑さも、そのことを傍証している。本節ではこれらのコードのうち、第三期の比較的早い時期から言及がみられる「App Indexing」「モバイルフレンドリー」が付与された記事について分析する。

「Web担当者Forum」で初めて「App Indexing」に言及した記事は、二〇一三年十一月八日の「スマホアプリの中身をグーグルがインデックス＆検索結果に表示する時代になど10＋４記事」である。

グーグルは「App Indexing」（日本語なら「アプリ・インデックス」になるだろうか）という新しい仕組みを発表した。

App Indexingの仕組みをアプリに適用すると、Androidアプリ内のコンテンツをグーグルがインデックスできるようになるというものだ。

スマートフォンからグーグルで検索すると、その端末に該当するアプリがインストールされていれば、検索結果から該当するアプリのコンテンツを直接開ける。通常とは異なりウェブページにはアクセスしないのだ(12)。

「App Indexing」とは、記事の説明にあるとおり、グーグルのアンドロイドOSと連携することで、検索結果のリンクの遷移先としてアプリのコンテンツを直接開くことを可能にする技術だ。「パンダ」「ペンギン」アップデートを経て、パソコンのWWW全体を自身の「ガイドライン」のもとで秩序化しつつあったグーグルは、スマートフォンではWWWだけでなくアプリの内部まで、直接検索することを可能にしようとした。スマートフォンの普及とともにアプリも普及していく一方で、グーグルがもっているインデックスのデータベースには、アプリのコンテンツが含まれていなかったからだ。

このような背景のため、当初「App Indexing」を実現するには、アプリの「創り手」が技術的に複雑な設定をおこなう必要があった。WWWと異なり、アプリのコンテンツはインターネットから直接クロールすることができないため、アンドロイドアプリの内部を、グーグル側がクロール可能にするように改修することが必要とされたためだ。このため、一定の技術力があるアプリ提供企業を事前に募集し、グーグルが開発に協力するという手法がとられた。これまでにも「ガイドライン」の提供や「オフィスアワー」での交流など、グーグルとウェブマスター側のコミュニケーションをとる機会は増えつつあったが、「App Indexing」に関しては、実際にアプリの開発の一部まで共同でおこなうという「創り手」の領域に踏み込んだ対応に至ったというのが特徴的だろう。「App Indexing」の日本での一般公開を公式ブログで発表する記事「Android の App Indexing が誰でもご利用いただけるようになりました！」では、先行導入をおこなったサービス名、企業名を具体的に示して導入を呼びかけている。

App Indexing は既に日本のデベロッパに導入されており、たとえば次のようなアプリですでに実装されています。
クックパッド、ヤフオク、Hot Pepper Gourmet、タウンワーク、pixiv、WEAR
ぜひ App indexing をお試しください。何かご質問があれば、ウェブマスターヘルプフォーラムへ！[13]

こうした共同開発をグーグルがおこなったのは、「App Indexing」が意味論的な「ユーザー利益」を大義名分としながらも、それが本当に利益なのかがはっきりしづらい技術であったこと、これまでインデックスできていなかったアプリへの計算論的な影響力を強化したいという「グーグルの自社利益」の側面を隠蔽したかったためだと考えられる。

「App Indexing」の導入が少しずつ進んできた二〇一四年、今度はスマートフォン向けウェブページについての、新しいトピックが出現する。一四年十一月二十一日の記事「スマホ対応サイト「適合マーク」がグーグルの検索結果に登場など10＋4記事」では、次のような記述があり、画面例を

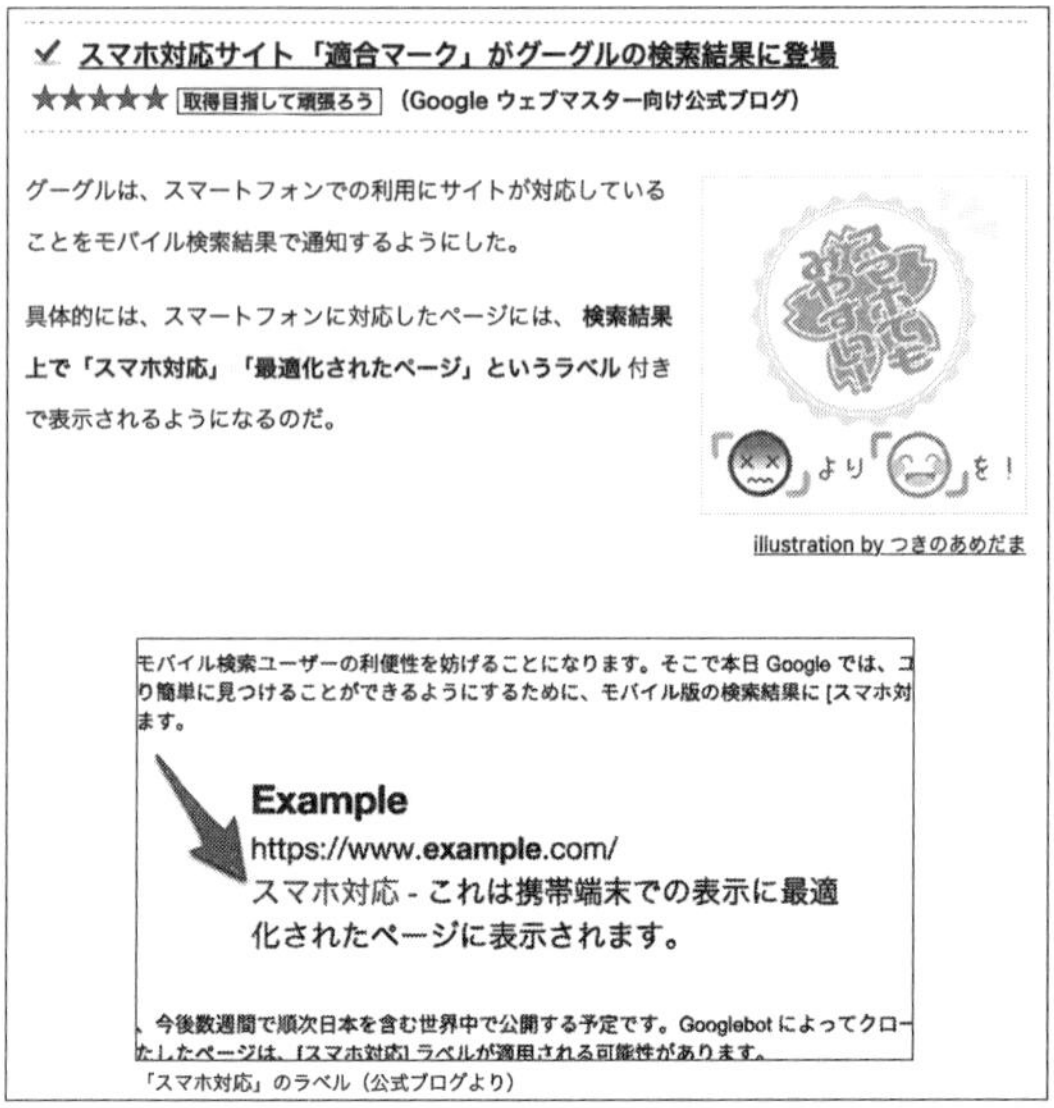

✓ スマホ対応サイト「適合マーク」がグーグルの検索結果に登場

★★★★★ 取得目指して頑張ろう （Google ウェブマスター向け公式ブログ）

グーグルは、スマートフォンでの利用にサイトが対応していることをモバイル検索結果で通知するようにした。

具体的には、スマートフォンに対応したページには、**検索結果上で「スマホ対応」「最適化されたページ」というラベル**付きで表示されるようになるのだ。

「」より「」を！

illustration by つきのあめだま

モバイル検索ユーザーの利便性を妨げることになります。そこで本日 Google では、ユ
り簡単に見つけることができるようにするために、モバイル版の検索結果に［スマホ対
ます。

Example
https://www.example.com/
スマホ対応 - これは携帯端末での表示に最適化されたページに表示されます。

、今後数週間で順次日本を含む世界中で公開する予定です。Googlebot によってクロー
たしたページは、［スマホ対応］ラベルが適用される可能性があります。

「スマホ対応」のラベル（公式ブログより）

図7.5　「スマホ対応」サンプル画面
（出典：「Web 担当者 Forum」2014年11月21日〔https://webtan.impress.co.jp/e/2014/11/21/18739〕［2022年9月1日アクセス］）

グーグル公式ブログから引用して掲載している（図7・5）。

　グーグルは、スマートフォンでの利用にサイトが対応していることをモバイル検索結果で通知するようにした。
　具体的には、スマートフォンに対応したページには、検索結果上で「スマホ対応」「最適化されたページ」というラベル付きで表示されるようになるのだ。⑭

　この記事が紹介しているグーグルの公式ブログの記事「検索ユーザーがモバイルフレンドリーページを見つけやすくするために⑮」では、いわゆる「スマートフォン最適化」のことをグーグルが「モバイルフレンドリー」と呼び、それを評価するための新たな「ガイドライン」と、実際にその条件を満たしているかどうかを確認できる「モバイルフレンドリーテスト」というツールを公開していると明記している。また、「ウェブマス

ターツール」にも、「モバイルユーザビリティレポート」という項目が表示されるようになっていることも記述している。ここで前提となっている「スマートフォン最適化」とは、パソコン向けに制作されたウェブページをそのままスマートフォンの小さい画面に表示させるのではなく、スマートフォンの画面サイズに合わせて「最適な」デザインを適用することを指す。

これらの新たな「ガイドライン」を満たすページは、ユーザーに対して検索結果上で「スマホ対応」（英語では「Mobile Friendly」）と明記する。そうすることで、ランキングを直接操作するペナルティとは異なる形態で新たな「ガイドライン」を遵守させようとする意図が垣間見える。

二〇一五年になると、グーグルのスタンスがやや強引なものへと変化しはじめる。「Web 担当者Forum」の一五年三月六日の記事「スマホ対応していないサイトは４／21からグーグルで順位が下がります（公式発表）など10＋４記事」は、そのタイトルのとおり、スマートフォンのウェブに対してグーグルが実質的なペナルティによってより強力な「管理＝制御」を遂行しようとすることを伝えている。

グーグルは、ウェブサイトがスマートフォン向けに最適化されているかどうかをランキング要素として使用することを発表した。二〇一五年四月二十一日からの実施予定だ。スマホ対応していないサイト、言い換えれば、モバイルフレンドリーではなく、モバイルユーザーが使いにくいサイトは、スマートフォン検索において順位が下がる可能性がある（ＰＣからの検索には影響はない）。

大きなニュースになっているのでもうご存知かもしれない。一見するとショッキングな発表だが、筆者も含めてこのコーナーの読者なら予想できたことだ。(16)

このように、「Web担当者Forum」での受け止めは冷静であるものの、「ショッキングな発表」というこれまでにない表現が用いられている。これまで「パンダ」「ペンギン」によるペナルティが発動された際にも、「ユーザーの利益」のためにはグーグルの「ガイドライン」に従うべきだという規範を支持する論調が強かった「Web担当者Forum」だが、この「モバイルフレンドリー」に関する発表については、ウェブマスター側にも戸惑いや批判的な意識が混在していることが読み取れる。

また、同じ記事では、次のように「App Indexing」もランキング・ファクターに組み込まれることが記述されている。

モバイルフレンドリーをモバイル検索のランキング要因に使用する予定であることを注目ピックアップで紹介した。この予告と同時に、App Indexingをモバイル検索のランキング要因に使用することもグーグルは発表した。こちらはすでに導入済みだ。(17)

このように、二〇一五年になるとグーグルは、これまで比較的慎重に進めてきたモバイルに関する技術要素の適用について、ランキング・ファクターとして扱う方向へシフトしていく。「パンダ」「ペンギン」のような実効性をもたせるには、ランキング・アルゴリズムという「管理＝制御」アーキテクチャに組み込むことが最も効果的という判断があったことが推察される。一方で、「ガイドライン」という規律との乖離や、「創り手」に要求される技術的な難易度の複雑化もあり、必ずしもウェブマスター側から「支持」されているとはいいがたい状況である。

こうしたウェブマスター側の反応は、技術的な複雑さという事情もある一方で、意味論的な「ユーザー利益」を盾にしてきたグーグルの方針に、「グーグル利益」の都合によるものが混在していることをウェブマスターに見抜かれるようになったことを示している。同じ記事の別の箇所では、これまでも話題にあがってきた「レスポンシブ・ウェブデザイン」について、次のような記述もある。

グーグルは、モバイルサイトの技術的な構成として次の三タイプをサポートしている。

・レスポンシブ・ウェブデザイン
・動的な配信
・別々のＵＲＬ

このうちグーグルが推奨しているのがレスポンシブ・ウェブデザインだ。

こちらの記事では、レスポンシブ・ウェブデザインをグーグルが推奨する理由を七つ挙げて説明している。

筆者が気に入ったのは、「ユーザーの利便性」と「Googleの都合」の二つに分けている点だ。

グーグルがレスポンシブ・ウェブデザインを推奨するのは、ユーザーにとって良いからというだけでなく、グーグルにとって都合が良いという事情もあるのだ。

実際には、別URL構成なのにクロスデバイス用のアノテーションやリダイレクトを適切に設定できていないサイトが多いため、レスポンシブ・ウェブデザインを推奨しておくほうが問題が発生しづらく、結果としてWeb担当者にとって良いという事情もあるだろう。(18)

このように、「Googleの都合」に言及する記事を紹介しながら、それを「気に入った」と表明している。この記事は全体を通して「Googleの都合」への警戒感が現れつつあり、「選び手＝裁き手」としてのグーグルと「創り手＝送り手」としてのウェブマスターの緊張関係が表面化した二〇一五年以降の状況を象徴するものになっている。

グーグルとウェブマスターのこのような関係性は、同時期の二〇一五年四月十日の記事「インタースティシャル広告・ポップアップは滅びるべき。ユーザー体験の天敵だなど10＋3記事」に掲載された次の記述からもうかがうことができる。

「ユーザーに焦点を当ててSEOを施策することが重要」だとよくいわれるが、ユーザーに焦点を当てるだけではSEOは成功しない。

ユーザーに役立つコンテンツとユーザーが使いやすいサイトを提供することが大前提としてあり、それを検索エンジンに的確に理解してもらうこともSEOには絶対に欠かせない。

こうしたことを解説したのが、こちらの記事だ。

ユーザーフレンドリーと検索エンジンフレンドリーの両方を達成してこそSEOは成功する。SEOでの大切な考え方としてこのことを理解しておきたい。[19]

ここでは、「ユーザーフレンドリーと検索エンジンフレンドリーの両方を達成」することが、SEOでの「大切な考え方」だとしている。二〇一四年ごろまでの第二期では、グーグルの「ガイドライン」に従うことは、それが「ユーザー利益」にかなうからだという、グーグルの主張を内面化したような言説が多くみられたが、ここでは「検索エンジンフレンドリー」であることと、「ユーザーフレンドリー」であることが別のものだと認識され、双方とも重要だという言説が復活している。

そして両者のこうした微妙な距離感は、グーグル側のウェブマスターに対するコミュニケーションのあり方にも表れている。「モバイルフレンドリー」のアルゴリズム更新が実施された直後の二〇一五年四月二十四日の記事「モバイルフレンドリーアップデート始動、公式情報など10＋2記事のモバイル対応特集」には、次のような記述がある。

四月二十一日に開始を発表したモバイルフレンドリーアップデートについて、よくある質問に対する回答をグーグルが公式ブログで公開した。

全部で十三個ある。たとえば次のような質問が取り上げられている。

・パソコンやタブレットでの掲載順位もこの変更の影響を受けますか？
・四月二十一日までにモバイルフレンドリーページを準備できなかった場合、掲載順位においてモバイルフレンドリーと判断されるまでにどの程度の時間がかかりますか？
・モバイルフレンドリーでないサイトにリンクしている場合はどうなりますか？
・モバイルフレンドリーでないサイトやページは検索から削除されるのですか？
・ユーザーがパソコンからのユーザーのみなので、モバイルサイトを作成する理由が見当たらないのですが、その場合はどうなりますか？

グーグルはこれまでアルゴリズム更新を完了しても、それを公式に発表するとは限らなかった。にもかかわらず今回のように、アルゴリズム更新を事前に告知したり、アルゴリズム更新に関する質問に公式に回答したりするのは、極めてまれだ。それだけモバイルフレンドリーアップデートが検索全体に与える影響が大きいと判断したからであろう。すべてのQ＆Aにしっかりと目を通しておこう。[20]

ここで記述されているとおり、アルゴリズム・アップデートの際にグーグルが「公式に発表」し、さらに質問に回答することは「極めてまれ」と考えられていた。この記事ではグーグルがそうした対応をする理由を「影響が大きい」ためだと推測しているが、それ以上に、グーグルが以前ほどの強制力をはたらかせるだけの支持をウェブマスター側から十分に得られていないという判断があったのかもしれない。なお、ここで引用されている公式ブログは日本独自のものではなく、アメリカで発信されたものが多言語化されたものである。このことからも、グーグルの強制力の「ほころび」ともいうべき相対的な弱さは、全世界的なものだったと推察できる。

同じ記事では、日本で継続して実施されていた「ウェブマスターオフィスアワー」の話題も紹介している。

今年二回目のウェブマスターオフィスアワーが開催された。日本のグーグルからは金谷氏と田中氏が、米グーグルからは長山氏が参加し、計三人が我々ウェブサイト管理者からの質問に答えてくれた。

モバイルフレンドリーアップデート実施の直前ということもあり、モバイル関連の質問がかつてないほどにたくさん出た。(21)

このとき、日米のグーグルの社員が、ウェブマスターたちからの質問に直接答え、それを動画で配信していたことが記されている。グーグルが公式ブログだけでなく、「オフィスアワー」などのメディアを通じて積極的にコミュニケーションをとることで、ウェブマスターたちの批判や反発を回避し、グーグル側の「意図」を説明しようとしていたことがわかる。

「モバイルフレンドリー」導入の直後にあたる二〇一五年五月二十日、グーグルは公式ブログで「ウェブマスターツール」の名称を「サーチコンソール」に変更することを発表した。(22)これを受けて、「Web担当者Forum」は、一五年五月二十九日の記事「Google Search Consoleに加わった、アプリ開発者なら絶対に使いたい機能など10＋3記事」で、次のように解説している。

ウェブマスターツールから名称変更したGoogle Search Console（サーチ・コンソール）に新たな機能が登場した。App Indexing関連で、主な機能は次の三つだ。（略）

グーグルが「ウェブマスターツール」を「Search Console」へと改名したいちばんの理由は、ウェブマスターツールを必要とするのはウェブマスターだけではなかったからだ。今回の機能拡張はウェブマスターというよりもアプリ開発者に向けたものである。(23)

ここでは、旧来の「ウェブマスターツール」に「App Indexing」に関する機能拡張がなされたうえで、対象のユーザーが、ウェブマスターだけでなくアプリ開発者に拡大したことを改称の理由としている。このことは、グーグルが「App Indexing」によって、ウェブだけでなくアプリを含めたモバイルの生態系にインデックスの対象を広げ、それによってアプリの「創り手」とのコミュニケーションの回路をも構築しようとしていたことを示している。

4　「標準化」の推進と限界

次に、二〇一四年以降に出現率が高まる特徴コード「SSL」と一五年から言及されるようになった「ＡＭＰ」を確認したい。いずれも、ＷＷＷの「標準化」に関わる要素技術を一企業であるグーグルが推進した事例に関するコードである。本節では、これらのコードが付与された記事について分析をおこなう。

「ＳＳＬ」とは、ウェブサイトにアクセスする際の通信を暗号化する技術のことで、ウェブサイトの管理者がサーバー上で一定のコストをかけて設定する必要がある。「ＳＳＬ」が実装されたウェブサイトは一般に、ＵＲＬの先頭（プロトコル）が「http://」ではなく「https://」と表記されるため、暗号化されていることが識別できるようになっている。このコードがＳＥＯの文脈で話題になったのは、二〇一四年にグーグルが「ＳＳＬ」をランキング・シグナルに含めると発表したことがきっかけである。一四年八月十九日の記事「グーグルはなぜＨＴＴＰＳをランキングシグナルに使うことにしたのか」では、次のように報じている。

> グーグルは、ＨＴＴＰＳを使っているかどうかを、ランキングシグナルに含めるようにしたことを、八月七日に発表しました。つまり、ＨＴＴＰＳ（ＳＳＬが有効）で提供されているページは、そうでないページよりも評価が高くなるということです――現在はまだ影響範囲が狭いようですし、コンテンツの良さに比べれば「ほんの少し」の程度だということですが。（略）
>
> 　この発表に対して、こんな疑問をもった方は多いのではないでしょうか。
>
> なぜＨＴＴＰＳが順位に影響するの？
>
> グーグルは良いコンテンツのページを上位にしたいのではないの？

ＳＳＬを使ってることが、コンテンツの善し悪しと関係あるの？
私の考えでは、「ＨＴＴＰＳを使っているかどうかはコンテンツの善し悪しには関係ないが、それによってユーザーの体験を向上させられるから、グーグルはランキングシグナルとして扱うようにした」のだろうと思っています。(24)

このように、グーグルが「ＳＳＬ」で暗号化されたウェブサイトのランキングを上位にすると発表したことで、これまでＥＣサイトなどの一部の取り引き画面に限定されていた「ＳＳＬ」による暗号化が、ＳＥＯの問題として、つまり一般的なウェブサイト全体の問題として扱われることになったのだ。これに対してはウェブマスター側の疑問や反発が一定数あったことが、前述の記事からも読み取れる。ただしこの記事では、ウェブマスター側がグーグルの「意図」を解釈することで、最終的には「ユーザーの体験を向上」させられるはずだと議論されている。

しかしこの「ＳＳＬ」についても、「レスポンシブ・ウェブデザイン」と同様に、ウェブマスター側から疑問が提示され必ずしも「支持」されているとはいえない状況であった。これは、ウェブサーバー全体をＳＳＬ対応にするための技術的なコストがウェブマスター側にかかるだけでなく、一文字（http と https）でも異なればＵＲＬが別のものと見なされてしまうことで発生する技術的な問題があることが関係している。

二〇一五年七月十日の記事「常時ＨＴＴＰＳにすると過去記事のいいね！数がゼロになってしまう問題の解決策　など10＋2記事」では、ＨＴＴＰＳ化の弊害として、ＵＲＬが変化してしまうことでソーシャルメディアからの評価がリセットされてしまうことを挙げている。

サイトをＨＴＴＰからＨＴＴＰＳへ移行すると、それ以前の過去記事（公開当時はＨＴＴＰだった）の、ＨＴＴＰのＵＲＬに付いていたソーシャルメディアのシェア数はＨＴＴＰＳのＵＲＬには通常引き継がれない。つまり、ＨＴＴＰＳ化すると、ソーシャルメディアのシェア数はゼロからの再スタートになってしまう。「http」と「https」だけしか違わないとはいえ、ソーシャルメディア側は別のＵＲＬだとみなすからだ。(25)

二〇一五年八月二十八日の記事「「常時ＨＴＴＰＳにしないＳＥＯは間違い。後悔する」グーグル社員が発言などＳＥＯ記事まとめ10＋４本」では、次のような記述がある。

今後、グーグルはＨＴＴＰＳをさらに優遇するようになるのだろうか。それとも、個人的な思いをつぶやいただけなのだろうか――グーグルのゲイリー・イリーズ氏が、こんなツイートを投稿した。

ＳＥＯに携わっているのにＨＴＴＰＳ化に反対しているとしたら、その人は間違っているし、後悔するだろう。

イリーズ氏は、ＨＴＴＰＳをランキング要因に組み込むことを提案し、そのアルゴリズムを作った本人だ。人一倍強い思い入れがHTTPSにあるのだろうが、この発言は強烈だ。筆者も完全HTTPSを勧めはするが、「間違っている」「後悔する」とまで言い切る勇気はない。

実際に、このツイートに対しては反論や疑問の返信が非常に多くされている。

イリーズ氏の発言は、純粋にHTTPSの普及を切望してのメッセージなのか、それともランキングアルゴリズムとしてのHTTPSがもっと重要度を増すことの布石なのか、どちらなのだろうか？　あるいは、その両方かもしれない。(26)

ここでは、グーグルの社員であるイリーズが、HTTPSでないウェブサイトに今後ペナルティが科されることをほのめかす発言を投稿したことに対して、皮肉ともとれる感想を述べている。HTTPSの重要性は認めながらも、さまざまな制約や実践上の問題から容易に導入できないウェブマスターの「反論や疑問」が多いと指摘しており、この時期、グーグルとウェブマスターの緊張関係があるなかで、グーグルがペナルティを盾に特定の技術を「強要」しようとすることにはやはり一定の批判的な反応があったことを示している。

しかしグーグルは、ウェブサイトの「SSL」化について、「スマホ対応（モバイルフレンドリー）」同様に、「探し手＝受け手」へのインターフェイスを変更することで、ウェブマスター側へのプレッシャーを強める方向に動いていく。二〇一五年十二月四日の記事「半年も持たず失敗するオウンドメディアが持つ6つの特徴などSEO記事まとめ10＋3本」では、グーグルが提供するウェブブラウザーであるChromeについて、次のような記述がある。

Chrome46以降は、HTTPSにおける小さなエラー状態を表すときには、HTTPページと同様のアイコンが使用される。つまり鍵マークは一切付かない（逆に言うと、警告マークもない）。（略）

常時HTTPSにしているのにセキュリティアイコンが表示されていないページがサイト内にあったら、早めに対処しておくことを勧める。そのほうが、ユーザーに対しても安全性を確実に示せるはずだ。(27)

このように、ウェブブラウザー側のアーキテクチャを変更し、HTTPSの設定に問題があると「鍵付き」アイコンが表示されなくなるようにしている。このことで、SSL化未対応のウェブサイトだけでなく、SSL化が「不完全」なウェブサイトも含めて、ユーザーに「安全ではない」ウェブサイトとして示し、ウェブマスター側に対応を促す「管理＝制御」が企図されている。

このような方策もあって、多少の反発を受けながらも、SSL化を受け入れるウェブマスターは少しずつ増え、対応が進んでいくことになる。二〇一六年一月二十二日の記事「検索結果1ページ目の25％強がHTTPSページ、その比率は増加傾向などSEO記事まとめ10＋4本」では、SSLを導入するウェブサイトが増え、一六年のこの時点では、検索結果上位のランキングの二五％を占めるまでに増加していることを示している。

Mozのピート・マイヤーズ氏によれば、検索結果の一ページ目、つまり上位十位に表示されるページのHTTPSの割合は二五％を越えているそうだ。（略）

ただし気をつけてほしい。この情報をもって「HTTPSページの順位が高くなっている」と考えるのは適切ではない。グーグルはHTTPSをランキング要因にしている。しかし影響は非常に小さいことがわかっている。（略）

理由はどうであれ、検索結果ページでユーザーがHTTPSのサイトに触れることが増えていることは確かなようだ。(28)

また、ここでは「検索結果ページでユーザーがHTTPSのサイトに触れることが増えている」と、ユーザーの接触頻度の高さについて指摘している。これまでのSEOとは少し異なり、SSL化することでランキングが上位になることよりも、ほかのウェブページがSSL化していることがウェブブラウザーで可視化されることがウェブマスターにとって大きなプレッシャーになっていたと推定される。

続いてグーグルが推進したモバイル技術要素は「AMP（Accelerated Mobile Pages）」である。この規格は、グーグルが中心になって推進したものではあるが、あくまで業界標準として導入を目指したオープンソースのプロジェクトになっていることが特徴である。グーグルの公式ブログでは二〇一五年十月七日に初めて紹介され、その公式ブログの説明によれば、AMPとは、スマートフォンでのウェブページの読み込み速度を向上させるための新しいオープンフレームワークで、AMP

ＨＴＭＬという軽量化された規格でウェブページを記述・設定するものである。(29) 公式ブログでは、このプロジェクトのテクノロジーパートナーとして、ツイッター、Pinterest、WordPress.com、Charbeat、Parse.ly、Adobe Analytics、LindedIn の各サービス名を挙げており、ＡＭＰはグーグルの独自プロジェクトではなく、アライアンスによる標準化を目指していると強調している。

このＡＭＰについて、「Web 担当者 Forum」では、前掲のＳＳＬについての記事「半年も持たず失敗するオウンドメディアが持つ６つの特徴などＳＥＯ記事まとめ10＋３本」内で取り上げており、次のように記述している。

> 筆者が先月参加した伊ミラノでの SMX Millan カンファレンスでは、ＡＭＰの魅力について熱を込めてジョン・ミューラー氏が語っていた。
> だが著者情報の廃止のように、グーグルが推奨する技術や仕組みを素直に採用すると、あとから残念な結果になることもある。したがってＡＭＰに対しても警戒したくなるのではないだろうか。(30)

ここでは、二〇一五年以降のウェブマスターとグーグルの距離感を表すように、ＡＭＰに対する懐疑的な見方が示されている。「グーグルが推奨する技術や仕組みを素直に採用」すると「残念な結果になる」と、かなり強い「警戒」がみられるのが特徴的だ。グーグルが、ＡＭＰを自社の独自仕様ではなく、業界標準を目指した「オープンプロジェクト」にしたことは、このような警戒感があることも含めて、自社だけで「標準」を展開することに限界が生じつつあったことを示唆する。しかしそれでもこのように警戒されてしまうという意味では、必ずしもその手法が有効に作用したわけではないこともわかる。

それでもグーグルはこのAMPの普及を強力に推進するため、検索結果画面を大きく変更する。二〇一六年二月二十六日の記事「グーグルの検索結果が大変化——右広告枠が消滅し、AMP表示開始などSEO記事まとめ10＋4本」では、タイトルのとおり、グーグルの検索結果画面でAMP対応のウェブページを優先的に表示する枠を設定したことを報じている。

図7・6は記事内でリンクされていた「Google Japan Blog」に掲載された、AMP優先枠の実装イメージである。(31) 記事では、こうしたグーグルの発表をふまえながら、次のように解説している。

日本でもすでに多くのニュースサイトがAMP形式に対応しており、検索クエリによっては上部の優位な場所に表示されるようになっている。AMPのデータはグーグルだけでなく他のプラットフォームも利用していく可能性があるとのことなので、AMP対応を進めるサイトは今後さらに種類も数も増えていくと思われる。(32)

一方で同じ記事では、AMPの適用範囲がまだ限定されていると指摘し、「無理に今すぐ」対応する必要はないと結論づけている。

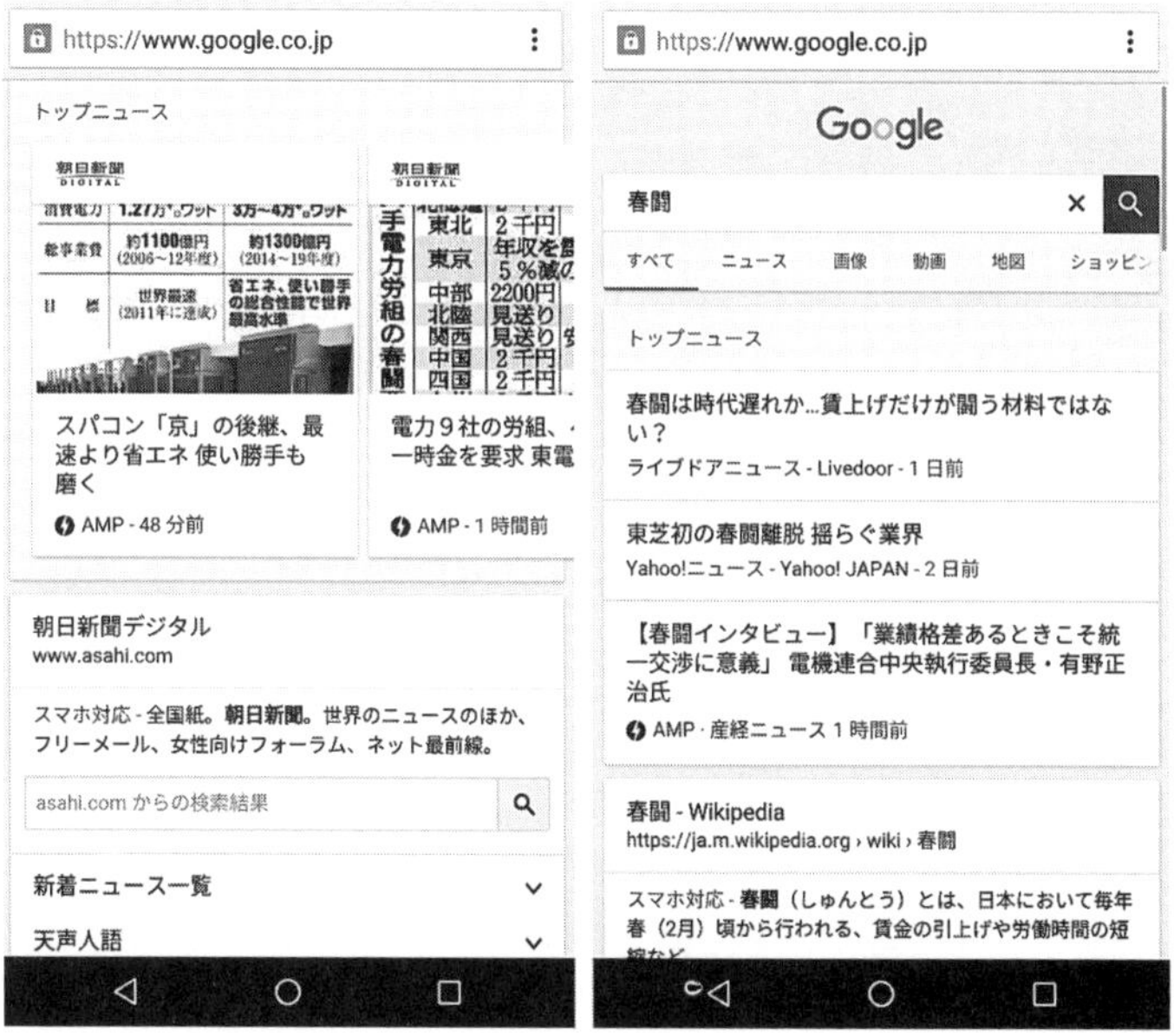

図7.6　AMP優先枠のイメージ
（出典：「Google Japan Blog」2016年2月25日〔https://japan.googleblog.com/2016/02/blog-post_25.html〕［2024年3月15日アクセス］）

では、我々は今すぐにAMP対応するべきなのだろうか？（略）

つまり大半のサイトでは慌てなくていいだろうということだ。ただしニュースやメディア系のサイトであれば、AMP対応は価値があると筆者は個人的に考える。たとえばこのWeb担もAMP化していいサイトだと思う。

しかし、そうでなければ、世間がAMPだと騒いでいるからといって、無理に今すぐAMP対応を進める価値は、さほど高くないだろう。(33)

このような消極的なウェブマスター側の状況もあり、グーグルは、ウェブマスター側とのコミュニケーションを通じてAMPのさらなる普及を図ろうとする。二〇一六年三月二十五日の記事「グーグル、モバイルフレンドリーによるランキングや対策を強化などSEO記事まとめ10＋4本」では、グーグルの日本法人がオフィスアワーでAMPの話題を取り上げ、AMPの経緯などについて解説してQ＆Aに応じていることを報じている。

予告していたとおり、AMPの日本語版オフィスアワーが開催された。グーグル日本でAMPの開発にたずさわっているダンカン・ライト氏と、おなじみの金谷氏と長山氏の三人が登場した。

前半では、ライト氏がAMPを紹介している。AMPとは何か、なぜ生まれたのか、どんなメリットがあるのかなど、非常にわかりやすく解説している。(34)

このようなグーグル側の「努力」もあってか、AMPへのウェブマスターの姿勢は少しずつ変化していく。二〇一六年五月二十日の記事「AMPはニュースサイト向け……そんなこと全然ない！などSEO記事まとめ10＋4本」は、これまでAMPに取り組んでも効果があるのは一部のニュースサイトだけ、とされてきた「定説」への異論を提示している。

「AMPって、ニュースサイト向けの仕組みでしょ？」というあなたに、チェックしてほしい記事がある。

アメーバブログ（アメブロ）がAMP対応したことでどんな成果があったのかを、サイバーエージェントのインハウスSEOである木村氏がブログで紹介した。

一言でいえば、アメブロのAMP対応は良い成果を収めているようだ。（略）

ニュースサイトでなくても、話題のトピックに関する記事があるサイトならば、AMP対応を前向きに検討してみるといいだろう。(35)

このように、実際に導入した事例が増えてその結果が明らかになると、「前向きに検討してみるといいだろう」というように推奨する姿勢に転化している。しかしこのAMPは、ニュースサイトを中心に一定の広がりをみせたあと、ほかのウェブサイトでは幅広く採用されるには至らず、結果として「Web担当者Forum」での言及も次第に減少していく。グーグルが自社の「ガイドライン」の限界を超えて業界の標準をつくろうと試みたオープンプロジェクトは、実効性がある施策として十分機能しなかったといえる。

ＡＭＰに続いて、二〇一六年からグーグルが推奨したモバイル技術に「ＰＷＡ（Progressive Web Apps）」がある。このコードが最初に出現する記事は一六年五月十三日の「アメブロ・はてな・pixivなど8社がスパム情報の共有などで団結などＳＥＯ記事まとめ10＋４本」で、ＰＷＡについて次のように説明している。

「プログレッシブ ウェブ アプリ」とは、ブラウザによるウェブ利用において、アプリのような体験を提供する技術のこと。

たとえば、次のような機能をウェブで実現できる。

・ホームスクリーンアイコン――アプリのように、タップするだけでそのサイトをブラウザで開けるアイコンをホームスクリーンに簡単に追加できる

・フルスクリーン表示――ブラウザのアドレス欄を非表示にしてページをフルスクリーンで表示できる

・プッシュ通知――ブラウザを開いていなくても、サイト側からユーザーに通知を送信できる

・オフライン機能――インターネットに繋がっていなくてもページを表示できる

・プリフェッチ機能――アクセスしなくても事前にコンテンツを取得しておける

どれもアプリには当たり前のように備わっている機能だが、ウェブでは簡単には実装できな

い。

グーグルは、PWAの普及に力を入れている。グーグルが中心となって開発したService Worker（サービス ワーカー）という仕組みを実装すると、こうした機能をあなたのサイトにも導入できる。[36]

このように、PWAはブラウザーでアクセスするウェブページでありながら、アプリのようなユーザー体験を実現する新たな技術仕様として、グーグルが「普及に力を入れている」と説明している。PWAもグーグルの独自規格ではなく、業界標準を目指してオープンプロジェクト化されたものである。しかし、二〇一六年九月九日の記事「グーグルの〝隠れた〟品質評価アルゴリズムに対応する方法などSEO記事まとめ10＋2本」では、PWAを実装したウェブページの事例をいくつか紹介しながらも、次のように評している。

> PAW（ママ）はこれまでのWebサイト構築とは必要なスキルも設計も大幅に異なる。そのため、制作会社やUXデザイナーなど、協力会社もいままでどおりとはいかない可能性が高いし、システム面での運用ノウハウもこれまでと異なる。
>
> そうした事情もあわせて考えると、数十ページしかないような小規模サイトではPWA対応は不要だという判断も、決して間違ってはいない。[37]

このように、ＰＷＡの実施はこれまでのものとは技術的な「スキルも設計も大幅に異なる」とされ、その費用対効果を疑問視する記述がみられる。ＡＭＰと同様、導入を積極的に勧めるものではなく、開発リソースに余裕がある「大規模サイト」でなければ対応が難しいと指摘されている。さらに、ＰＷＡの普及に関しては、次のような記事もある。二〇一七年七月七日の記事「ＭＦＩで検索トラフィックを減らさないために最低限チェックすべき4つのポイント【ＳＥＯ記事12本まとめ】」は次のように述べて、ＰＷＡがiOSに十分に対応できていないために「二の足を踏んでいる」ウェブマスターが多い可能性を示している。

iPhoneなどのiOS端末はService Workerという技術をサポートしていないため、ＰＷＡを構築しても「ホーム画面へのアイコン追加」や「プッシュ通知」といった魅力的な機能を提供できない。日本ではiPhone人気が高いこともあり、こうしたマイナス面からＰＷＡの導入に二の足を踏んでいるサイト管理者もいることだろう。(38)

このように、ＡＭＰやＰＷＡは、業界標準を目指して「グーグルが強く推進」したためにこの時期の「Web担当者Forum」でかなり多く言及されているのだが、ウェブマスター側の受け止めは冷静で、その技術的な特性や実装の困難度のためもあり、大きく普及するには至っていない。そして、ＡＭＰもＰＷＡも、「Web担当者Forum」での出現頻度は、二〇一七年をピークに減少していくことになる。これらは第二期に特徴的だった「パンダ」「ペンギン」のように、意味論的な「ガイドライン」と計算論的なアルゴリズムのあり方が一致する様式によるブラックハットの排除のような、強力な秩序化とは異なった展開である。何よりもこれらの施策では、「ガイドライン」で規範として提示した「ユーザー利益」という根拠との関係が不明確だったため、ウェブマスターの間では十分な共感が得られず、これらの施策について積極的な支持がなされない一方で、技術的・計算論的な負担だけが求められることに反発も起きていた。そうした状況でランキング・シグナルへの適用という「管理＝制御」による支配をグーグルが試みても、従来の「ガイドライン」のような規律の意味論的な大義名分が不在になっているがために、新たな計算論的アプローチが事実上頓挫するという図式になっている。この時期にグーグル側がオフィスアワーなどのウェブマスターとのコミュニケーションを重視するようになったのは、「ガイドライン」によって共有されていた規範の裁可が弱体化し、コミュニティにとっての意味論的な共有規範の再構築があらためて必要とされていたことの証左だろう。

5　「モバイルファースト」の困難

同じ時期の二〇一七年から急激に出現頻度が上昇するもう一つのモバイル技術が、「ＭＦＩ(Mobile First Index)」である。このトピックは、前節まで論じてきたグーグルとウェブマスターの間のある種の緊張関係の高まりが最も強く現れた事例の一つといえる。本節では、「ＭＦＩ」コードが付与された記事について分析をおこなう。

MFIは、グーグルが二〇一六年十一月四日に公式ブログ(39)で発表したもので、その直後の一六年十一月八日には、「Web担当者Forum」の記事「グーグルがPCサイトを見なくなる？　モバイルファーストインデックス（MFI）で大切なこと」が公開されている。


いままでは、実はグーグルは、PC向けページの内容しか見ていませんでした。スマホ版のインデックスも順位付けも、すべてPC向けページの内容をもとに行っていました。スマホ検索では、PC版ページに書かれている「スマホ向けページはこちら」というlink rel=“alternate”タグで紐付けられたスマホ向けページのURLを表示していました。スマホ最適化の状況とかはスマホ向けページの内容を見て行っていましたが、（よほど極端でない限り）スマホ向けページがどんな内容であるかは関係なかったんですね。

ところが、「モバイルファーストインデックス（MFI）」が正式に導入されたら、それが逆転します。

基本的にモバイル版（スマホ向け）ページの内容をインデックスや検索結果での順位決定に使い、PC向けページの内容は（ほとんど）見なくなるということです。(40)


MFIは、グーグルがウェブページの内容をクローリングする際、これまでのようにパソコン向けのウェブページの内容を参照しなくなり、スマートフォン向けのウェブページの内容を「インデックスや検索結果での順位決定に使う」ものだとしている。具体的にはどのような対策が必要になるのかについて、同じ記事で次のように言及している。

特に、あまりWebに力を入れていなくて、助けてくれる制作会社さんもおらずで、「レスポンシブで作るの難しいし、動的配信とかシステムわからないから、とりあえず別ＵＲＬだけど、予算が無くてスマホ版は適当」というサイトの場合は、ＭＦＩに向けて対応しておかなければまずいですね。

ＳＥＯで有名な辻さんは、「いま別ＵＲＬで運用してるサイトは、ＭＦＩ前にＵＲＬを統合しておくことをおすすめ」と言っています。(41)

「モバイルフレンドリー」の際に議論になった、パソコン向けウェブページとスマートフォン向けウェブページを同一ＵＲＬで運用できるのかどうかが、このとき再び焦点になっていることがわかる。前述のとおりグーグルは、別ＵＲＬの構成もサポートすると明言してきた一方で、同一ＵＲＬを前提とする「レスポンシブ・ウェブデザイン」を推奨してきた。しかしここに至って、別ＵＲＬを維持するには技術的な困難がより一層大きくなり、検索結果ランキングを維持するためには、事実上同一ＵＲＬへの統一を前提とした設計変更を余儀なくされることになる。このとき、実際にしわよせを受けるのは「予算が無くて」スマートフォン版に投資ができていなかった中小規模の「創り手＝送り手」である（大企業であっても、ウェブサイトの運営予算が限定されているケースは少なくないため、必ずしも中小企業にだけ当てはまるわけではない)。

ＭＦＩは、ＡＭＰやＰＷＡのように、新しく取り組めば検索結果上で優遇される可能性がある、という加点法的な技術とは異なり、ウェブサイトをこれまでどおりの設計のまま運用していると検索結果上で不利益を受ける可能性がある、という減点法的な要素(つまり実質的なペナルティ)であるため、インパクトは大きい。スパムと呼ばれる「低品質」なウェブページを排除した「パンダ」や「ペンギン」と同程度の強いインパクトをもちながら、悪意があるスパムではなく単に技術的なスキル不足や投資の不足のため十分な開発ができないウェブサイトが実質的に排除されてしまうという点で、異なる性質がある。ここに至って「裁き手」は十分な正当性・公平性があるとはいえない「裁き」を強行すると宣言しているのに等しいともいえ、この正当性なき「管理＝制御」の権力行使に対してウェブマスター側は戸惑ってしまうことになる。

もっともこのインパクトの大きさはグーグル自身が認識しており、二〇一六年十一月十一日の記事「日本のウェブはＨＴＴＰＳが嫌い? ＨＴＴＰＳ率は他国の5〜6割の謎などＳＥＯ記事まとめ10＋4本」は、ＭＦＩに関して次のように記述する。

なお実施時期は未定だ。今後数か月にわたって小規模なテストを継続するとのことである。テスト結果を踏まえて、日程が決まるようだ。

少なくとも明日や来月にという話ではないので慌てる必要はない。とはいえ、関連情報が適宜グーグルから出てくるであろうから、逃さないように注意してほしい。

質問がある場合は、オフィスアワーで答えてもらえる。こちらのフォームから質問を事前に送っておくといい。[42]

このように、グーグルは一定のテストをおこない、かつオフィスアワーでのウェブマスターとのコミュニケーションを経たうえで導入する方針を示している。実際に、二〇一六年十二月十六日の記事「ＭＦＩへの疑問はこれで99.9%解消!? グーグル社員が20の質問に回答などＳＥＯ記事まとめ10＋2本[43]」では、ウェブマスターオフィスアワーでのＭＦＩに関する技術的な質疑の内容を詳しく報じている。

ＭＦＩに言及する記事は二〇一七年から一八年にかけて高頻度で出現し、主に技術的な対応の方策やそれに関するグーグル側とのコミュニケーションなどを継続的に議論している。さらに、議論が進むにつれて、グーグルの既定の方針との間にコンフリクトが生じていることにも言及されるようになる。一七年六月十六日の記事「「ＳＥＯのために必要なページの文字数」知りたい人、集まれ〜!!【ＳＥＯ記事12本まとめ】」は、前述した別ＵＲＬの問題について、次のように指摘する。

> グーグルはモバイルファーストインデックス（ＭＦＩ）推進にあたって、以前にも増してサイトのＰＣ／モバイル対応の構成としてレスポンシブウェブデザインを推しているようだ。
>
> しかし、その背後にあるのは、世の中のウェブマスターの設定ミスと、その対応に困っているグーグルという事情ではないかと思われる。（略）

実際にアノテーションの設定ミスはかなり多いと聞いたことがある。そうしたページを適切にインデックスするのが難しいことが、グーグルがレスポンシブを推してきた理由だと、業界的には考えられている。

そこにMFIが本格的に導入されると、そうしたページのインデックスでさらに問題が出るのだろう。

それに加えてMFIの影響を受ける可能性が高い「モバイルでコンテンツを削っている」ページの存在などもあり、レスポンシブ推しが強まっているのだろうと推測される。(44)

ここでは、グーグルが従来サポートしてきた別URLの運用において、「世の中のウェブマスターの設定ミス」のために発生している「問題」が、MFIによってより深刻化してしまうことを指摘し、その対策として、「レスポンシブ推し」が強まっているとしている。グーグルとしてはMFIを推進したいが、実際に導入すると設定ミスを含む既存のウェブサイトの意図せざるランキング低下が発生してしまうことが見込まれる。そのためグーグルはさまざまなメディアを通じて「レスポンシブ推奨」を宣伝せざるをえない、という状況だったことが示唆される。

このような状況のなかで、グーグル内部でも導入のタイミングについての混乱があったことが見受けられる。二〇一七年六月二十三日の記事「お店や会社のホームページを無料・5分で作れるグーグルの新サービス登場【SEO記事12本まとめ】」は、次のように記述している。

米シアトルで今月開催されたSMXカンファレンスで、グーグルのゲイリー・イリェーシュ氏が、「モバイルファーストインデックスの導入は来年になりそうだ」といったコメントしたのだ。

それに対して業界的には「けっこう遅れるんだね」という反応があったのだが、こうした一連の動きに対して、グーグルの金谷氏がツイッターで補足コメントを投稿している。

「MFIについても補足しておきますと、二〇一八年になるかも、というのはGaryが個人的な見解として話したことです。構造化データや画像のaltが未設定のままではないかなど、MFIの対応はぜひお早めに確認してみてください！」

「二〇一八年に延びる」というのはグーグルの公式見解ではないと断ったうえで、早めに対応しておくほうがいいと、念を押している。(45)

このように、技術的な対応策がウェブマスター側に周知され実際に対応がされるまで、グーグル側でもどのように導入を進めるかについて試行錯誤していた様子がうかがえる。結果として、二〇一七年十一月十日の記事「MFI導入がグーグルの本番環境ですでに始まっているだと⁉【SEO記事12本まとめ】」で、次のように報じられることになる。

モバイルファーストインデックス（以下、MFI）は、依然としてテスト段階にある仕組みだ。全面的に切り替わったわけではない。しかし、ごく一部のサイトでは、すでに本番のグーグル検索で利用するインデックスがモバイル向けページのものに置き換わっているということだ。

つまり、「テスト」から「本番運用」に少しずつ切り替わっているということだ。当然、この段階で対象になっているのは、MFIの準備が完全にできているサイトだけだろう。しかし、数パーセントとはいえ、MFIが本番の検索に導入されはじめているという事実が明らかになったのは、今回が初めてだ。

だが焦る必要はない。MFIは準備ができているサイトから導入が始まることをグーグルは約束している。対応ができていないサイトにMFIを無理やり適用させることは、当面はしない（はずだ）。

「MFIに完全に切り替わるまでには数年かかるだろう」ともイリェーシュ氏はコメントしている。(46)

このように、MFIがすべてのウェブサイトに対して同時に導入されるのではなく、「MFIの準備が完全にできているサイト」を対象に順次「本番運用」を始める方針になったことが明らかになる。グーグルが、一律のアルゴリズムの適用ではなく、個別のウェブサイトの事情に応じて段階的に適用するやり方を、数年かけて大規模におこなうことはきわめて異例である。MFIもこれまでの施策と同様「ユーザーの利益」が大義名分となっているが、「パンダ」や「ペンギン」のように悪意をもって「ガイドライン」に違反するような「送り手」ではなく、「ガイドライン」に意味論的には従っていたとしても技術的な設定の不備や構成上の制約、あるいは開発資金不足などによって対応ができない「送り手＝創り手」を強制的に排除するわけにはいかず、対応できるのを待つため時間をかけるしかなかった。「パンダ」「ペンギン」とは異なり、「ガイドライン」の規範としての裁可はこのときうまく機能せず、アルゴリズムによる「管理＝制御」は「送り手＝創り手」の側の技術的・物質的な制約との相互作用によって、その遂行を遅延させられることになったのだ。MＦＩは計算論的な「管理＝制御」の論理に基づく技術的な施策であり、コンテンツの質に関わる意味論的な規範を実現する手段としての位置づけがあいまいだったことが、「パンダ」「ペンギン」との相違点の一つだろう。換言すれば、「パンダ」や「ペンギン」は「ガイドライン」という共有され支持されている規範に直接的に対応する「管理＝制御」のアーキテクチャを指し示していた（と認識された）一方で、MＦＩはそのアーキテクチャの直接の根拠になるような規範を「ガイドライン」として共有することに失敗した事例だった。

ここで示唆されるのは、グーグルの「権力」には二重の機制が存在するということである。すなわち、グーグルというプラットフォームは、「選び手」としてのアルゴリズムがもつ計算論的な「管理＝制御」の権力と、「造り手＝裁き手」としての行動規範を共有可能な形で指し示す「ガイドライン」という意味論的な「規律＝訓練」の権力の、ハイブリッドによって統治されている。そしてそのパワーバランスは常にゆらぎながら、ウェブマスターやユーザーを含むアクターとの相互作用のなかで複雑な生態系を構築している。MＦＩのようなアーキテクチャが機能し実効性をもつには、その「造り手＝裁き手」としての規範である「ガイドライン」が、ウェブマスターを含むアクターに共有され、支持されていることが必要条件になる。つまり、「ガイドライン」という「規律＝訓練」型の権力は、「ユーザー利益」を代弁しうる正当で公正なものと認識されることではじめて正統性をもち、それを実現するための計算論的なアルゴリズムという「管理＝制御」型の権力がその目的に沿った妥当な手段として信じられなければならない。「パンダ」「ペンギン」アップデートの際にはこの二重の権力のバランスが一定程度合致し、結果としてグーグルの「造り手＝裁き手」としての地位を高める方向に作用した。一方で、本章で扱ってきたモバイル関連の施策は、必ずしも「ガイドライン」という規律を遂行しうるアーキテクチャとして十分に信じられることがなかったために、むしろグーグルの「造り手＝裁き手」としての地位は疑念をもたれ、それらの施策にすぐには従わないという「抵抗」につながったのである。

その後のMFIの導入の進捗も、慎重かつ緩慢に進むことになる。翌二〇一八年五月十一日の記事「デザインが悪く使いづらいサイトは、グーグルの評価が下がるんだって!?【SEO記事12本まとめ】」は、次のように記述している。

グーグルはモバイル ファースト インデックス（MFI）を開始したことを三月末にアナウンスしていた。移行の対象になったサイトには Search Console に通知を送るとのことだった。とはいうものの、「MFI移行の通知が届いた」という話はまったくと言っていいほど聞かなかった。

ところが、一か月ほどたった四月末に通知を受け取ったユーザーがチラホラと現れた。（略）

様子を見ながら、MFIへの切り替えを徐々に徐々にグーグルは進めていくのだろう。完全なMFI化がいつになるかは定めていないとのことだが、少なくとも二～三年は見込んでいるようだ。(47)

MFIの移行は「かなり数が少ない」サイトから始まり、「少なくとも二～三年」かかると見込んで進められていたことがわかる。そして、本書の分析対象である二〇二〇年末までの「Web担当者Forum」の記事の範囲では、MFIの移行はまだ完了していない。(48)グーグルのアルゴリズム・アップデートのなかでここまでの時間をかけ、個別のウェブサイトに配慮した事例はほかにないだろう。MFIは、この時期のグーグルとウェブマスターの関係の変化を象徴するトピックだといえる。

6　「ガイドライン」とアルゴリズムの深い溝

MFIがいまだ完了のめどが立たないなか、二〇一七年に出現頻度が上昇するトピックに「キュレーションメディア」コードがある。これまでの特徴コードのようにグーグル要素技術ではなく、第1章でもふれた「事件」を含む、ウェブマスター側の関心事を示すコードといえる。本節では「キュレーションメディア」コードが付与された記事について分析をおこなう。

キュレーションメディアとはもともとは「まとめサイト」とも呼ばれ、既存のウェブページやニュース記事などを引用・転載して再編集したウェブサイト全般を指す。「パンダ」アップデートで問題になった「低品質」なサイトや「アフィリエイト」目的のサイトも多く、「Web担当者Forum」では古くは二〇一四年二月七日にすでに「まとめサイトがグーグル検索から次々と消滅し始めたなど10＋4記事」というタイトルの記事を掲載している。この記事では、次のように問題を指摘している。

他のサイトからコンテンツを寄せ集めただけの、いわゆる「まとめサイト」が、検索結果を汚しているという指摘がある。

この指摘を受けたせいかどうかはわからないが、グーグルは、質が低いまとめサイトへの対処を一斉に行ったらしい。検索からのトラフィックが激減したまとめサイトのいくつかを、こちらの記事が暴いている。

付加価値がない、内容の薄っぺらいコンテンツに対して手動による対策を与えることを英語版のグーグルウェブマスター向け公式ブログが警告したばかりだ。

質が低いコンテンツに対する手動対策は以前から実行していたが、あらためて注意を喚起した形だ。よそのサイトのコンテンツをコピーしただけのアフィリエイトサイトや広告サイトが、検索結果の品質にとって深刻な問題になってきているのだろう。

日本でも、価値がないコンテンツばかりのアフィリエイトサイトに対する対応がいっそう厳しくなっているように筆者は感じる。

訪問ユーザーに価値を与えるそのサイト独自のコンテンツを有していないサイトが検索からいなくなるのは、検索ユーザーにとっては良い傾向だといえる。

ただ、勘違いしてならないのは、すべてのまとめサイトが低品質とは限らないということだ。(49)

当然、この「低品質」という話題の背景には、「パンダ」アップデートで重視されるようになった「ガイドライン」に関する認識が前提になっている。そうした文脈で、これらの「内容の薄っぺらいコンテンツ」に対してペナルティが与えられることは「検索ユーザーにとっては良い傾向」と評価されている。一方で、「すべてのまとめサイトが低品質とは限らない」と述べていて、あくまで批判の対象は「付加価値がない」ウェブサイト、すなわち「創り手」であることを放棄して「送り手」に特化したようなブラックハット的なウェブマスターに限定される、と強調している。

第１章で論じたとおり、「ＷＥＬＱ」が問題になったキュレーション・メディア事件は、この記事の二年後の二〇一六年の年末に起きた。この事件を受けて「Web担当者Forum」では、一六年十二月六日の記事「エセ〝キュレーション〟逃亡続出、ＷＥＬＱに続いてＭＥＲＹもＣＡも　これはモラル問題ではなく法律問題だ」で、強い口調でディー・エヌ・エー社を批判している。

本来、ネットにおけるキュレーションも、大量に増えすぎたコンテンツのなかから光るものを見つけ、それを整理して提供することで、ネットに新たな価値を提供するものだったはずです。

決して、あちこちからコンテンツの断片をコピペしてきて、ちょっと変えてバレないようにして、検索エンジンで評価され上位表示されるようにつなぎ合わせることがキュレーションではないのです。[50]

この記事は読者からのコメントも掲載しており、著作権を厳密に考えるとインターネットが面白くなくなるといった趣旨の批判も複数投稿されている。「Web担当者Forum」としては、これまでのスタンスと同様、あくまで「ガイドライン」に沿った「正しいSEO」を推奨する立場から記事を執筆しているが、さまざまな立場のウェブマスターが混在する読者からの反応は多様なものだったことは注意すべきだろう。

このキュレーション・メディア事件は、第三者委員会の調査でも明らかになったとおり、ディー・エヌ・エー社が質よりも量を優先して大量の記事を「量産」することで、「パンダ」以降のアルゴリズムによる「低品質」評価をすり抜けたために起きた。[51]問題になったほとんどのウェブページは、意味論的にはグーグルの「ガイドライン」を逸脱するものだったが、グーグルのアルゴリズムはそれを計算論的に排除することができなかった。ここでも意味論的な「ガイドライン」という規範と、それを実効的に「管理＝制御」すべき計算論的なアルゴリズムのギャップが顕在化し、大きな問題になったわけだ。そしてこの事件で特記すべきことは、問題を受けてグーグルが個別にアルゴリズムの調整をおこなう結果に至ったことである。二〇一七年二月七日の記事「【詳細解説】

グーグルの検索品質アップデートは日本オリジナル、著作権や情報の正しさは見ていない」では、一七年二月三日にグーグルが公式ブログで発表[52]したアップデートを引用して詳細に解説している。

今回の検索結果の改善はどういうものなのでしょうか。グーグルの公式ブログに書かれている次の文章がわかりやすいでしょう。

「今週、ウェブサイトの品質の評価方法に改善を加えました。今回のアップデートにより、ユーザーに有用で信頼できる情報を提供することよりも、検索結果のより上位に自ページを表示させることに主眼を置く、品質の低いサイトの順位が下がります。その結果、オリジナルで有用なコンテンツを持つ高品質なサイトが、より上位に表示されるようになります。

今回の変更は、日本語検索で表示される低品質なサイトへの対策を意図しています。」

つまり、「品質が低い（とグーグルが判断する）にもかかわらず、グーグルの評価システムをうまく利用しているサイトを、検索結果の上位に表示させないようにした」ということです。

この変更は、グーグルの日本語検索のみが対象です。グーグルの長山氏がその旨ツイートしています。

日本オリジナルというのは、何を意味するのでしょうか。グーグルは、原則として全世界でベースになるクロール・インデックスと評価の仕組みをもっていて、可能な限り、その共通の仕組みを改善していきます。過去に導入されたパンダやペンギンといったアップデートがそうですね。

しかし、日本のコンテンツ状況は世界のなかでも特殊な部分があり、ワールドワイド共通の仕組みでは対応しきれなかったため、こうしたアップデートが導入されたということですね。(53)

このように、グーグルが「日本オリジナル」のアップデートをおこなったことが異例の措置であり、一方で、日本の状況には「特殊な部分」があったことがこうした措置を招いたとしている。この「特殊な部分」について、同じ記事で皮肉を交えて次のように推測している。

二〇一六年にWELQをはじめとした〝キュレーション〟系メディアが問題視されたときに、「結局、こういうサイトを上位に表示するグーグルが悪いんじゃないか」という論調がありましたが、その時点ではグーグルは特に発表をしていませんでした。

そして、騒動の結果として大手がサイトを閉鎖したにもかかわらず、「巨悪が消えても、中小のろくでもないのが検索上位に来るだけで、状況が悪いことに変わりはない」とも言われていました。

おそらく、グーグルから答の一つがこのアップデートなのでしょう。

同じ「品質の低いサイト」でも、パンダアップデートで対処したのとは異なるタイプのコンテンツが日本で多く発生して検索結果を汚染していたんですね。だから、それに対応するための改善が必要になったのでしょう。(54)

一方で、次のような記述もある。

編集部では、今回の変更についてグーグルに取材し、次の情報を確認しました。そのページが著作権の正当な保有者によるページかどうかの判断は、今回の変更でも含まれていない。

ページに記載されている情報が正確であるかどうかの判断は、今回の変更でも含まれていない。

つまり、今回のアップデートは、あくまでも著作権や情報の正しさとは関係なく、それ以外の判断にとどまっているということです。(55)

このときもグーグルはアルゴリズムによって正確性や著作権の正当性についての判断ができておらず、事件に対応したアップデートも、ほかの外的変数を手がかりに（計算論的に）判断をするような仕組みであることが明らかになっている。ウェブマスター側からも正確性についての批判的な言説がこのように出てくることは、グーグルの「裁き手」としての正統性が揺らぎつつあることを象徴している。排除したはずのブラックハットの復活を結果として許してしまったことで、「ガイドライン」の理想とアルゴリズムの現実の間のギャップが、ホワイトハットを支持してきた「送り手＝創り手」からの批判を呼び起こしたのである。

「ＷＥＬＱ」に端を発したキュレーション・メディア事件と、それに対応するためのアップデート自体は、日本で起きた問題に対してグローバルではなく「日本オリジナル」の対応をおこなうという異例の展開をたどったが、グローバル、特にアメリカではこの動きと並行していわゆる「フェイクニュース」問題がクローズアップされつつあった。このためグーグルはこの二〇一七年の「日本オリジナル」のアップデート以降、全世界的な取り組みとして、いかに虚偽の含まれるウェブページを検索上位に表示させないようにするか、に関する取り組みをアピールするようになっていく。一七年四月二十六日の記事「Google は情報の正しさを判断するようになるのか？　偽ニュース対策で検索アルゴリズムを更新した Google のベン・ゴメス氏に聞く」では、そうした取り組みの一環について、グーグル側の発表に沿って記事を構成している。

今回、検索アルゴリズムを変更することで、「検索結果ページにおいて、信頼できる正当なコンテンツがより上位に表示され、低品質なサイトが表示されないようにする」ようにした。これによって、ホロコーストを否定するサイトが検索結果に表示されるといったことが起こらないようにした。（略）

今回の変更は、特定のカテゴリの情報に関して、複数の判断材料を組み合わせるうえで「品質」に関する判断材料をより重視し、質の高いページがより表示されるようにしたものだ。

具体的には、グーグルの内部用語で言う「ＹＭＹＬ（Your Money, Your Life、つまりお金・健康・安全・法律など）」に加えて「ニュース」の情報に関して、品質に関するシグナルの重み付けを上げる組み合わせに変えた。(56)

ここで出てくるキーワードは「ＹＭＹＬ」である。グーグルは「お金・健康」に関わるコンテンツについて、品質を判断する際の重み付けを上げることで、不正確な情報を排除しようとしたのだ。ここでいう「品質」の基準とは、「ガイドライン」のことである。同じ記事では、この「ガイドライン」の改訂についてもふれている。

以前のガイドラインでも、低品質なページだと判断するポイントとして同様の項目はあった。しかし、「攻撃的・悪意的」という項目は主にフィッシング詐欺などへの対応が中心だったし、「不正確」という項目は主にお金や健康に関するコンテンツを中心にしたものだった。

しかし今回の改訂版では、それに加えて、次のようなことのチェックも明示されている。

・人種差別につながる内容
・なりすまし・フェイクニュース的なもの
・広告売上だけのために作られた情報

実際にガイドラインでは、ユーザーの検索ニーズにまったく応えていないコンテンツの例として、「製品の偽レビュー」「明らかに不正確なニュース」「事実と異なるコンテンツ」「不正確な医療情報」といった表現が使われている。[57]

このとき、「人種差別」や「なりすまし・フェイクニュース」「広告売上だけのために作られた情報」などを品質判断の基準として挙げ、これまでの外的な判断基準から一歩踏み込んだ判断ができるように、「シグナル」が整備され重みづけが調整されたことがわかる。グーグル側のこのようなアルゴリズム更新に対して、ウェブマスター側は実態が伴っているかどうかの検証をおこなっている。二〇一七年六月二日の記事「医療系エセメディア退場でグーグルの検索結果はホントに良くなったのか？【SEO記事12本まとめ】」では、次のように述べられている。

さて、騒動を引き起こしたキュレーションメディアが閉鎖され、グーグルのアルゴリズムが改良されたその後、医療・健康関連のクエリに対するグーグルの検索結果はどのように変化したのであろうか？　信頼性に乏しいページが出なくなり、安心して信じることができるサイトのページだけが掲載されるようになったのだろうか？

残念ながら、現実はそうではないようだ。医療系キュレーションメディア糾弾にも尽力した辻氏は、詳細な調査データを基に、「信頼に乏しいページが検索ユーザーに提示される」状態がグーグルではまだ完全には改善されていないことを憂いている。

医療関連の検索結果には依然として問題視されるページが表示され続けているそうだ。なかには、人の生死に関わる深刻な病気に関する情報も含まれている。

医療・健康関連に関する〝正しい情報〟とは何かの判断が非常に難しいことを辻氏は理解しつつも、グーグルの検索品質には失望の色を隠せていない。(58)

このように、「日本オリジナル」のアップデートに加えて全世界的な対応がなされたはずのアルゴリズム変更の効果が不十分であることを指摘し、「グーグルの検索品質には失望」していると表明されている。二〇一七年は、日本でのキュレーション・メディア事件を含む全世界的な「フェイクニュース」問題によって、グーグルの計算論的なアルゴリズムの信頼性とその限界が問われ、頻繁にアップデートがおこなわれながら、「送り手＝創り手」のウェブマスターと「選び手＝裁き手」のグーグルの間の緊張関係がさらに強まった年だった。意味論的な規範を十全に遂行できていない「裁き手」の正統性が疑われ、「送り手＝創り手」の側がその「裁き手」を逆に裁く、いわば「弾劾」するような動きにもなっていたわけだ。前述したＡＭＰやＰＷＡの推進、ＭＦＩの導入の問題はこの問題と並行して発生しており、これらの技術要素の導入がグーグルの「推奨」どおりに進まなかったことは、このような関係性の変化の一部であったと考えるべきだろう。

しかし一方で、その「裁き手」としての地位の妥当性を疑われることになったグーグルは、「ガイドライン」の理想とアルゴリズムの現実とのギャップを埋めるべく、「造り手」としての対応を加速させた。すなわち、グーグルが自ら掲げた意味論的な規範である「ガイドライン」が実現できていないというウェブマスター側からの圧力が、その計算論的なアルゴリズムを規範的に妥当な方向へと変容させる作用をもたらしたのだ。グーグルはウェブマスターのコミュニティに対して、アルゴリズム・アップデートとそれに対する検証や批判への応答を繰り返した。そうしたコミュニケーションの結果、二〇一七年末には一定の評価を回復するに至る。一七年十二月八日の記事「グーグル検索結果が大変動、医療・健康のクエリ60％に影響するアップデート【ＳＥＯ記事12本まとめ】」では、次のように評価が高まっている。

さらに日本のグーグルは健康や医療に関わる検索品質の向上に取り組んできた。今回のアルゴリズム更新も、その一環だろう。

実際に検索結果が大きく変化していることを辻氏も分析し、初期評価としてレポートしている。（略）

発表後にざっと調査した段階ではあるが、辻氏は「かなり望ましい動き」「今まで以上に上手い処理」と、このアップデートを高く評価している。

そのうえで、信頼性に欠けるだろう情報を中心に扱ってきたに対して（ママ）は「これまでで最大級に厳し目の処理」「覚悟の無い健康関連サイトには厳しいという流れは本格化した」と、引導を渡す勢いだ。(59)

このように、「日本オリジナル」を含む、この時点までに蓄積されたグーグルのアルゴリズム更新に一定の評価をしたうえで、むしろウェブマスター側に「覚悟」を求める言説に転回している。こうした論調の変化には、グーグルの計算論的なアルゴリズムが、再びその意味論的な「ガイドライン」の理想を実現しうるものとしてひとたび評価を取り戻せば、その正統性が急速に召喚され、規律が実効的な作用（ブラックハットのより強力な排除）を強めるというダイナミズムが現れている。

その後、グーグルのこれらの品質に対する取り組みは、全世界的に「E‐A‐T」と呼ばれる基準に集約されるようになっていく。二〇一九年八月二十三日の記事「グーグルが重視するE‐A‐Tの高め方、教えます（特に医療系サイト）【SEO記事12本まとめ】」は、次のように説明している。

コアアルゴリズムのアップデートが実行されると必ずと言っていいほど言及されるのがE‐A‐T、つまり「専門性・権威性・信頼性」の評価だ。（略）

しかし、そのE‐A‐Tは、どのようにすれば高く評価されるのかという（SEOのテクニック的な）明確な方法論は、まだない。

そこで、グーグルがE‐A‐Tどのように認識するのかに関して、グーグルのジョン・ミューラー氏は次のようにコメントした（ミューラー氏が解説したのは医療系サイトのE‐A‐Tに関してだが、これは医療系サイトに限った話ではないと考えていいだろう）。

「複数の要素を見ている。たとえば、次のようなものだ：

・著者
・監修者
・サイト全体

もちろんコンテンツそのものも見ている。人間がサイトを見ているときに判断するのと同じようなことをしている。」（略）

このコラムでも何回も指摘しているように、何かこれをすればグーグルが評価する信頼性や権威性が確実に高まるというような秘訣はない。

「グーグルが何をどう評価するか」に意識を向けるのは、あなたが行うべきことではない。「ユーザーは何に信頼性や権威性を感じるかを探求し、そのニーズに応える」ことが、回り道のように見えてもE-A-Tを高める確実な道筋なのだ。(60)

ここに至って、SEOでは「グーグルが何をどう評価するか」に意識を向けるべきではない、とまで述べていて、「ユーザーのニーズに応える」ことが結果的に検索エンジンからの評価にもつながるという、古典的な議論が召喚されている。すなわちSEOでは、そこに介在する「選び手＝裁き手」としての検索エンジンに意識を向けるのではなく、「人間がサイトを見ているときに判断するのと同じような」意味論的な基準で設定された「ガイドライン」を規範として、「探し手＝受け手」の「ニーズ」に直接目を向けるべきだ、という論理である。むしろ、これは第6章で論じた「パンダ」「ペンギン」のような規範に基づくアップデートの延長線上に、「ガイドライン」とアルゴリズムのギャップがゆくゆくは解消されれば、「送り手＝創り手」のパースペクティブからもアルゴリズムをブラックボックスとして扱うことが可能になる、という、願望が込められた言説だと考えるべきだろう。第1章でもふれたとおり、キュレーション・メディア事件のあとでアルゴリズムが改善され、「WELQ」のようなウェブサイトが上位にこなくなった一方で、検索結果に中小規模の新しいウェブサイトが掲載されるチャンスが失われ、アルゴリズムはコンテンツの正確性をいまだに判定できているわけではない、というのが実態である。アルゴリズムのアップデートによって体現されたと表象された「ガイドライン」の理想は、マイノリティの排除という副作用を伴っているばかりでなく、その正確性は意味論的に正確な判断ができているわけではないという原理的な問題は、解消していない。「送り手＝創り手」のパースペクティブにとって重要なことは、グーグルの「理想」の裏に隠蔽されがちなアルゴリズムの現実をブラックボックス化させることなく直視し、「選び手＝裁き手」（とその「造り手」）との緊張関係を保ち続けることだろう。

本章では、第三期の二〇一五年から二〇二〇年にかけて、モバイルの普及によってグーグルの生態系が多重化し、さまざまな要素技術によって複雑な状況へと変容していった過程を、出現した複数の特徴コードをもつ記事を追うことで分析した。この時代のグーグルというプラットフォームの生態系をめぐるアクターの相互作用を、一つの流れとして要約することは難しく、また安易に要約すべきではないだろう。

モバイルというインターフェイスの出現と多重化は、第二期でグーグルが確立した「選び手＝造り手＝裁き手」としての支配的な地位を揺るがせることになった。第三期はその支配的な地位を維持しようとする「造り手」のさまざまな試行錯誤が、自らが掲げた規律としての「ガイドライン」とときに矛盾を生じ、その結果としてウェブマスターからの不支持や批判が起こるという複雑な状況になっている。グーグルの「裁き手」としての正統性に疑念が生じるとともに、「ガイドライン」のような理想と、アルゴリズムの現実との間の埋まることのない溝が「送り手＝創り手」の側から常に指摘されるというこのダイナミズムは、ある意味で「規律＝訓練」の論理によって生態系が維持・変容している状況であることを示している。

「送り手＝創り手」のパースペクティブにとってのアルゴリズムのブラックボックス化は、「送り手＝創り手」と「造り手」との間での統治をめぐる相対的な関係性のあり方によって、ブラックボックス化を進行させることもあれば、それを開ける方向に向かわせることもある。その両義的な緊張関係は、先行研究では必ずしも明らかにされていなかった実態だといえるだろう。一方で、このグーグルの生態系を「探し手＝受け手」のパースペクティブからみれば、アルゴリズムは「造り手」と「送り手＝創り手」がある種の共犯関係によって複雑に作り上げた巨大なブラックボックスとして現れているとも捉えられる。しかしこのとき、「造り手」と「送り手＝創り手」の緊張関係は、「探し手＝受け手」の信頼に応えるという「ガイドライン」の規律の大義名分によって維持されている。なぜなら、「ユーザー利益」すなわち「探し手＝受け手」の利益を実現するための意味論的な規範を、「造り手＝裁き手」であるグーグルと、「送り手＝創り手」であるウェブマスターが合意し共有することによって、「ガイドライン」の正統性は担保されているからだ。したがって、「探し手＝受け手」のパースペクティブにとっても、それがブラックボックス化している一方で、必ずしも「造り手」と「送り手＝創り手」が自分たちの利益のために「管理＝制御」のアーキテクチャを作動させて、一方的に「搾取」しているという図式とはいえない。キュレーション・メディアをめぐる一連のアルゴリズム・アップデートは、（個々の実践の意図はともかく全体としては）グーグルやウェブマスターの利益ではなく、「ユーザー利益」を共有規範とする「ガイドライン」の理想にアルゴリズムを近づけるための実践だったといえる。

注

（1）なお、グーグルがアンドロイド社を買収したのは二〇〇五年であり、アンドロイドＯＳを搭載したスマートフォンは〇八年に発売されている。

（2）総務省「平成29年通信利用動向調査ポイント」総務省、二〇一八年、三ページ（https://www.soumu.go.jp/main_content/000558952.pdf）［二〇二四年十二月二十五日アクセス］

（3）鈴木謙一「リンクが集まる施策・集まらない施策×10など10＋2記事（海外&国内ＳＥＯ情報）」「Web 担当者 Forum」二〇一一年九月三十日（https://webtan.impress.co.jp/e/2011/09/30/11225）［二〇二三年九月一日アクセス］

（4）Google「スマートフォン版 Googlebot-Mobile の導入について」二〇一一年十二月十六日「Google 検索セントラルブログ」（https://developers.google.com/search/blog/2011/12/introducing-smartphone-googlebot-mobile?hl=ja）［二〇二三年九月一日アクセス］

（5）鈴木謙一「スマートフォン向けＳＥＯの質問に答えますなど10＋2記事（海外&国内ＳＥＯ情報）」「Web 担当者 Forum」二〇一二年一月六日（https://webtan.impress.co.jp/e/2012/01/06/11894）［二〇二三年九月一日アクセス］

（6）「ＵＡ」とは「User Agent」の略で、ＨＴＴＰ通信時にブラウザーを識別するための文字列を指す。この情報には、パソコン版のブラウザーかモバイル版のブラウザーかも含まれていた。

（7）鈴木謙一「「スマホ向けサイトはレスポンシブ Web デザインで」グーグル社員が語るなど10＋2

記事（海外&国内ＳＥＯ情報）」「Web 担当者 Forum」二〇一二年二月二十四日（https://webtan.impress.co.jp/e/2012/02/24/12201）［二〇二二年九月一日アクセス］

（8）鈴木謙一「ＳＥＯを発注する前に必ず知っておくべきことなど11＋4記事（海外&国内ＳＥＯ情報）」「Web 担当者 Forum」二〇一二年六月十五日（https://webtan.impress.co.jp/e/2012/06/15/12984）［二〇二二年九月一日アクセス］

（9）鈴木謙一「グーグル再審査リクエストの処理はただ今順番待ちなど10＋4記事（海外&国内ＳＥＯ情報）」「Web 担当者 Forum」二〇一二年七月六日（https://webtan.impress.co.jp/e/2012/07/06/13138）［二〇二二年九月一日アクセス］

（10）鈴木謙一「レスポンシブ・ウェブデザインは万能ではない。具体例を示そうかなど10＋5記事」「Web 担当者 Forum」二〇一三年十月十八日（https://webtan.impress.co.jp/e/2013/10/18/16248）［二〇二二年九月一日アクセス］

（11）鈴木謙一「いま本当に知っておくべき大切な12個のＳＥＯ施策など10＋4記事」「Web 担当者 Forum」二〇一三年八月三十日（https://webtan.impress.co.jp/e/2013/08/30/15919）［二〇二二年九月一日アクセス］

（12）鈴木謙一「スマホアプリの中身をグーグルがインデックス&検索結果に表示する時代になど10＋4記事」「Web 担当者 Forum」二〇一三年十一月八日（https://webtan.impress.co.jp/e/2013/11/08/16376）［二〇二二年九月一日アクセス］

（13）Google「Android の App Indexing が誰でもご利用いただけるようになりました！」二〇一四年六月二十六日「Google 検索セントラルブログ」（https://developers.google.com/search/blog/2014/06/android-app-indexing-is-now-open-for?hl=ja）［二〇二二年九月一日アクセス］

（14）鈴木謙一「スマホ対応サイト「適合マーク」がグーグルの検索結果に登場など10＋4記事」「Web担当者Forum」二〇一四年十一月二十一日（https://webtan.impress.co.jp/e/2014/11/21/18739）［二〇二二年九月一日アクセス］

（15）Google「検索ユーザーがモバイルフレンドリー ページを見つけやすくするために」「Google検索セントラルブログ」（https://developers.google.com/search/blog/2014/11/helping-users-find-mobile-friendly-pages?hl=ja）［二〇二二年九月一日アクセス］

（16）鈴木謙一「スマホ対応していないサイトは4／21からグーグルで順位が下がります（公式発表）など10＋4記事」「Web担当者Forum」二〇一五年三月六日（https://webtan.impress.co.jp/e/2015/03/06/19484）［二〇二二年九月一日アクセス］

（17）同記事

（18）同記事

（19）鈴木謙一「インタースティシャル広告・ポップアップは滅びるべき。ユーザー体験の天敵だなど10＋3記事」「Web担当者Forum」二〇一五年四月十日（https://webtan.impress.co.jp/e/2015/04/10/19730）［二〇二二年九月一日アクセス］

（20）鈴木謙一「モバイルフレンドリーアップデート始動、公式情報など10＋2記事のモバイル対応特集」「Web担当者Forum」二〇一五年四月二十四日（https://webtan.impress.co.jp/e/2015/04/24/19818）［二〇二二年九月一日アクセス］

（21）同記事

（22）Google「“Google Search Console”——ウェブマスターツールが新しくなりました」二〇一五年五月二十日「Google検索セントラルブログ」（https://developers.google.com/search/blog/2015/05/announcinggoogle- search-console-new?hl=ja）［二〇二二年九月一日アクセス］

（23）鈴木謙一「Google Search Console に加わった、アプリ開発者なら絶対に使いたい機能など10＋3記事」「Web 担当者 Forum」二〇一五年五月二十九日（https://webtan.impress.co.jp/e/2015/05/29/20041）［二〇二二年九月一日アクセス］

（24）安田英久「グーグルはなぜHTTPSをランキングシグナルに使うことにしたのか」「Web 担当者 Forum」二〇一四年八月十九日（https://webtan.impress.co.jp/e/2014/08/19/18060）［二〇二二年九月一日アクセス］

（25）鈴木謙一「常時HTTPSにすると過去記事のいいね！数がゼロになってしまう問題の解決策　など10＋2記事」「Web 担当者 Forum」二〇一五年七月十日（https://webtan.impress.co.jp/e/2015/07/10/20384）［二〇二二年九月一日アクセス］

（26）鈴木謙一「「常時HTTPSにしないSEOは間違い。後悔する」グーグル社員が発言などSEO記事まとめ10＋4本」「WebForum」二〇一五年八月二十八日（https://webtan.impress.co.jp/e/2015/08/28/20879）［二〇二二年九月一日アクセス］

（27）鈴木謙一「半年も持たず失敗するオウンドメディアが持つ6つの特徴などSEO記事まとめ10＋3本」「Web 担当者 Forum」二〇一五年十二月四日（https://webtan.impress.co.jp/e/2015/12/04/21645）［二〇二二年九月一日アクセス］

（28）鈴木謙一「検索結果1ページ目の25％強がHTTPSページ、その比率は増加傾向などSEO記事まとめ10＋4本」「Web 担当者 Forum」二〇一六年一月二十二日（https://webtan.impress.co.jp/e/2016/01/22/21996）［二〇二二年九月一日アクセス］

（29）David Besbris, "Introducing the Accelerated Mobile Pages Project, for a faster, open mobile web"

Oct 07, 2015「Google The Keyword」(https://blog.google/products/search/introducing-accelerated-mobile-pages/)［二〇二二年九月一日アクセス］

（30）前掲「半年も持たず失敗するオウンドメディアが持つ6つの特徴などSEO記事まとめ10＋3本」

（31）Duncan Wright「モバイルウェブをもっと速く」二〇一六年二月二十五日「Google Japan Blog」(https://japan.googleblog.com/2016/02/blog-post_25.html)［二〇二四年三月十五日アクセス］

（32）鈴木謙一「グーグルの検索結果が大変化——右広告枠が消滅し、AMP表示開始などSEO記事まとめ10＋4本」「Web担当者Forum」二〇一六年二月二十六日(https://webtan.impress.co.jp/e/2016/02/26/22260)［二〇二二年九月一日アクセス］

（33）同記事

（34）鈴木謙一「グーグル、モバイルフレンドリーによるランキングや対策を強化などSEO記事まとめ10＋4本」「Web担当者Forum」二〇一六年三月二十五日(https://webtan.impress.co.jp/e/2016/03/25/22457)［二〇二二年九月一日アクセス］

（35）鈴木謙一「AMPはニュースサイト向け……そんなこと全然ない！などSEO記事まとめ10＋4本」「Web担当者Forum」二〇一六年五月二十日(https://webtan.impress.co.jp/e/2016/05/20/22866)［二〇二二年九月一日アクセス］

（36）鈴木謙一「アメブロ・はてな・pixivなど8社がスパム情報の共有などで団結などSEO記事まとめ10＋4本」「Web担当者Forum」二〇一六年五月十三日(https://webtan.impress.co.jp/e/2016/05/13/22811)［二〇二二年九月一日アクセス］

（37）鈴木謙一「グーグルの〝隠れた〟品質評価アルゴリズムに対応する方法などSEO記事まとめ10＋2本」「Web担当者Forum」二〇一六年九月九日(https://webtan.impress.co.jp/e/2016/09/09/

23772）〔二〇二二年九月一日アクセス〕
（38）鈴木謙一「ＭＦＩで検索トラフィックを減らさないために最低限チェックすべき４つのポイント【ＳＥＯ記事12本まとめ】」「Web担当者Forum」二〇一七年七月七日（https://webtan.impress.co.jp/e/2017/07/07/26237）〔二〇二二年九月一日アクセス〕
（39）Google「モバイルファーストのインデックス登録について」二〇一六年十一月四日「Google検索セントラルブログ」（https://developers.google.com/search/blog/2016/11/mobile-first-indexing?hl=ja）〔二〇二二年九月一日アクセス〕
（40）安田英久「グーグルがＰＣサイトを見なくなる？　モバイルファーストインデックス（ＭＦＩ）で大切なこと」「Web担当者Forum」二〇一六年十一月八日（https://webtan.impress.co.jp/e/2016/11/08/24325）〔二〇二二年九月一日アクセス〕
（41）同記事
（42）鈴木謙一「日本のウェブはＨＴＴＰＳが嫌い？　ＨＴＴＰＳ率は他国の5～6割の謎などＳＥＯ記事まとめ10＋４本」「Web担当者Forum」二〇一六年十一月十一日（https://webtan.impress.co.jp/e/2016/11/11/24363）〔二〇二二年九月一日アクセス〕
（43）鈴木謙一「ＭＦＩへの疑問はこれで99.9%解消!?　グーグル社員が20の質問に回答などＳＥＯ記事まとめ10＋２本」「Web担当者Forum」二〇一六年十二月十六日（https://webtan.impress.co.jp/e/2016/12/16/24638）〔二〇二二年九月一日アクセス〕
（44）鈴木謙一「「ＳＥＯのために必要なページの文字数」知りたい人、集まれ～!!【ＳＥＯ記事12本まとめ】」「Web担当者Forum」二〇一七年六月十六日（https://webtan.impress.co.jp/e/2017/06/16/26045）〔二〇二二年九月一日アクセス〕

(45) 鈴木謙一「お店や会社のホームページを無料・5分で作れるグーグルの新サービス登場【ＳＥＯ記事12本まとめ】」「Web担当者Forum」二〇一七年六月二十三日（https://webtan.impress.co.jp/e/2017/06/23/26120）［二〇二二年九月一日アクセス］

(46) 鈴木謙一「ＭＦＩ導入がグーグルの本番環境ですでに始まっているだと!?【ＳＥＯ記事12本まとめ】」「Web担当者Forum」二〇一七年十一月十日（https://webtan.impress.co.jp/e/2017/11/10/27369）［二〇二二年九月一日アクセス］

(47) 鈴木謙一「デザインが悪く使いづらいサイトは、グーグルの評価が下がるんだって!?【ＳＥＯ記事12本まとめ】」「Web担当者Forum」二〇一八年五月十一日（https://webtan.impress.co.jp/e/2018/05/11/29153）［二〇二二年九月一日アクセス］

(48) ＭＦＩの移行が最終的に完了したのは、二〇二三年五月である。

(49) 鈴木謙一「まとめサイトがグーグル検索から次々と消滅し始めたなど10＋4記事」「Web担当者Forum」二〇一四年二月七日（https://webtan.impress.co.jp/e/2014/02/07/16895）［二〇二二年九月一日アクセス］

(50) 安田英久「エセ〝キュレーション〟逃亡続出、ＷＥＬＱに続いてＭＥＲＹもＣＡも　これはモラル問題ではなく法律問題だ」「Web担当者Forum」二〇一六年十二月六日（https://webtan.impress.co.jp/e/2016/12/06/24553）［二〇二二年九月一日アクセス］。この記事は「ＳＥＯ」カテゴリーにラベル付けされていないので厳密には分析対象記事から外れるが、「Web担当者Forum」の議論の文脈にとって重要であるため、ここに引用する。

(51) 前掲『調査報告書（キュレーション事業に関する件）』七四―七五ページ

(52) 前掲「日本語検索の品質向上にむけて」

（53）安田英久「【詳細解説】グーグルの検索品質アップデートは日本オリジナル、著作権や情報の正しさは見ていない」「Web担当者Forum」二〇一七年二月七日（https://webtan.impress.co.jp/e/2017/02/07/24990）［二〇二一年九月一日アクセス］
（54）同記事
（55）同記事
（56）安田英久「Googleは情報の正しさを判断するようになるのか？　偽ニュース対策で検索アルゴリズムを更新したGoogleのベン・ゴメス氏に聞く」「Web担当者Forum」二〇一七年四月二十六日（https://webtan.impress.co.jp/e/2017/04/26/25598）［二〇二一年九月一日アクセス］
（57）同記事
（58）鈴木謙一「医療系エセメディア退場でグーグルの検索結果はホントに良くなったのか？【SEO記事12本まとめ】」「Web担当者Forum」二〇一七年六月二日（https://webtan.impress.co.jp/e/2017/06/02/25926）［二〇二一年九月一日アクセス］
（59）鈴木謙一「グーグル検索結果が大変動、医療・健康のクエリ60％に影響するアップデート【SEO記事12本まとめ】」「Web担当者Forum」二〇一七年十二月八日（https://webtan.impress.co.jp/e/2017/12/08/27687）［二〇二一年九月一日アクセス］
（60）鈴木謙一「グーグルが重要視するE‐A‐Tの高め方、教えます（特に医療系サイト）【SEO記事12本まとめ】」「Web担当者Forum」二〇一九年八月二十三日（https://webtan.impress.co.jp/e/2019/08/23/33679）［二〇二一年九月一日アクセス］

第8章　検索エンジン・アルゴリズムの「権力」を問い直す

1　アルゴリズムはどのようにブラックボックス化したのか

第１章で示したとおり、本書で探究してきた問いは次のとおりである。

検索エンジン・アルゴリズムのブラックボックス化は、どのようなアクターによる、どのような相互作用によって構築され、維持されているのか。

本書では、歴史的な区分に沿って、この問いを次の二つの問いに分割して議論してきた。

1．ＷＷＷの草創期から検索エンジンの確立期にかけて、そのアルゴリズムはどのようなアクターに対してどのようにブラックボックス化したのか。
2．検索エンジン・アルゴリズムのブラックボックス化は、それが構築されたのち、どのようなアクターのどのような相互作用によって維持されているのか。
第3章では、まず、WWWが普及しはじめた一九九三年から、グーグルが主要な検索エンジンとして地位を確立し、ウェブ2.0という言説が登場する二〇〇五年までの十三年間をウェブ1.0と仮説的に区分した。そして、当時のWWWの利用法を共有する主要なメディアであったパソコン雑誌の言説を通時的に分析することで、主に第一の問いについて検討した。

第4章から第7章では、WWWの利用においてプラットフォームが中心化し、スマートフォンが浸透する二〇〇六年以降について、第3章で見いだした「送り手＝創り手」の視点を示すメディアであるウェブマスター向けのウェブサイトを対象に、トピックの変化を計量的に分析し、それぞれのトピックの言説を通時的に追跡することで、主に第二の問いについて検討した。

第一の問いについては、第3章の分析をもとに、次のように整理できるだろう。

検索エンジンのアルゴリズムは、いわゆるロボット型検索エンジンが出現した当初からブラックボックス化していたわけではない。ユーザーがWWWとの相互作用のさまざまなあり方を変化させながら、「受け手＝探し手」としてのパースペクティブを確立していく歴史的な過程のなかで、PageRankというグーグルのランキング技術と「受け手＝探し手」の社会的な要請が合致することで構築されたのがブラックボックスだった。

WWWの草創期にユーザーは「受け手＝探し手」の役割に特化していたわけではなく、「送り手

＝創り手＝選び手＝受け手＝探り手」ともいうべき多面的な役割を未分化なまま担うようなアクターであり、ＷＷＷはそうしたユーザー同士が相互に接続するネットワークだった（図８・１）。

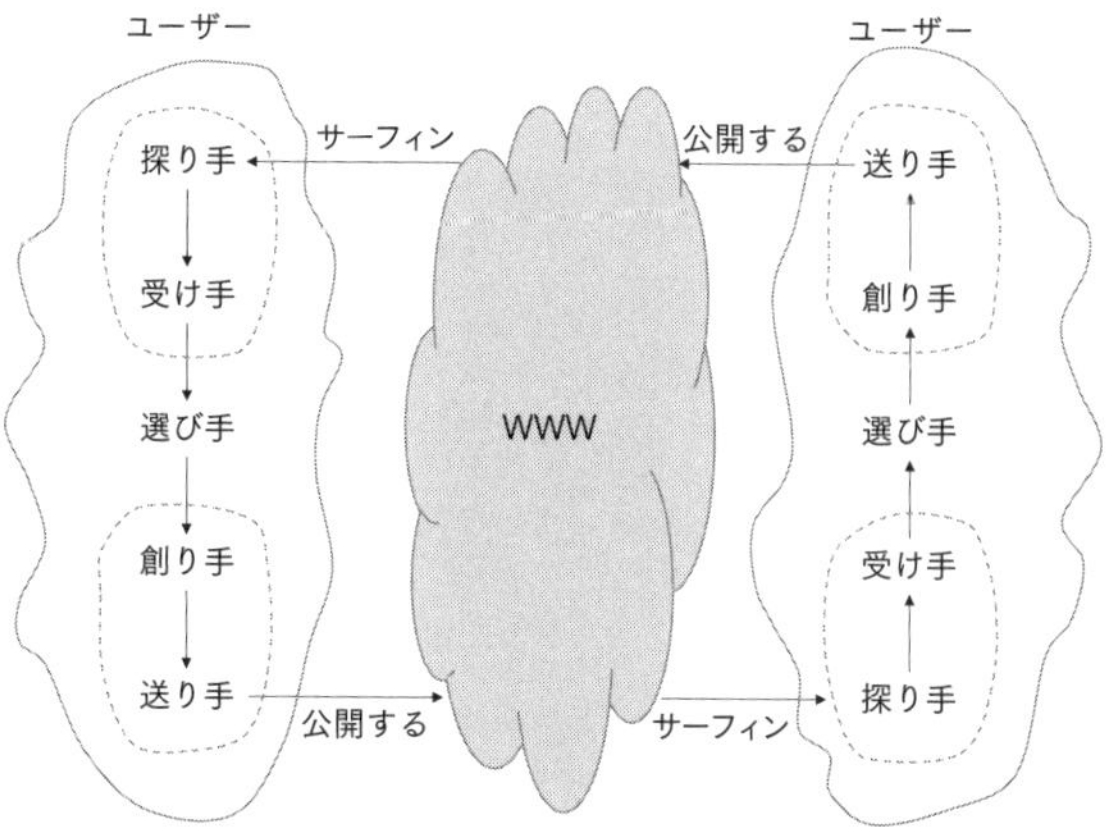

図8.1　初期のユーザーの役割モデル図（図3.2の再掲）

それを支えていたのは、初期の「ホームページ」ブームに象徴されるような、ＷＷＷの遊具的な楽しさだった。一方で、その楽しさはウェブサイトとして公開される情報量の爆発的な増大を招いた。そのため情報の整理と選別をおこなうウェブディレクトリや検索エンジンが「選び手」の役割を担うようになり、ユーザーはＷＷＷを「サーフィン」して探索する「探り手」から、目的をもって「サーチ」する「探し手」の行動様式に移行する。それは「送り手＝創り手」というモードと「受け手＝探し手」というモードが（同一のユーザーであっても）分離してしまうことを意味する。同時に、「探り」ながらそれ自体を楽しむ即自充足的な遊具だったＷＷＷが、目的をもって何かの情報を効率的に「探し」出す手段としての道具へと移行することも意味していた。

とはいえ、ＷＷＷの道具化はただちに「選び手」のブラックボックス化をもたらしたわけではない。当初

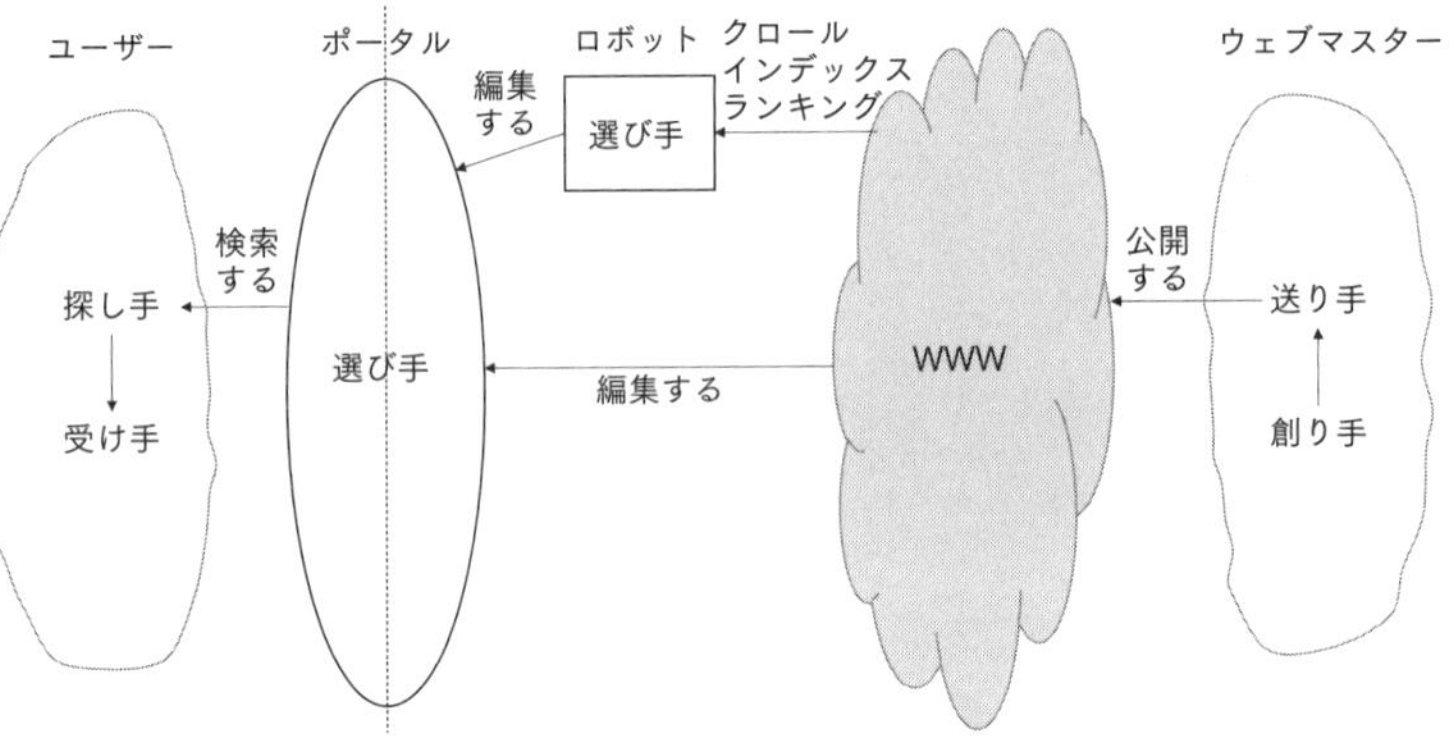

図8.2　ポータル出現後の役割モデル図（図3.6の再掲）

のロボット型検索エンジンは、多数のサービスが乱立し、パソコン雑誌でもそれらの性能比較が定番化するなど、その計算論的な技術はむしろ「探し手」の関心事になっていた。一方で当時の検索エンジンの計算論的な性能、すなわち検索結果の「関連性」については多くの不満が表明されてもいた。まだこの時期は、計算論的なアルゴリズムがユーザーに十分な信頼を得ることができず、そのためにむしろブラックボックス化されることもなかった。特定のアルゴリズムをブラックボックスとして扱うようになるには、その出力が「探し手」の期待に対して十分な「関連性」をもち、信頼しうるものとして認識されることが前提になるからである。当時、意味論的な編集による「選び手」であるウェブディレクトリがポータルとして人気を集めたのは、ロボット型検索エンジンへの不満の裏返しである。しかしまた、ポータルという様態の登場は、WWWがその界面の向こう側にあるものとして分断された「無限」の空間として表象されることを意味していた（図8・2）。「探し手」のパースペクティブにとってWWWが無限の空間と認識されることは、逆説的に意味論的な編集の限界をもたらす。なぜなら、有限な資源に依存する人間の編集という行為が、増え続ける無限の情報量を適切に網羅できるとは考えられなかったからだ。意味論的なポータルは、次第にその「選び手」としての恣意性を疑われるような存在になっていく。その結果、その無限の空間を一元的に序列化する計算論的な技術への社会的な期待が高まることになった。その状況に適応的だったのが、一九九八年に登場したグーグルのPageRankだった。グーグルは「選び手」の論理を、恣意性への疑念が拭いきれない意味論的な編集から、再現可能性が担保され中立的だと信じられる計算論的なアルゴリズムへと転回させた。そしてすでに「送り手＝創り手」と分離し「受け手＝探し手」に特化していたユーザーは、検索結果をいつでも信頼しうるものとして扱うことで、結果として検索エンジンのアルゴリズムをブラックボックス化させせた。第３章でも論じたとおり、ブラックボックス化はグーグルが自らそうなろうとしたのではなく、「受け手＝探し手」としてのユーザーが「選び手」に求めていたものがブラックボックスだったのである（図８・３）。

　ここで注意すべきなのは、このブラックボックス化は、あくまで「受け手＝探し手」としてのユーザーのパースペクティブを前提とした議論であることだ。ラトゥール自身が述べているとおり、また、第２章でふれたインフラ研究が指し示しているとおり、メディアがブラックボックス化あるいは無色透明化していると理解されるのは、関係論的・認識論的な問題である。[1]すなわち、検索エンジン・アルゴリズムがブラックボックス化したということは、特定のパースペクティブにおける特定の認識が歴史的・社会的に構築されたということにほかならない。したがって「受け手＝探し

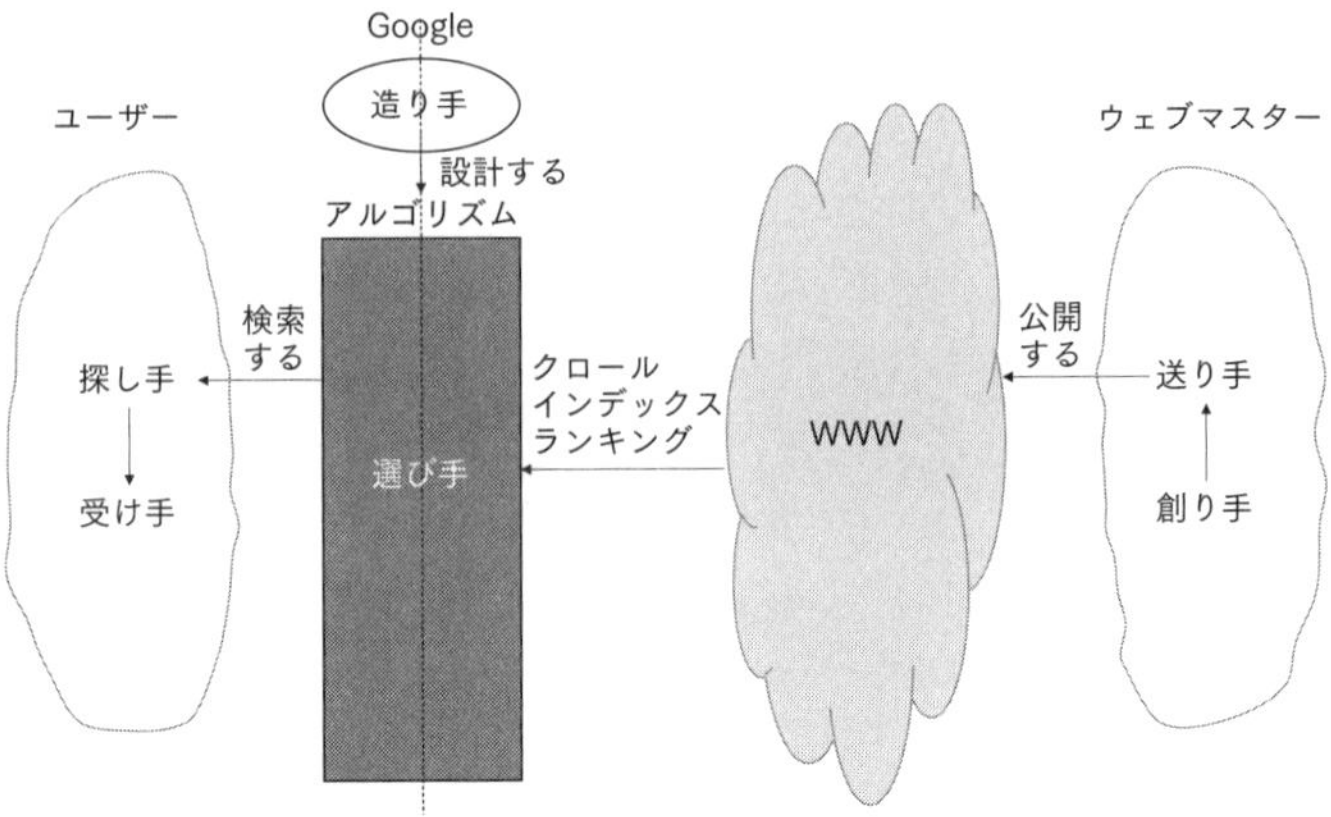

図8.3　グーグルの役割モデル図（図3.9の再掲）

手」というユーザーの役割が分節化し固定化していったことと、その固定化した立場にとって検索エンジン・アルゴリズムがブラックボックス化したと認識されるようになったことは、一連の歴史的過程をなしている。逆にいえば、異なる立場、すなわち「送り手＝創り手」であるウェブマスターのパースペクティブにとっては、必ずしもそれはブラックボックス化したわけではないといえる。このことは、第二の問いを分析するうえで重要な視角になる。

　第二の問いについては、第４章から第７章の分析をもとに、次のように考えることができる。

　検索エンジンのアルゴリズムは、「受け手＝探し手」のパースペクティブからはブラックボックス化していても、その中身はアップデートされつづけている。そしてアップデートの多くは検索エンジンという「選び手」（の「造り手」）が単独で決定しているものとはいえず、「送り手＝創り手」との不断の相互作用、さらにはモバイル技術やＵＲＬ制約、サーバー構成などの技術的・物質的なアクターとの相互作用によって複雑に構築されている。そこでは「ユーザー利益」を大義名分とした「ガイドライン」が意味論的な規範として作用し、アルゴリズムの計算論的なアーキテクチャとのハイブリッドともいうべき二重の「権力」を構成していることが明らかになった。

第4章で分析したとおり、検索エンジンのアルゴリズムに対する「送り手＝創り手」としてのウェブマスターの言説は大きく分けて三つの時期で解釈することができる。第一期は二〇〇六年から一〇年にかけて、複数の検索エンジンの対応からグーグルへの一元化という大きな変化が中心になった時代、第二期は一一年から一四年にかけて、グーグルの「ガイドライン」が強い支配力を発揮し規律としての地位を確立した時代、第三期は一五年から二〇年にかけて、スマートフォンの普及が象徴する技術の複雑化によって「ガイドライン」とアルゴリズムのギャップが表面化し、グーグルの支配力の構造が不安定化した時代と位置づけられる。

この歴史の流れは、次の二つの論点から整理することができる。第一は、アルゴリズムを構築する複数のアクターによるコミュニティとも呼ぶべき集合体のなかで、どのようなアクターが排除され、どのようなアクターが包摂されていったのか、という論点である。第二は、そのコミュニティを含む生態系のなかで、グーグルによるアルゴリズムがどのような権力構造によってアップデートされ秩序化されていったのか、という論点である。

第一の論点について整理しよう。第5章でも分析したとおり、「送り手＝創り手」のパースペクティブにとって複数の検索エンジンが併存していると認識された第一期には、それぞれの検索エンジンに対して異なるＳＥＯ実践が求められると同時に、その対策の多くは計算論的な入力変数の最適化が中心であり、意味論的な「質」への対応については周縁的なものと見なされていた。のちにブラックハットとして排除される変数操作というべき介入についても、どこまでが「グレー」なのかを模索する姿勢もみられた。その意味で第一期のＳＥＯには、計算論的なハックに対する意味論的な規範の裁可、すなわち「正しいＳＥＯ」という規律は必ずしも強くはたらかず、ある種の「ハックする自由」が残存していたともいえる。そこではコンテンツの「創り手」よりもウェブの「送り手」としての技術力が相対的にせり出し、複数ある「選び手」のアルゴリズムに対して挑戦的ともいうべき相互作用をもたらしていた。一方で、複数対応の技術的な複雑さは非効率とも認識され、検索エンジンが結果的にグーグルへと統合されたことはむしろ歓迎すべきこととして表象された。ここでは「送り手＝創り手」が、その技術的な複雑さから解放されるとともにある種の「ハックする自由」を手離したと解釈することができる。この構造は、第3章でポータルという一元的な「選び手」の出現によって「受け手＝探し手」が複数の検索エンジンの主体的な使い分けを放棄し、さらにはＷＷＷの「送り手＝創り手」の役割を手放したのと同型的である。

結果として「送り手＝創り手」のパースペクティブにとっても実質的に唯一の「選び手」になったグーグルは、第6章で分析したとおり「ガイドライン」という規律を掲げ、その規律に基づいて「裁き手」としての地位を担うようになる。グーグルのこうした「裁き手」としての地位の確立が、第二期の大きな特徴である。そして「裁き手」たるグーグルは「ガイドライン」に違反する「薄っぺらい送り手」を、計算論的な変数操作に特化し「創り手」としての役割を放棄したブラックハットと見なして排除し、「ガイドライン」の支持者となる「送り手＝創り手」だけがホワイトハット

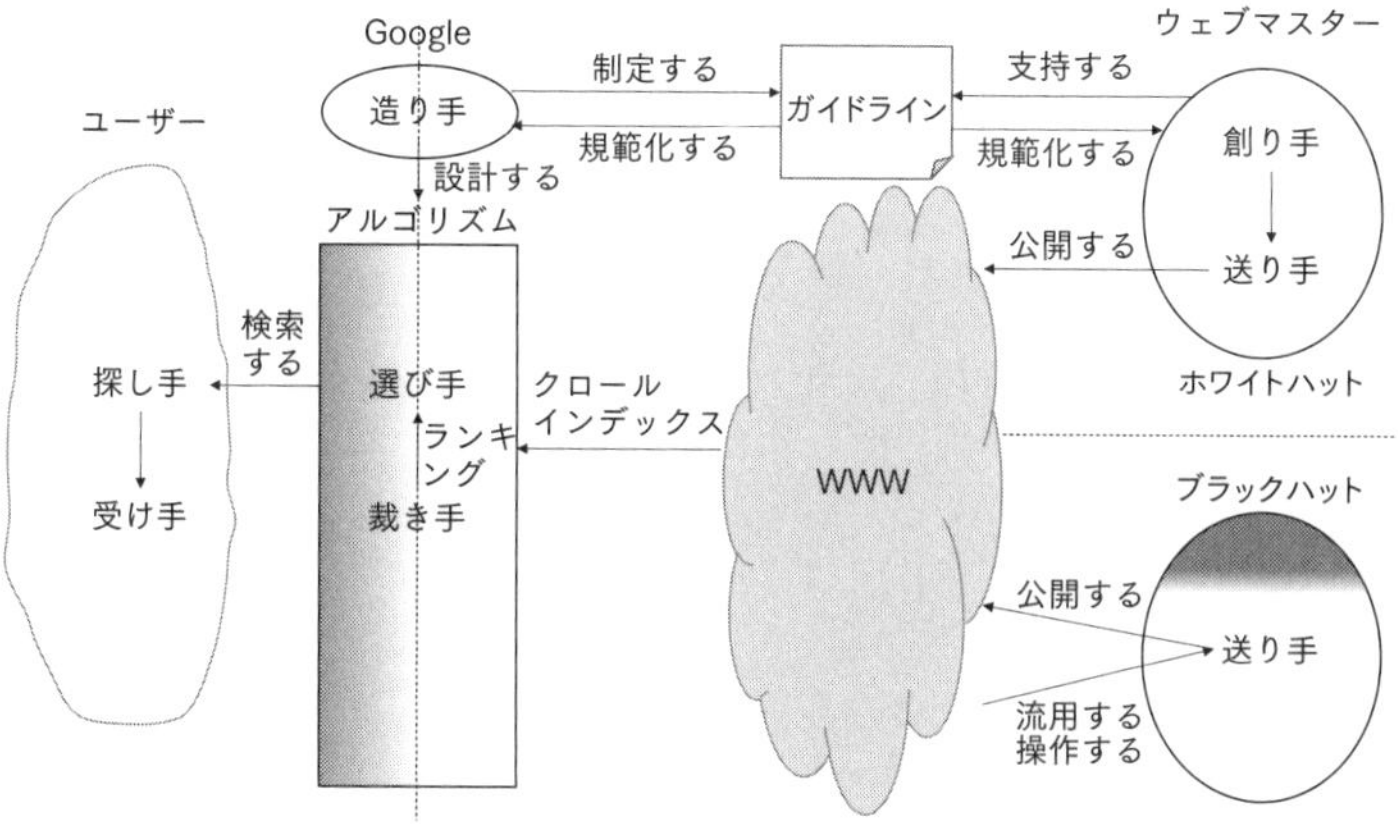

図8.4　「裁き手」と「ガイドライン」の役割モデル図（図6.5の再掲）

として適応していくことになる。しかし、この適応的な「送り手＝創り手」たちが「裁き手」としてのグーグルに従っているようにみえるのは、「送り手＝創り手」がその「ガイドライン」について「ユーザー利益」を代弁する規範として妥当なものと認識し、その意味論的な規律を支持しているからだ（図8・4）。

したがって、グーグルの計算論的なアーキテクチャの「管理＝制御」がひとたびその「ガイドライン」の遂行を実現するものではないと見なされれば、「管理＝制御」による統治が有効に機能しないという事態が生じうる。第三期のモバイルの生態系との相互作用に伴う技術要素の導入では、このような意味論的な「ガイドライン」と計算論的なアルゴリズムとの矛盾が表面化し、第二期のようなグーグルの支配的な地位が揺らぐようになる。「送り手＝創り手」は、アルゴリズムが「裁き手」として正当な処理をおこなっているかを「ガイドライン」という規律によって裁く、「裁き手の裁き手」としての役割をむしろ担うことにもなったのだ。キュレーション・メディア事件で事実上ブラックハットの復活を許したグーグルに対し、ホワイトハットの「送り手＝創り手」たちのほうがブラックハットの排除を主張し、その後のアルゴリズム・アップデートの効果、すなわち「ガイドライン」という規律への遵法性を厳しくチェックしたことは象徴的な事例といえる。

このようなアクターの役割のダイナミズムは、第二の論点、アルゴリズム・アップデートの権力構造と密接につながっている。グーグルをプラットフォームとして捉えるとき、そこで作動している「権力」は一般に、ドゥルーズがいう「管理＝制御社会[2]」の論理（＝東がいう「環境管理型権力[3]」）に基づくものだと考えられがちである。第2章でも議論したとおり、それは、レッシグがいうアーキテクチャによるコントロール[4]を指し示す。グーグルのアルゴリズムのブラックボックス化を所与のものとして認識する「受け手＝探し手」にとっては、それは確かにアーキテクチャとして作動する。第3章でも論じたとおり、「受け手＝探し手」にとってのグーグルは「クエリーを入力し、ランキングの上から順にウェブページをたどればよい」ような信頼しうる「選び手」であり、そうした行為を自らが選択していること自体を「受け手＝探し手」に意識させない存在だからだ。したがって、グーグルという「選び手」が「受け手＝探し手」に対して、アーキテクチャとしての「管理＝制御」を有効に作動させている（と見なされる）ことは、グーグルが「受け手＝探し手」のパースペクティブにとってブラックボックス化し無色透明化していることと表裏一体である。

しかしこれまで論じてきたとおり、アルゴリズムがブラックボックス化しているのかは、認識論的な問題であり、それをどのような立場で捉えるのかに依存している。同じ事態を「送り手＝創り手」のパースペクティブで捉えたとき、そこには異なる権力構造がみえてくるのだ。第6章でも論じたとおり、グーグルが提示する「ガイドライン」は「ユーザー利益」を大義名分とする意味論的な理想を明文化したものである。そして「送り手＝創り手」がグーグルの「裁き手」としての地位を支持したのは、この「ガイドライン」という規律を受け入れ、支持し、（限定的な意味ではあるが）内面化することができたからだ。逆にいえば、この規律の正統性は、グーグルに由来するものではなく、「受け手＝探し手」に対する社会的な規範と「ガイドライン」との一致を「送り手＝創り手」が認め、支持したことに由来する。そして、グーグルが「裁き手」として、アルゴリズムという計算論的な方法を用いて「管理＝制御」の論理を遂行することは、共有された「ガイドライン」の規律に従って「秩序」を構築・維持するための「手段」に位置づけられ、根拠づけられる。実際「パンダ」「ペンギン」アップデートなどの強制的な「裁き」は、「ガイドライン」に示された規範とアルゴリズム・アップデートによって実装されたアーキテクチャが一致していると認識されたからこそ、「管理＝制御」の論理が実効的に機能したのだ。

一方、第7章の時期に問題化したのは、グーグルが提示する「管理＝制御」のアーキテクチャが必ずしも「ガイドライン」が示す規範に一致した動作をしていないと見なされた場合である。実際、モバイルに関する方針の多くがグーグル自身の技術的な都合によるものであり、その方針の一部はランキング・シグナルにするという強硬手段によってアーキテクチャに組み入れられ、「管理＝制御」を強制することが試みられた。しかし、すべてではないにせよ、それらがグーグル自身が提示し、「送り手＝創り手」が支持してきた「ガイドライン」と矛盾していることを「送り手＝創り手」は見抜いて指摘する。それらによってアーキテクチャ自体が変更を余儀なくされたり、導入に時間をかけて「説得」したりする事例が第7章では多くみられた。

このことは、次のことを含意する。「送り手＝創り手」のパースペクティブからみたとき、グーグルのアルゴリズムは必ずしもブラックボックス化しているとはいえない。「送り手＝創り手」はむしろ、「選び手＝裁き手」としてのアルゴリズムのあり方自体を構築しているネットワークの一部である。そしてそのアルゴリズムの動作は、二重化した権力構造に支えられている。第一は、アルゴリズム自体がアーキテクチャとして作用する「管理＝制御」の論理である。ひとたびそれが構築されると、ブラックハットがランキングから排除されたように、そのアーキテクチャはどのようなウェブページが選別・分配されうるのかを実装のレベルで規制し、「送り手＝創り手」の行為を誘導する。第二は、そのアルゴリズムの動作の正当性を意味論的に規制する「ガイドライン」の規律である。この規律自体は、グーグルが自ら提示したものである一方、その正統性は、それが「受け手＝探し手」を含む社会的な規範（「ユーザー利益」）と一致していると「送り手＝創り手」に認識され、支持されることで維持される。そして、この二重の構造が矛盾をきたすとき、修正されるべきだと認識されるのは意味論的な「ガイドライン」ではなく、計算論的なアーキテクチャの側である。

このように、グーグルのアルゴリズムは、「送り手＝創り手」やさまざまな技術的な制約との相互作用、さらにいえば「受け手＝探し手」によるクリックなどの反応によって、ダイナミックに改変されつづけている。そして「受け手＝探し手」のパースペクティブにとって、この改変はブラックボックス化し、無色透明化されている。しかし、グーグル自体がもつ意味論的な「ガイドライン」と計算論的なアルゴリズムという二重の権力構造に矛盾が生じ、そこに大きな「不具合」が顕現したとき、インフラ化していた検索エンジンの介在が「受け手＝探し手」にも可視化されることになる。キュレーション・メディア事件は、それを象徴する一つの事例である。そしてキュレーション・メディア事件が発生した第三期の後半は、世界的にも偽情報・誤情報（いわゆるフェイクニュース）問題が注目され、計算論的アルゴリズムへの「ブラックボックス的信頼」が揺さぶられた時期でもあった。実際に何か「事件」と見なされる不具合が発生すれば、そのアルゴリズムの妥当性はマスメディアを含め「受け手＝探し手」のパースペクティブからも批判を集めることになる。しかし、そこでは無色透明化に対する「インフラ的反転」、すなわち不具合の顕現による媒介作用の可視化は起きても、ブラックボックス化した「選び手」の「権力」を相対化するようなパースペクティブの反転までは起きにくい。その不具合に対する「受け手＝探し手」側（大半のマスメディアも含む）による批判は、アルゴリズムのブラックボックス化そのものを批判するだけで、意味論的な「ガイドライン」と計算論的なアルゴリズムの相互構成的関係については背景化したままだからだ。そのような相互作用の様相が背景化しみえていないこと自体が、（実際にはパースペクティブの差異によるものにもかかわらず）プラットフォームの「隠蔽」によるものと帰属されてしまうことから「プラットフォーム陰謀論」ともいうべき誤謬が生じているのが第三期以降現在に至るまでの状況である。

このようにプラットフォームの介在の「恣意性」を論じるとき、それがブラックボックスであることを所与のものとして、すなわち「受け手＝探し手」のパースペクティブだけを前提として論じることには限界がある。前述のとおり、ブラックボックス化によって「隠蔽」されているようにみえるその位置に、「管理＝制御」の「主体」としての「権力者」の実在を仮構するという誤謬を起こしてしまうからだ。ブラックボックスの隠蔽を引き起こすのは、その「権力」なるものが歴史的・社会的に複数のアクターの相互作用によって構築されてきたという事実そのものの忘却であり、ユーザーの「受け手＝探し手」以外の可能的様態の忘却である。

本書は、検索エンジンというメディアを、外部化した対象として観察するのではなく、メディアの構築のプロセス、そのメディアの生態系で発生する相互作用のあり方を内在的に視ることを試みた研究である。もちろん、本書でグーグルというメディアの成り立ちをすべて記述できたわけではないが、「メディア」の媒介に焦点を当てて複数アクターの相互作用のダイナミズムを内在的に記述することで、グーグルだけでなく現代のプラットフォームの存立構造を理解するうえでの重要な示唆が得られたといえるだろう。

2 プラットフォームへの「メディア論的想像力」

マクロな観点で現代のプラットフォーム環境を捉えると、確かにプラットフォームの政治・経済的な生態系には多くの問題がある。それはグーグルにとっても例外ではない。スルネックが指摘するとおり、ユーザーが生成するデータは原材料になり、ターゲティング広告として商品化されている。(5) そしてまさにグーグルがインフラになり、その介在が無色透明化しているがゆえに、ユーザーはデータの生産者であることを意識することはなく、一方でそのプライバシーが企業の収益につながっている実態がある。このような広告の生態系の問題については本書では十分に扱えていないが、少なくともその生態系を、ユーザー（「受け手＝探し手」）のパースペクティブだけを前提とするマクロな視点で批判するだけでは問題解決につながらないことは確かだろう。本書で明らかにしたとおり、その生態系を構築している多数のアクターの相互作用のありようをミクロ、メゾのレベルで丁寧に対象化していくことが重要なのだ。本書で取り上げたSEOという視点は、そのうちのメゾ、すなわち中範囲の分析の一つにすぎない。グーグルだけでも、ほかにもターゲティング広告やパーソナライズ、地図、レビュー、ブラウザー、スマートフォンOSなど、さまざまな中範囲の視点がありうるだろう。第2章で議論したとおり、メディア論でプラットフォームを対象化する意義は、その量の問題系に視線を向けることにある。プラットフォームはプラットフォームであるがゆえに、複数のアクターが交錯する異種混交のネットワークのなかで、何らかの計算論的な「システム」によって量を「管理＝制御」する。その複雑性は、特定の社会グループ（たとえば個々のプラットフォーム企業）が一方的に「支配」するような関係としては記述しきれない。もしそのように記述されうると感じるとしたら、インフラ化され無色透明化されたメディアの多様な側面を見落としている可能性を疑うべきである。ここでも問われるのは、インフラを異化する「メディア論的想像力」である。

第1章で述べたとおり、量の「管理＝制御」を遂行しようとするプラットフォームの根本問題は、人間の認知資源の限界と利用可能な情報の量のギャップである。このギャップを解決するためにプラットフォームは計算論的なアルゴリズムによって、何を選び、何を選ばないかを決める「選び手」としての役割を担う。そしてこのギャップはもう一つのギャップ、すなわち、人間が意味論的な編集によって選択する選択肢と、機械が計算論的なアルゴリズムによって選択する選択肢のギャップを不可避的に発生させる。グーグルが「受け手＝探し手」にとってブラックボックス化を果たすことができたのは、この意味論的な選択と計算論的な選択のギャップが限りなく小さく、計算論的な選択に委託することへの信頼を獲得したからにほかならない。

しかし重要なことは、このギャップは限りなく小さいものにみえていたとしても、なくなることはなく、そのギャップの大きさは常に変化している、という事実である。そのギャップとは、本書の事例でいえばグーグルの「ガイドライン」とランキング・アルゴリズムのギャップである。そしてギャップの顕現は、計算論的なアルゴリズムのブラックボックス化を揺るがせ「メディア論的想像力」を喚起する契機になりうるという意味で、「管理＝制御」の全域化に抵抗する可能性とも接続される。

アーキテクチャを「環境管理型権力」と捉えるときにしばしば議論になるのは、その抵抗への回路、すなわち自由がどこにあるのかということだ(6)。その意味で、グーグルが「管理＝制御」のアーキテクチャを完遂するために、実際には「規律＝訓練」の論理ともいえる規範に頼らざるをえなかったことは、一つの可能性である。その「規範」は、プラットフォームの生態系の内部で閉じるものではなく、外部の社会的な規範の参照を前提にしているからだ。ただ、本書で分析したグーグルの「ガイドライン」が現実に参照する規範は、公共的で民主的な価値観というよりも、アテンション・エコノミーの論理だと考えるべきだろう。「ガイドライン」が前提とする「ユーザー利益」とは、より多くの「受け手＝探し手」が好意的に反応するようなコンテンツの品質について、「送り手＝創り手」に向けて説明するものだからである。ここでの「好意的な反応」は、必ずしも公共的な価値に基づいた「正しい」反応とはかぎらず、むしろ個人的あるいは情動的な反応をも含む「アテンション」である。しかし、この規範を、プラットフォームと相互作用するあらゆるアクターの協力によって、社会的に望ましいと合意しうる方向に変えていける可能性は残っている。プラットフォームの「ガイドライン」になる規範は、ユーザーの情動的な反応を単にそのまま「管理＝制御」のインプットにするものではなく、その「管理＝制御」の妥当性を「裁く」ための規律として機能し、その審級はコミュニティを構成するアクターによる支持があってはじめて有効化するものだからだ。したがって、ここでのアクター同士の熟議を活性化することができれば、「裁き手」のあり方をより公共的な価値を重視するものへと、社会全体で転換できる可能性がある。キュレーション・メディア事件をきっかけにわずかではあるが「フェイク」と見なされうるコンテンツのランキングが低下し、健康に関する情報についてコロナ禍で大きな混乱が生じていないと（少なくとも現時点で）みられることは、小さな希望だろう。

一方で「ガイドライン」とアルゴリズムのギャップは、その大小は変動しながらも、計算論的なシミュレーションの精度が上がるに従って極小化していくことになる。計算論的なシミュレーションの精度向上とはすなわち、機械が人間と同等と見なせる「裁き手」になるという意味でのAIの精度向上を意味する。「送り手＝創り手」のパースペクティブにとってもグーグルのアルゴリズムがそのような精度をもつものとして認識されるに至ったとき、「送り手」がアルゴリズムに対して計算論的な変数操作をおこなうSEOは、存在価値を失うことになる。「創り手」が意味論的な判断に従って「ガイドライン」どおりのコンテンツを制作すれば、その規範をシミュレーションする「選び手＝裁き手」に確実に選択されることになるからだ。そしてそうした事態は逆説的に、グーグルの計算論的ブラックボックスの完成を意味する。「ガイドライン」とアルゴリズムのギャップを追求してきたSEOという活動は、まさにその活動の結果として、そのギャップを極小化するにしたがって存在価値を失い、アーキテクチャとしての「管理＝制御」が全域化することになるからだ。第1章で指摘した検索エンジンのランキング・アルゴリズムがいまだコンテンツの正確性を直接には判断できていないという問題は、「小さな希望」を残存させるためには解決されるべきでないのかもしれない。

SEOは、アルゴリズムをブラックボックスとして扱わずにその実践を徹底し、アルゴリズムの動作に異議を唱え続けた。結果としてその異議の余地は極小化していき、アルゴリズムがSEOのパースペクティブにとってもブラックボックス化可能な対象へと漸近している。これはまさにラトゥールが示した、科学が論争を繰り返しながらその理論を頑健化させていくことで、ブラックボックス化を重ねていくプロセスと同型的である。(7)

AIのシミュレーションの精度が十分に高まり意味論と計算論が漸近するという先にある問いは、

ＡＩは人間を代替しうるのか、という問いである。そしてそのときに再度問われるのは、人間社会における自由とは何か、ということだろう。その自由は、意味論的な解釈と計算論的な判断のギャップの残余にこそ存在しうることになる。その残余を隠蔽せずにブラックボックスを閉じないでいくための実践的な視座が「メディア論的想像力」なのだ。つまり、ＡＩによる決定論的なアーキテクチャに対して常にそれを異化しうるような実践的な相互作用の可能性を担保しておくということである。グーグルのアルゴリズムに対して、意味論的な規範との不整合から「送り手＝創り手」が常に異議申し立てをしてきたのと同時に、その準拠枠となる意味論的な規範、すなわち規律それ自体も妥当性を問われ続けてきた。社会全体として規律の側を変容させる自由を確保することは、「管理＝制御」の全域化を不可能にし、その生態系としての可塑性を維持するという意味で重要な実践と位置づけるべきだろう。

3　プラットフォームのメディア・リテラシーとは

本書で問いたかったのは、すでに私たちの日常生活を取り囲み、インフラとして無色透明化しているプラットフォームに対して私たちはどのように接していくべきか、という素朴で実践的な問題である。第1章・第2章でも論じたとおり、プラットフォームの「悪」を批判する先行研究の多くがはらむ問題は、その論理があたかもプラットフォームが「外部」の存在であり、論者自身の身体とは切り離された物質かのように対象化する視点を（ときに無自覚に）前提にしていることだ。これまで論じてきたとおり、検索エンジンに限らず、現代のプラットフォームはすでに私たちの生活世界のネットワークに内在している。いやむしろ私たちの身体は、重層的で多面的なプラットフォームの生態系の一部をなしているというほうが正確だろう。

そのように考えると、プラットフォームを外部化し、その仮想的な「権力」を自身とは切り離された「悪」として扱う議論はまさに「陰謀論」と似ており、本来はコミュニティに内在する問題を空想的な「善／悪」に分断する危険性をはらんでいる。生態系としてのプラットフォームは決して「横暴」なものではなく、そこで作動する「管理＝制御」は、プラットフォームの「造り手」の恣意になされるがまま、というわけではない。その論拠となる「ガイドライン」は、複数のアクターを含む（そして多くの場合、ユーザー自身がそのアクターの一部となる）異種混交のネットワークにおける相互作用によって構築される集合的な規範であり、そのネットワークで何の支持も得られないサービスや機能が、ブラックボックスを維持したまま好き勝手に振る舞えるわけではない。ただ、その動作を構築するアクターには、認知資源の節約やアテンションの情動的な配分、見たいものを見ようとする確証バイアスなどの複合的な反応、さらにはブラックボックス化を積極的に容認するような計算論への無根拠な信頼、といったユーザー側のもつ潜在的な欲望が含まれており、「造り手＝選び手」としてのプラットフォームも、「送り手＝創り手」としてのウェブマスターも、ときにそこにつけ込むことが可能な生態系になっていることもまた事実である。「受け手＝探し手」として固定化されたパースペクティブにとっては、このような複雑性はまさにブラックボックスとして扱われ、それが決定論的な「管理＝制御」のアーキテクチャを構築するわけだが、そこに抵抗する自由の可能性を隠蔽してしまっているのはほかならぬユーザー自身の振る舞いそのものである。

ラトゥールが論じたブラックボックス概念は、研究者自身が対象を客観的に「観察」しようとする何重もの行為の積み重ねが、結果としてその対象の内在的な解釈可能性を覆い隠していくということを含意している。(8) ラトゥールの議論は、本来は多様な可能的様態に開かれていたメディアの存立形態を固定化し日常化するがゆえに、その介在を無色透明なものとして見逃してしまうというメディア論の問題意識と重なる。(9) その見逃しに対して「インフラ的反転」を起こし、日常性を異化する実践的な構えがメディア論的想像力である。いわゆるＡＩが計算論的な道具として浸透しはじめ、プラットフォームと同様にブラックボックス化を進行させている現代社会では、それを異化する実践がいかに可能か、という問いは重要性を増すばかりである。

ではこのメディア論的想像力をどのようにして喚起し、どのようにして持続的に育成していくことができるのかについて、実践的な方策が問われなければならない。それはすなわち、本書の分析結果に基づいて、ユーザーの実践に何らかの介入をおこなうことで真の意味でのメディア・リテラシーを育成することがいかにして可能になるか、という問いにつながる。ここでの真の意味とは、コンテンツではなく、メディアを対象化したリテラシー、すなわちメディア論的想像力の喚起を促すようなメディア・リテラシーのあり方を指す。実際のところ、これまでの多くのメディア・リテラシー研究が、メディア、特にインフラ化し無色透明化したメディア・インフラではなく、そのメディアによって伝達・共有されるコンテンツだけに焦点を当ててきた。メディア・リテラシー教育で重視される「メディアを鵜呑みにしない」という言葉の意味は、多くの場合「メディアが発しているコンテンツを鵜呑みにしない」と解釈されている。すなわち、「新聞を鵜呑みにしない」とは「新聞が掲載しているニュース記事の内容を鵜呑みにしない」という意味である。[10]

メディア・リテラシーに関する定義はさまざまだが、水越によれば「メディアを介したコミュニケーションを意識的に捉え、批判的に吟味し、自律的に展開する営み、およびそれを支える術や素養のこと[11]」をいう。それはかつては、「低俗でステレオタイプに満ちたテレビを批判的に読み解くために青少年に必要な能力」として喧伝されたものだが、現在では大人を含むすべての人々が、インターネットやプラットフォームを含む多様なメディアを批判的に捉え、自律的に関わり、能動的に表現するために必要な営みである。[12]そしてその育成に向けたアプローチは、歴史的にメディアの三つの側面を対象にしてきた。第一は、テキスト、メッセージ、イメージとしてのコンテンツの批判的な読み解きである。第二は、メディア上での創造・表現行為としてのリテラシーである。そして第三は、インフラ化するメディアやプラットフォームのあり方を理解し、デザインする素養としてのリテラシーである。[13]

既存の多くのメディア・リテラシー教育のアプローチは、第一のコンテンツの読み解きに中心化してきた。前述した「新聞が掲載しているニュース記事の内容を鵜呑みにしない」という教育は、まさにこのコンテンツであるテキストの批判的読み解きの次元に位置づけられる。リテラシーとはもともと文字の読み書き能力のことであり、その対象を多様なメディアによって構成されるメッセージに敷衍した概念であることを考えれば、当然の帰結ともいえる。現在、学校教育で提唱される

「情報モラル教育」なども、基本的には同じ立場をとっている。そこで実質的になされていることは、「危険」なスマートフォンやSNSから青少年を守るために、極端にいえば「なるべく使わないようにしよう」という教育である。デビッド・バッキンガムはメディア技術やメディア企業を「功」と「罪」に二分し、非難することでメディアを排除する発想を「保護主義」と呼び、本来のメディア教育の個別性を失わせるものだと批判している。[14] 本書の文脈でいえば、「保護主義」の先にある発想はまさしくプラットフォーム陰謀論である、ということになる。プラットフォーム陰謀論に基づく情報モラル教育は、インフラ化するメディアを害悪と見なして回避することを身につけさせようとする。本書で議論してきたとおりプラットフォームを二分法的に「悪」と見なすことは、その歴史的・社会的な複雑さを無視してしまうだけでなく、むしろそのインフラ化を見過ごし、ブラックボックス化を是認することにつながる。「悪」のメディアを避けることは、すなわちその仕組みや生態系を自ら不可視化することにほかならないからである。

メディア・リテラシー教育の第二のアプローチは、「リテラシー」の「書き」に対応する、メディア上で創造・表現するための素養を育成する試みである。これらは二〇〇〇年代以降、水越らを中心に進められてきたメルプロジェクト（メディア表現、学びとリテラシー・プロジェクト）やその後継活動のメルプラッツが代表する、メディア産業を含む「送り手」を巻き込むさまざまなプログラムで実践されてきた。たとえば放送局の人々と一般の人々が協働してワークショップをおこなうことで、「送り手＝創り手」と「受け手」の視点を相互に行き来し、循環的な活動によって育成するメディア・リテラシーのあり方が提示されている。[15] これらの発想は本書でいうパースペクティブの転回によるブラックボックスの解体に通底するものであり、このような「送り手」と「受け手」の相互循環が「インフラ的反転」をもたらす一助になることは確かだろう。一方、ここで創造する対象は映像などのコンテンツであり、アルゴリズムとインターフェイスが分かち難く結び付いた現代のプラットフォーム環境での多様化するアクターを十分に対象化するまでには至っていない。

そこで第三のアプローチ、インフラ化するメディアを対象化し、そのあり方を構想するようなメディア・リテラシーの育成が重要になる。筆者は水越伸、勝野正博、神谷説子、駒谷真美、長谷川一らとともに、このような水準でのメディア・リテラシーを「メディア・インフラ・リテラシー」と名づけ、実践的な研究をおこなってきた。[16]「受け手＝探し手」のプラットフォームに対する構えとしては、「グーグルのアルゴリズムが出したランキングを鵜呑みにしない」ことと「グーグルに掲載されているウェブページの内容を鵜呑みにしない」ことには大きな隔たりがあり、後者よりも前者のほうが重要である。しかし、前者の視点から批判的に思考することは容易ではなく、結局「一位に掲載されたウェブページの内容がファクトかフェイクか」という議論に終始してしまうことになりがちである。コンテンツが「ファクト」なのか「フェイク」なのかという議論はもちろん重要だが、それ以上に、なぜそのような問いが発生しうるのか、つまり「フェイク」が上位のページに紛れ込むことを可能にする仕組みはどのようなものなのか、さらにはなぜそのようなメディアが多くの人に利用されているのか、といったメディアそのものに対する問いを育んでいく必要がある。

特に、既存のプラットフォームだけでなく、生成ＡＩが普及し、生成したアウトプット（＝コンテンツ）だけに注目したファクトチェックが事実上機能しなくなりつつある現代のメディア環境では、ＡＩやアルゴリズムによる生成プロセスと、そのインプットとなるデータベースやメディアの生態系そのものへの批判的な認識をもつことが欠かせない。そのためには、インフラ化し、日常生活のなかで無色透明な存在として不可視化されているメディア・インフラの介在に気づき、それがどのようにして介在しているのかを批判的に理解するという意味でのメディア・インフラ・リテラシーを意図的に育成していくことが重要だろう。次節ではそうしたメディア・インフラ・リテラシーの実践事例として筆者の取り組みを具体的に参照しながら、本書の議論をどのように応用しうるのかについての展望を述べたい。

4　「メディア・インフラ・リテラシー」の可能性と展望

メディア・インフラに対するリテラシー実践で最も重要なことは、「探し手＝受け手」というプラットフォームの日常利用のパースペクティブを転回し、「送り手＝創り手」さらには「造り手」といったほかのアクターの視点からプラットフォームとの相互作用を（擬似）体験してみることである。これはまさに、ラトゥールがいうブラックボックスを開けるための「時空間の移動」[17]であり、スターとルーレダーがいう「インフラ的反転」[18]の実践にほかならない。筆者はこの考えに基づき「グーグルのアルゴリズムを設計者（造り手）の立場に立ってグループワークで議論してみる」というワークショップを実践し、アルゴリズムの介在に対して意識的な気づきを得るためのプログラムを開発している(19)。

このワークショップは、メディア・インフラとして不可視化されている検索エンジンが、①特定のランキング・アルゴリズムによって媒介されていることに気づくこと、②そのアルゴリズムの妥当性は検証されておらず、多様な可能性のうちの一つだと批判的に意識できること、を到達目標として開発した大学での授業実践の事例である。ここでは無色透明化され見過ごされているインフラの媒介性を可視化させる契機として、参加者の「探し手＝受け手」の視点を転換し、アルゴリズムの設計者である「造り手」の立場を擬似的に体験することを「強制」されるようにワークショップをデザインした。このとき重要なのは、アルゴリズムの「造り手」の立場に立つ、といっても実際にプログラミングをおこなうことを前提にしてはいないということだ。次に示すとおり、ワークショップで考えるのは、「集計の手順」の論理構成であって、実際のプログラミングのコードではない。つまり、プログラミングの知識やコーディングの実践などの専門スキルがなくても、アルゴリズムの基本的な設計構成の水準であれば、教材の工夫次第で理解できるようになるということである。このワークショップは、主に大学生を対象にする授業での実践例だが、実際の参加者はプログラミング経験に乏しい文系の学生がほとんどであり、大学生に限らずグーグルやSNSを日常利用する一般的なユーザーに応用可能なプログラムになっている。

まず参加者は事前課題として「ランキング事前投票」という個人ワークをおこなう。これは「あなたが夏休みの旅行先として行きたいと思う場所のトップ5を挙げてください」という質問に対して、一位から五位までを自由記述形式で回答するものだ。[20] この事前課題は、グループワーク実施前に回収・集計し、表記の揺れなどの補正を一切おこなわずに「旅行先」ごとに行を作り、それぞれの得票数を一位から五位まで列に入力したエクセル形式のファイルにまとめる（表8・1）。

表8.1　ワークショップでのエクセルシート例（筆者作成）

旅行先	1位	2位	3位	4位	5位
北海道	19	13	2	9	4
沖縄	14	14	12	3	3
韓国	13	2	7	3	3
大阪	5	9	5	3	4
京都	4	11	3	3	4
台湾	3	2	3	7	2
ハワイ	5	4	3	3	1
……					

グループワークでは参加者を四、五人程度のランダムなグループに分け、このエクセルシートの集計結果だけを手がかりにして、どうすればワークショップ参加者全体の、「夏休みに行きたい旅行先ランキング」が作成できるか、その集計ルール（＝アルゴリズム）を議論するようにガイドした。参加した学生は最初は戸惑いながらもエクセル表の読み方などから議論を始め、一位から五位までの得票数をどのように組み合わせればいいか、その設計について次第に検討するようになる。いままで考えたことがないことであっても、「探し手＝受け手」の立場から「造り手」の立場へ強制的に立たされその役割を想像し、それについて相互にディスカッションすることで、試行錯誤しながらもほとんどの参加者が一定のアルゴリズムを考案するところまで到達することができた。ワークショップで考案された方法の一例を挙げれば、各旅行先の得票数を一位五点、二位四点、三位三点……などと重みづけし、集計した総得点順にランキン

グを決める、といったアルゴリズムは、比較的多くのグループが提案した集計手順だった。

グループワークでの実際のアウトプットを分析してみると、アルゴリズムの論点は、①一位から五位までの投票数をどのように集計するか、②表記の揺れ（「沖縄」と「沖縄県」や、「ディズニー」と「ディズニーランド」など）をどのように集計するか、の二点だった。このワークショップのデザイン上の狙いは、一位から五位までの「重みづけ係数」というアルゴリズム設計上の典型的な問題と、「表記のゆれ」という人間の入力データを素材とすることで必然的に発生する不確実性を意図的に潜ませることで、実際に集計しようとしたときにその問題を考慮せざるをえず、それによりブラックボックスを解体する気づきを促すことだった。実際に「造り手」の立場に身を置き、アルゴリズムを設計のレベルで考えさせられてみると、その設計には多様性があると気づくと同時に、一見機械的に処理していると思われるプログラムの出力には、設計者の恣意性が入り込まざるをえないと体感できるのだ。

ワークショップの次のステップでは、それぞれのグループが考案したアルゴリズムを相互に確認することになる。すると、「ほかのやり方はありえないだろう」といった素朴な感覚とは裏腹に、実際には複数の多様なアルゴリズムがありえることがわかり、アルゴリズムが一意に定まらないと実感する。たとえば、前述のように順位ごとに重みづけをするのではなく、順位に関係なく総得票数でランキングを決める方法や、一位の得票数だけでランキングを決める方法などがあり、「造り手」の価値観次第でアルゴリズムもその集計結果も変わりうることが明確になる。

ある参加者は、ワークショップ実施後に次のように感想を述べている。

検索したときに出てくる情報の内容の真偽はともかく、出てくる順番やランキングは何かの法則に従って出た客観的なものと考えていた。しかし、今回の授業でその法則自体が設計者の意図や考えのもとのものであり、出てくる結果が客観的とは言い難いことを特にグループワークを通して実感した。どのようなアルゴリズム《（ママ）》するかの議論中、一つのアルゴリズムに決まる前に結果に差が出ることに気付いた面もあり、客観性についてだけでなく、アルゴリズムの組み合わせの複雑さについても学びがあった。[21]

このように、これまで意識したことのなかったランキング・アルゴリズムの客観性に対する疑念に気づき、その複雑性を理解し、さらには設計者の隠された意図に対して批判的な視座をもつようになっていったことがうかがえる。このような実践によって、まさに「インフラ的反転」によるブラックボックスの（部分的な）解体が可能になるのである。

このワークショップ実践における参加者の事前・事後のメディア・インフラ・リテラシー意識の変化を測定すると、メディア・インフラの媒介に対する気づきや、アルゴリズムの客観性に対する批判意識が上昇することが実証されており、「インフラ的反転」によってメディア論的想像力を喚起することが可能であることは、定量的にも明らかになっている。[22]

このように、アルゴリズムがどのように設計されているのかについて、「造り手」の視座やプロセスに対する想像力を育むことは、アルゴリズムがもたらす問題に対して異議申し立てをしうる素養を育むことにつながる。これは必ずしも、専門的なプログラミングやコンピューター科学のスキルがなければできないものではない。実際に、前述のワークショップの事例では、パースペクティブを強制的に転回し、思考実験の問いを工夫すれば、多様な参加者が大きな気づきを得られることが示されている。

そしてこの思考実験は、AIに対するメディア論的想像力の育成にも応用することができる。いわゆるディープ・ラーニングによるAIの処理プロセスはまさしくブラックボックス化している一方で、AIを開発する設計者がどのような意図でどのようにデータベースを集め、どのような学習をさせているのかについて、その内在的な過程を設計者の立場から追体験し、AIというメディアの学習過程そのものに対する批判的な気づきを醸成することは十分に可能だろう。逆にいえば、現在のAIは、確かにその核心となる分類・生成プロセスについてのブラックボックス化が避けられないものの、その判断基準となるデータベースの分布や、機械学習の過程がいわば過剰にブラックボックス化されていることこそ重要な問題であり、そのような過剰なブラックボックスを開けていくためにパースペクティブの転回を図ることが必要なのだ。

さらに、ワークショップによって得られたアルゴリズムの客観性に対する批判的な態度は、メディアを絶対的なものとしてではなく、「ネタ」のような遊具として扱う視点を育成することにもつながる。第3章でも論じたとおり、計算論的なアルゴリズムの信頼性は、それが任意の他者にとっても信頼しうるだろうという（習慣化した）信念に支えられている。しかしその信頼性そのものを相対化し、信頼が根拠がないものであること（＝虚構性）を顕在化させることができれば、プラットフォームの出力自体を両義的な「ネタ」として扱うことになるはずである。たとえばグーグルで検索したときに、特定のサイトが上位に現れたことそれ自体をグーグルという遊具での「遊び」としてカッコに入れ、「ググってみたら○○が出てきた」というコミュニケーションを、「グーグルが「○○サイトを○位である」と表示していることは信頼できるだろうか？」というアイロニカルなメッセージとともに構築するとき、グーグルというプラットフォームの信頼性を解体し、ブラックボックスを開く可能性が生まれるのではないか。すなわちこの言明の未確定性と二重性こそが、次のコミュニケーションへと接続する可能性を維持し、ランキングのアルゴリズムに帰属された信頼性を両義的なものとして保留することを可能にするのである。[23]

計算論的なアルゴリズムがもつ過剰な信頼性は、プラットフォームの出力が道具的に受け取られているときはインフラ化している。しかし、その出力結果が遊具として受け取られるとき、あるいはアルゴリズムを遊具として扱おうとするまなざしを手に入れられたとき、それを前景化し可視化しうる可能性に開かれている。アルゴリズムの信頼性に無条件に身を委ねるのではなく、相対化し遊具として捉え直すこと、ここにメディア・インフラ・リテラシーの一つの可能性があるのではないだろうか。前述のワークショップ事例ではまだこれを実現する取り組みが十分ではないが、今後そのような気づきを得られるような育成プログラムも検討していく必要があるだろう。

このことは、現代のブームともいうべきＡＩに対する社会的な注目にも重要な示唆を与える。なぜなら、ＡＩのようなテクノロジーがブームのように注目されていることそれ自体は、逆にそれがインフラ化し無色透明化することを阻むと同時に、そのメディアを遊具として扱う可能性を維持することになるからだ。実際にChatGPTのような生成ＡＩは、ある種の遊具として、あるいは「ネタ」としてアイロニカルに消費される対象になっている。ＡＩがこんな「ウソ」をついた、ＡＩがこんな「暴走」をしている、あるいはＡＩが無味乾燥なことしか言わなくなった、などの言説は、まさにＡＩを遊具的な対象として捉えることを可能にし、そのことで道具的なブラックボックスとしてインフラ化することを抑止する効果をもっている。むしろこうした「ネタ」になりうるような不完全性を積極的に受け入れ、ＡＩを過剰に信頼せずにその両義性に耐えることが、ＡＩに対するメディア・リテラシーとして重要なのではないか。検索エンジンは、それが道具として見なされ遊具性が失われる過程で、ブラックボックス化が期待されるような存在へと変容していった。生成ＡＩが同じような歴史をたどるのかどうかを現時点で推測することは難しい。少なくとも本書の分析からいえることは、ＡＩを道具として過剰に信頼しようとする社会的な欲望は、そのブラックボックス化と無色透明化を進行させる可能性があり、そしてそれはＡＩの設計者や提供企業の意志によるものとはかぎらない（だからこそ社会的に抑止できる自由が残存する）ということである。

ＡＩの遊具性を維持する可能性の一つは、プロンプトエンジニアリングという実践である。プロンプトエンジニアリングとは、ＡＩのアウトプットを期待どおりのものに近づけるために、インプットとなる質問（プロンプト）を最適化するハックを指す。このハックを本書の文脈に位置づければ、ＳＥＯの「送り手＝創り手」が試みてきた実践と同型的である。現在のプロンプトエンジニアリングを実践するアクターは、ＡＩの「ユーザー」であり、それは必ずしもプロ化された「送り手＝創り手」のような存在ではなく、むしろ初期のＷＷＷのユーザーのような未分化な状態のアクターであるとも解釈できる。本書の議論が示唆するのは、SEOのようなハックする主体としてのパースペクティブをユーザーが維持できれば、アルゴリズム／AIのブラックボックス化や無色透明化の進行を抑止できる可能性があるということである。それは、AIのユーザーが、プロンプトエンジニアリングという実践をプロの活動として分離し、自らはその消費に徹するような態度に移行するのではなく、自らが積極的にプロンプトエンジニアリングの主体となり、すなわち「送り手」側のアクターとなって相互作用に参加し、ネットワークに内在することが重要であることを含意する。このような相互作用への参加の姿勢、そしてそれを遊具として両義的に扱う可能性を担保することが、AIに対するメディア・リテラシーの可能性として今後重要になってくるだろう。

このように、メディア・インフラを対象化するメディア・インフラ・リテラシーは、「インフラ的反転」によってメディアの設計構造の水準を内在的に理解することで、ブラックボックスを相対化することを可能にする。しかし本書のこれまでの議論をふまえるならば、ブラックボックスをただ解体するだけではなく、メディアの設計構造のデザインのあり方そのもの、ひいてはプラットフォームの「管理＝制御」を統治する規範のあり方まで構想するリテラシーが求められることになる。そうしたリテラシーは、メディア技術についての専門的なスキルを得ることではなく、アルゴリズム／AIをどのような「規範」のもとで作動させうるのか、その社会的な合意を民主主義的に構築するために必要な素養だと考えるべきだろう。

すでにグーグルの検索エンジンにも組み込まれ、今後さらに社会に浸透するであろうAIは、そのアーキテクチャの設計構造の水準で、まさしく本書で議論した検索アルゴリズムと同種の問題を内包している。いわゆる「大規模言語モデル」は、インターネットを含むデジタル・データから学習の対象になるテキストをクロールし、それを何らかの計算論的な手法で評価して出力するわけだが、その出力内容が意味論的に正確かどうかの判定は十分にできていない。前述のとおり、計算論的な精度の向上は、意味論的なシミュレーションへの漸近を意味し、その漸近の程度が十分に高いものが「ＡＩ」と呼ばれうるわけだが、それはあくまでシミュレーションであって、そこには常にギャップが存在する。

アルゴリズムであれＡＩであれ、動作の最適化の目標は計測可能な変数によって設定されるため、意味論的な価値を直接の目標にできるわけではない。その変数とはクリック数かもしれないし、「いいね！」の数かもしれない。いずれにせよそれは「管理＝制御」の対象ではあっても、規律のように意味論的な価値判断を含むものとは質的に異なる何かである。その差分がギャップとなり、計算論的な変数と意味論的な価値の差分を埋める余地にこそ、人間の、あるいは社会の自由な意志が介入しうる。計算論的なエージェントであるＡＩがプラットフォームの生態系に組み込まれ、多くのコミュニケーションを媒介するようになるとき、重要になるのは最適化の精度を上げる「管理＝制御」の技術ではない。「管理＝制御」が全域化しようとするときにこそ、それを統治する規律、すなわちどの変数でどのような価値を表現するのか、という判断に関する民主主義的な合意が重要になるのである。グーグルの「ガイドライン」が、ＳＥＯコミュニティでの相互作用を通じて、批判を受けながらも改訂され、ある種の「理想」を指し示す合意へと昇華していった結果、アルゴリズムの不備を指摘する重要な規範として作用したことを本書でみてきた。そのように、ＡＩを含むあらゆる「管理＝制御」の技術に対して私たち自身が「ガイドライン」を構築し合意していくことが重要になる。それは、近代社会における古典的な意味での人間の「理性」を（逆説的に）復権させ、アルゴリズム／ＡＩを「訓練」するための規範として機能させることを含意する。

近年、ＥＬＳＩ（Ethical, Legal and Social Issues）と呼ばれるような議論でも、いわゆるデジタル・メディアの倫理を社会的にどのように確立していくかが問題化しており、本書の成果はメディア研究とこれらの研究の重要な接点になりうる。ＥＬＳＩの議論とメディア・リテラシーの議論は、それらの本質的な問題意識は非常に密接しているにもかかわらず、必ずしも十分な接続がなされていない。メディア・リテラシー教育で検討すべきなのは、「倫理を所与のものとして、その倫理に反しないような発信・表現の仕方を学ぶ」ような教条主義ともいうべき情報モラル教育ではなく、プラットフォームやＡＩに囲まれたメディア環境のなかで生活し、その生態系に内在するアクターとしてどのような規範を構築し、どのような理想を共有し、そしてその規範のもとでどのような「管理＝制御」を是とするのかを議論できることである。さらには、その公共的なあり方について批判的に考え、「管理＝制御」を実装するアルゴリズムの設計について（たとえ技術的な専門性を十分に備えていなかったとしても）異議申し立てや提案ができる素養を育成することである。

生成ＡＩにしても、自動運転にしても、遠隔医療にしても、「管理＝制御」が機械に委ねられることのリスクを外部から制御するための倫理や法制度が議論されている。本書の議論が示したのは、一見「管理＝制御」が全域化しているようにみえるＡＩにも、その「造り手」である設計者の（内面化された）規律が内在しているということだ。ただし、グーグルのように広く使われているプラットフォームと異なり、これらの規律はほかのアクターにとっては不可視になっている可能性もあるだろう。マクロな公共政策や倫理ガイドラインのように外的な規制の議論に終始しがちなＥＬＳＩの領域で、ミクロなアクターの相互作用における規範のあり方に着目する視点は、より実践的なアーキテクチャを再構築しうる可能性を秘めているといえるだろう。そしてまさに内在的でミクロな視点でのアーキテクチャの規範のデザインに参画する素養こそが、アルゴリズム／ＡＩに対するメディア・インフラ・リテラシーの一つの可能性なのである。

このように、アルゴリズム／ＡＩに対するデザイン上の規範を内在的に再構築する力こそが、これからの社会に求められるメディア・リテラシーであることは疑いがない。もはや、ＡＩが生成するコンテンツに対するファクトチェックを人海戦術でおこなうことでは追いつけない。生成された結果ではなく、生成する過程、さらにはその生成の前提になる設計のあり方にユーザー一人ひとりが眼を向けることが重要なのだ。そこで問われるべきなのは、機械学習の前提になっている教師データと学習データの政治性である。ブラックボックスを構築してきた大規模データベースがどのような分布になっていて、その収集のアルゴリズムがどのような規範によって動作しているのか、そしてその分類器が目指す最適化はどのようなアクターがどのような相互作用によって定めたパラメーターに基づいているのか、そのようなメディアのはたらきをユーザー向けに可視化する研究は、まだきわめて少ない。単にプラットフォームを擬人化してマクロな視点から批判するのではなく、自らがアクターとして参画している生態系のなかでミクロな相互作用を積み重ね、その全体性を変容させうるようなメディア・リテラシーのあり方を今後検討していく必要があるだろう。

最後に付け加えるとすれば、本書を記述し出版するという行為自体がメディア・インフラに対するリテラシーを読者に発揮してもらうための一つの実践である。本書の分析は、パースペクティブの転回の必要性を俯瞰的な視点で記述すると同時に、その記述を読むことによって読者自身が、多くの場合それまで実際に立ったことがないパースペクティブを追体験しうるような構成になっている。本書をひととおり読み通すことによって、少なくともグーグルのアルゴリズムに対する「無意識の信頼」ともいうべき読者自身のブラックボックスは、（ある程度までは）解体されたはずである。もちろんそのブラックボックスは何層もの入れ子構造になっているため、グーグルのアルゴリズムや技術について、具体的な実装の水準まで理解することは容易ではない。しかし、ブラックボックスとは認識論的な問題であり、専門的な技術についてすべて理解できるかどうかではなく、固定化されたパースペクティブを転回することによって、その認識を一定程度変化させることが可能なものだ。本書が、読者のみなさんの日常におけるメディア経験の認識を、少しでも変化させ、プラットフォームという複雑な構築物を理解する一助になることを願っている。

注

（1）前掲『科学が作られているとき』七ページ、Star and Ruhleder, op.cit.

（2）前掲『記号と事件』

（3）前掲『情報環境論集』
（4）前掲『CODE Version 2.0』
（5）前掲『プラットフォーム資本主義』
（6）キャス・サンスティーン『選択しないという選択――ビッグデータで変わる「自由」のかたち』伊達尚美訳、勁草書房、二〇一七年、成原慧『表現の自由とアーキテクチャ――情報社会における自由と規制の再構成』勁草書房、二〇一六年
（7）前掲『科学が作られているとき』
（8）同書
（9）前掲「メディア論の視座」一〇―二七ページ
（10）宇田川敦史「「プラットフォーム」のメディア・リテラシー育成」「国民生活研究」第六十二巻第二号、国民生活センター、二〇二二年
（11）水越伸「新しいメディア論を身につけるために」、水越伸／飯田豊／劉雪雁『メディア論』所収、放送大学教育振興会、二〇一八年、二三八ページ
（12）同論文二三八ページ
（13）前掲「メディア・インフラのリテラシー」
（14）デビッド・バッキンガム『メディア教育宣言――デジタル社会をどう生きるか』水越伸監訳、時津啓／砂川誠司訳、世界思想社、二〇二三年、三〇―三一ページ
（15）東京大学情報学環メルプロジェクト／日本民間放送連盟編『メディアリテラシーの道具箱――テレビを見る・つくる・読む』東京大学出版会、二〇〇五年
（16）前掲「メディア・インフラのリテラシー」

(17) 前掲『科学が作られているとき』七ページ
(18) Star and Ruhleder, op.cit., p. 113.
(19) 宇田川敦史「検索エンジンのメディア・インフラ・リテラシー——アルゴリズムの介在に気づくワークショップ」「教育メディア研究」第二十七巻第二号、日本教育メディア学会、二〇二一年
(20) この課題は、参加者が大学生であることを考慮したうえで設定したものだが、次の三点がポイントになる。①既有知識に依存せず回答しやすい課題である、②回答に表記の揺れも含めた一定のバラつきが想定できる、③「正解」が一意に定まるものではないこと。
(21) 前掲「検索エンジンのメディア・インフラ・リテラシー」一二九ページ
(22) 同論文
(23) ここでの論考は、大澤真幸の「アイロニカルな没入」という概念をふまえた、北田暁大の「繫がりの社会性」についての論考を参考にしている。大澤真幸『虚構の時代の果て——オウムと世界最終戦争』(ちくま新書)、筑摩書房、一九九六年、北田暁大『嗤う日本の「ナショナリズム」』(NHKブックス)、日本放送出版協会、二〇〇五年

あとがき

筆者は、社会や文化のなかで、モノ・コトが人々にどのように表象されるのか、より踏み込んでいえばどのようにして「意味」の社会的共有が可能になるのか、に強い興味がある。自身のこうした関心を明確に意識しはじめたのはおそらく、京都大学総合人間学部の杉万俊夫ゼミで、ケネス・ガーゲンの『もう一つの社会心理学――社会行動学の転換に向けて』(杉万俊夫/矢守克也/渥美公秀監訳、ナカニシヤ出版、一九九八年)という文献を輪読し、そこで示されていた「社会構成主義(Social Constructivism)」という概念に出合ったころだ。この「社会構成主義」は、当時の社会心理学の文脈で採用された訳語で、社会学では「社会構築主義」とするのが一般的かもしれない。

学部生だった当時、ガーゲンの文献は難解に感じられたが、杉万先生が示した図式による説明がとても強く記憶に残っている(図9・1)。このような図形を「本棚」として意味づけ、一段、二段とその段を区分することは所与のものではなく、たとえば右側の濃い色の部分のような多角形は存在するのに見えていない。つまり本棚あるいは棚の「段」は「意味」をまとって現前するが、多角形は現前していない。しかし「意味」があるものとして本棚が認識されるのは、それがあらかじめ外在的に本棚として(必然的に)実在しているからではなく、社会的な文脈によって本棚だと

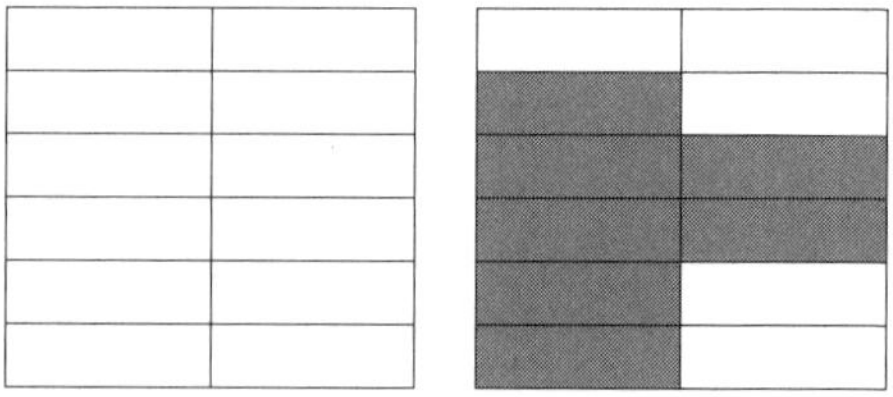

図9.1　「本棚」と多角形
（出典：杉万俊夫『グループ・ダイナミックス入門——組織と地域を変える実践学』〔SEKAISHISO SEMINAR〕、世界思想社、2013年、27ページ）

（蓋然的に）指し示されるからだ。社会や文化、集団の文脈が異なれば、この図形で前景化するのは右側の多角形かもしれない。これが「現実の社会的構成」というものだった(1)。

　このように、無数の現実の可能性のなかから、特定の「意味」が選択的に前景化し、それ以外の選択が背景化するという社会的な現象を対象化し、しかもその選択は蓋然的なもので必然性があるわけではないという主張は、筆者にはとてもしっくりくる議論だった。ガーゲンの主張は、当時の（おそらく現在も）社会心理学で主流だった、客観的な経験の実在を前提として人間の行動を「計測」できるとする「論理実証主義」へのラディカルな批判であり、実際にほかのゼミの学生などからは理解されないこともあった。

　当時はあまり意識していなかったが、いまから振り返ると、この問題関心は筆者自身の身体的な特徴に強く関係していたように感じる。筆者は先天的な「色覚異常」で、日常生活に困るほどではないが、赤色と緑色の区別をつけにくい。筆者にとって「見えている世界像」が他者と共有できているという確信がもてないことが日常だった。つまり「客観的な世界像」などなく、見る主体の特性によってその像は変わりうるものという体験を根底にもっていたのだ。だから「観察している対象が客観的に計測できる」という前提を批判する社会構成主義に強い共感を覚えたのだろう。近年では「色覚異常」は、「色覚多様性」と呼ぶべきだという議論も出てきているが、「正常／異常」という区分自体が社会的な構成物であるという考え方が一般的になりつつあることは歓迎すべき方向性だと思う。

筆者がメディア論に関心をもち、その本質をメディアがみえなくなる現象そのものを対象化することだと捉え、現代のブラックボックスの問題を社会構成主義／社会構築主義の考え方を援用して議論することになったのは、このような原体験とつながっている。本書でインフラを関係論的な概念として捉え、パースペクティブを転換することによって「インフラ的反転」を促すという着想も、筆者にとっては「見る主体」が変われば「見える像」が変わるという「色覚多様性」の身体経験と直結している。そして計算論的な、いわば決定論的なメディアのあり方を是認するのではなく、「主体」による意味論的な営為に基づく、構成的なメディアの可能性に希望を託すのも、「外在性」や「客観性」こそが構成された現実の一様態にすぎないという信念に基づいている。もちろん、約二十年の実務経験を経て大学院でメディア論を学ぶことになった際に、このような接続を明確に認識していたわけではない。本書を書き上げたいまになって自らの思索を振り返ると、事後的に自身の「関心の核」のようなものがわかってきた、ということである。

本書は、筆者のこのような個人的な関心の核と、実務家として感じていた社会課題とを接合させる試みの小さな成果として、東京大学大学院学際情報学府に二〇二三年に提出した博士学位論文「検索エンジン・アルゴリズムのメディア論」を改稿し、一冊の書籍としてまとめたものである。ＩＴ業界で仕事をしながら、大学院修士課程に入学したのは二〇一六年のことで、博士学位論文の提出までは実に七年以上の歳月がたっている。その期間の検索エンジンを含むデジタル・メディア環境の変化は目まぐるしく、研究の焦点を定めながら学位論文を仕上げる過程は想定よりもかなり困難を極めた。

しかしそれは同時に、このような「変化」のまっただなかで、理論的にあるいは実践的に、何が変化して何が変化しないのか、技術と社会の本質的な関係性とは何なのかを見極める機会にもなった。メディア技術は（少なくとも表面上は）速い速度で変化し、この数年でもその「トレンド」はグーグルのような検索エンジンから、Xやインスタグラムのような SNS、YouTube や TikTok のような動画共有サイト、ソーシャルゲームやメタバース、さらには生成AIへと大きく動いているようにみえる。しかし一方で、これらのメディアはすぐに消滅しているわけではなく、むしろ地層のように重層化して私たちの生活の一部を形成している。

このような対象を捉えるメタ理論として、社会構成主義／社会構築主義的なメディア論は、一定の有効性を発揮したといえるのではないだろうか。本書で繰り返し述べてきたとおり、社会のなかで何が「見える像」として扱われ、何が「見えない像」として疎外されるのか、その歴史的変化を対象化できるからである。結果としてこの研究は、筆者自身が実務家として経験してきたプラットフォームに対する内在的な違和感と、原体験としてもっていた「現実の社会的構成」という認識枠組みとが、七年という期間をかけて紆余曲折を経ながらもすり合わさることで結実したものだといえるだろう。

本書のもとになった博士学位論文は基本的に書き下ろしだが、一部について重複する内容が既発表の論文などに含まれている。具体的には次のとおりである。

第3章
宇田川敦史「ランキングのメディア論――検索エンジン・ランキングの歴史社会的構成」東京大学大学院学際情報学府修士学位論文、二〇一八年
宇田川敦史「検索エンジン・ランキングのメディア史――パソコン雑誌における検索エンジン表象の分析」、日本マス・コミュニケーション学会編「マス・コミュニケーション研究」第九十四号、日本マス・コミュニケーション学会、二〇一九年、一三一―一四九ページ
Udagawa, A., "Historical Media Discourses of Search Engine Rankings in Japan," *Journal of Socio-Informatics*, 12(1), 2019, pp. 1-13.

第4章
宇田川敦史「検索プラットフォームの生態系」、水嶋一憲/ケイン樹里安/妹尾麻美/山本泰三編著『プラットフォーム資本主義を解読する――スマートフォンからみえてくる現代社会』所収、ナカニシヤ出版、二〇二三年、五一―六二ページ

苦しみながらもなんとかこのような形態で本書の出版にたどりつくことができたのは、公私を問わず支えていただいた多数のみなさまのおかげである。この場ですべての方のお名前を挙げることはできないが、特にお世話になったみなさまに、この場を借りて感謝を申し上げたい。

まず最初に挙げた京都大学総合人間学部時代の恩師・杉万俊夫先生は、前述のように筆者の学問的な礎を築くきっかけをくださり、グループ・ダイナミックスの幅広い可能性と実践研究の重要性を教えてもらった。東京大学大学院学際情報学府入学後、主指導教員として研究の構想から遂行まで、あらゆる面で指導してくださったのは水越伸先生である。水越先生には、研究者としてのあらゆる基礎を教えてもらったばかりでなく、メディア論の奥深さ、実践の大切さ、学際研究の心得まで学ぶことができた。また研究プロジェクト「メディア・インフラに対する批判的理解の育成を促すリテラシー研究の体系的構築」（JSPS科研費JP18H03343、研究代表者：水越伸）では、本書のテーマに関わる「メディア・インフラ」の概念や「メディア・リテラシー」の新たな枠組みについて、さまざまな実践的な研究を遂行することができた。プロジェクトの運営や企画、多様な研究者との交流の機会を得ただけでなく、このプロジェクトでの学びが本書の着想の一部に織り込まれている。このプロジェクトを通して、長谷川一先生、駒谷真美先生からは理論・実践の両面で多くを学んだ。また、プロジェクトのセミナーに参加してくださった土屋祐子先生、中橋雄先生、宇治橋祐之さんにはメディア・リテラシー研究のさまざまな側面について教えてもらった。

東京大学大学院情報学環の佐倉統先生は、長く副指導教員を務めてくださり、さらには水越先生ご異動後の主指導教員、博士論文の主査まで、大変お世話になった。特に論文の論理構成や研究の枠組みについて、いつも鋭いご助言をくださったことに感謝を申し上げたい。大学院修士課程入学当初から研究計画書のレビューをお引き受けいただき、さまざまな節目で助言をくださった伊藤昌亮先生には、博士論文の副査としても大変お世話になった。同様に副査の田中東子先生、藤本徹先生には、自分では気づけなかった本書の可能性について広い観点からご助言をいただいた。また、博士論文の第一次予備審査では、当時のメディア学会会長としてもお世話になっていた吉見俊哉先生にもご指導いただき、論文の大きな方向性についてご助言をいただいた。

博士論文の主要なテーマであるSEOについての方向性を大きく決めるきっかけになったのは、近藤和都さん、梅田拓也さんに誘われて参加した「モノ－メディア研究会」での発表である。まだ初期段階だった研究の方向性について前向きなアドバイスを多数いただき、大変感謝している。その際に理論面での具体的な指針をくださった林凌さんにも感謝の意を表したい。

またプラットフォーム資本主義研究会では、博士論文の骨格となる議論についてあらためて整理する機会をいただいた。SEOというテーマ設定に強い関心を示してくださった水嶋一憲先生、山本泰三先生、故ケイン樹里安さんら研究会のみなさまに感謝を申し上げる。

そして何よりも、東京大学大学院学際情報学府で公式・非公式を問わずさまざまなディスカッションをおこなってきた水越ゼミ、佐倉ゼミの先輩、同期、後輩のみなさまにはたくさんお世話になった。特に博士課程で一緒に頑張ってきた髙橋直治さん、勝野正博さん、神谷説子さん、森下詩子さん、事務的なことや雑誌編集などでもお世話になった松井貴子さん、Ru-Roゼミをはじめさまざまな機会で声をかけてくださった古川柳子先生、さらには博士論文の勉強会でご一緒した陳海茵さん、イ・ミンジュさん、溝尻真也さん、杉本達應さん、吉川昌孝さんにも多くのアドバイスをいただいている。着任後にも並行して博士論文を書くことを許してくださった武蔵大学社会学部の同僚の先生方にも、本当にお世話になった。

また、本書の編集を引き受けてくださったのは、青弓社の矢野未知生さんである。博士論文を一般向けの書籍として出版するにあたって、まさに一言一句に至るまでご助言をいただき、大変お世話になった。

このように振り返ってみると、実にたくさんのネットワークによって本書が構築されていることを実感する。関わっていただいたみなさますべてに、あらためて感謝の意を申し上げ、結びとしたい。

注

(1) 杉万俊夫『グループ・ダイナミックス入門――組織と地域を変える実践学』(SEKAISHISO SEMINAR)、世界思想社、二〇一三年、二七ページ

[付記] 本書は「第五回東京大学而立賞」の受賞作品であり、刊行にあたっては「東京大学学術成果刊行助成制度」の助成を受けた。

[著者略歴]
宇田川敦史（うだがわ あつし）
1977年、東京都生まれ
武蔵大学社会学部メディア社会学科准教授
東京大学大学院学際情報学府博士後期課程修了。博士（学際情報学）。京都大学総合人間学部卒。複数のIT企業でウェブ開発、デジタル・マーケティング、SEO、UXデザインなどに従事したのち現職
専攻はメディア論、メディア・リテラシー
著書に『AI時代を生き抜くデジタル・メディア論』（北樹出版）、分担執筆に『世界は切り取られてできている——メディア・リテラシーを身につける本』（NHK出版）、『プラットフォーム資本主義を解読する——スマートフォンからみえてくる現代社会』（ナカニシヤ出版）など

Google SEOのメディア論《ろん》
検索エンジン・アルゴリズムの変容を追う

発行——2025年3月19日　第1刷
定価——3000円＋税
著者——宇田川敦史
発行者——矢野未知生
発行所——株式会社青弓社
〒162-0801 東京都新宿区山吹町337
電話 03-3268-0381（代）
https://www.seikyusha.co.jp
印刷所——三松堂
製本所——三松堂

ISBN978-4-7872-3554-1　C0036